資料結構：使用 C++

（精裝本）（附範例光碟）

蔡明志　編著

全華圖書股份有限公司　印行

資料結構-使用C++

序言

資料結構在資料相關的領域上是一門重要的學科，不論是想通過升學考試（有許多研究所「資料結構」是必考）、或高考、普考，或是想把程式撰寫得有水準的話，您對這門學科必須下一點功夫才行。

筆者教授資料結構已有多年了，對於其內容已瞭若指掌，並知道學生在研究上有哪些盲點，因此，在內容的規劃上盡可能讓讀者能有事半功倍的學習效果。本書的內容依不同的主題分為14章，在每一章的每一小節均附有練習題及類似題，旨在讓讀者測試對此一小節所談及的內容，是否已全盤了解，並在每一章的最後有動動腦時間，每一題均加上此題的相關章節，如[1.2]表示此題目與1.2節相關，讓讀者可加以參考之。

在每一章重要的主題均附有程式加以測試之，期使您對理論能進一步的認識與了解，尤其是第4章的鏈結串列，筆者以另一種更有效率的演算法（algorithms）加以執行之，期盼您能與我分享這份甜美果實。筆者才疏學淺，若有敘述不詳之處，盼各位先進批評與指教。

蔡明志

mjtsai168@gmail.com

目錄

第十四章　搜尋

練習題解答

演算法分析

演算法是解決一問題的有限步驟，而評斷演算法
的優劣可利用 **Big-O** 分析之，如 $O(n)$ 比 $O(n^2)$ 來得
佳。而本章的目標旨在教您如何計算 **Big-O**，從而
得知您的演算法是否優於他人的演算法。

1.1 演算法

演算法（Algorithms）是一解決問題（problems）的有限步驟程序。舉例來說，現有一問題為：判斷數字 x 是否在一已排序好的數字串列 s 中。其演算法為：從 s 串列的第一個元素開始，依序的比較，直到 x 被發現，或 s 串列已達盡頭。假使 x 被找到，則印出 Yes；否則，印出 No。

可是當問題很複雜時，上述敘述性的演算法就難以表達出來。因此，演算法大都以類似的程式語言表達之，繼而利用您所熟悉的程式語言執行之。本書乃直接以 C++ 程式語言撰寫之，因此筆者假設您已具備撰寫 C++ 語言的能力。

您是否常常會問這樣的一個問題："他的程式寫得比我好嗎？"，答案不是因為他是班上第一名，因此他所寫出來的程式一定就是最好的，而是應該利用客觀的方法進行比較，而此客觀的方法就是複雜度分析（complexity analysis）。首先必須求出程式中每一敘述的執行次數(其中{和}不加以計算)，將這些執行次數加總起來。然後求出其 Big-O。讓我們來看以下六個範例：

一、陣列元素相加（Add array members）

將陣列中每個元素相加後傳回總和。

```
                                    執行次數
int sum(int arr[], int n)
{
   int i, total=0;                  1
   for(i=0; i<n; i++)               n+1
     total+=arr[i];                 n
   return total;                    1
}
                                    ─────
                                    2n+3
```

二、矩陣相乘（Matrix Multiplication）

矩陣相乘的定義如下：

$$\begin{bmatrix} a_1 & a_2 & a_3 \\ b_1 & b_2 & b_3 \\ c_1 & c_2 & c_3 \end{bmatrix} \times \begin{bmatrix} 1 & 2 & 3 \\ 4 & 5 & 6 \\ 7 & 8 & 9 \end{bmatrix} = \begin{bmatrix} x_1 & x_2 & x_3 \\ y_1 & y_2 & y_3 \\ z_1 & z_2 & z_3 \end{bmatrix}$$

其中　　$x_1=a_1*1+a_2*4+a_3*7$

　　　　$x_2=a_1*2+a_2*5+a_3*8$

　　　　$x_3=a_1*3+a_2*6+a_3*9$　，其餘依此類推。

```
                                                       執行次數
void mul(int a[][], int b[][], int c[][], int n)
{
    int i,j,k,sum;                                     1
    for(i=0;i<n;i++)                                   n+1
      for (j=0;j<n;j++) {                              n(n+1)
        sum=0;                                         n²
        for (k=0;k<n;k++)                              n²(n+1)
            sum=sum+a[i][k] * b[k][j];                 n³
        c[i][j] = sum;                                 n²
      }
}
                                                     _____
                                                     2n³+4n²+2n+2
```

三、循序搜尋（Sequential search）

乃表示在一陣列中，由第 1 個元素開始依序搜尋，直到找到欲尋找的資料或陣列結束。

```
                                                     執行次數
int search(int data[],int target,int n)
{                                                      詳
   int i;                                              見
   for(i=0;i<n;i++)                                    後
    if(target == data[i])                              述
        return i;
}
```

四、二元搜尋（Binary search）

二元搜尋不同於循序搜尋，詳見後述，其效率較佳。

```
                                                    執行次數
int search(int data[], int target, int n)
{
    int i, mid, lower=0, upper=n-1;
    mid=(lower+upper)/2;
    while(lower<upper) {
        if(data[m]==target)                         詳
            return mid;                             見
        else                                        後
            if(data[mid] > target)                  述
                upper = mid - 1;
            else
                lower = mid + 1;
        mid = (lower + upper)/2;
    }
}
```

五、費氏數列（遞迴的片段程式）

費氏數列表示第n項為第n-1項和第n-2項的和。如0，1，1，2，3，5，8，13，...是一費氏數列。

```
                                                    執行次數
int Fibonacci(int n)
{
    if(n == 0)                                      詳
        return 0;                                   見
    else                                            後
        if (n == 1)                                 述
            return 1;
        else
            return (Fibonacci(n-1)+Fibonacci(n-2));
}
```

六、費氏數列（非遞迴的片段程式）

	執行次數
| ```c
int Fibonacci(int n)
{
    int prev1, prev2, item, i;
    if (n == 0)
        return 0;
    else
        if (n == 1)
            return 1;
        else {
            prev2 = 0;
            prev1 = 1;
            for ( i = 2; i < = n; i++) {
                item = prev1 + prev2;
                prev2 = prev1;
                prev1 = item;
            }
        return item;
        }
}
``` | 詳見後述 |

練習題

1. 試問下列片段程式中 x=x+1; 敘述執行幾次。

```c
(a) int i;
    for(i=1;i<=100;i+=2)
        x=x+1;
(b) int i=1;
    while(++i<=100)
        x=x+1;
(c) int i=1;
    do {
        x=x+1;
    }while(x++<=100);
```

類似題

1. 試問下列片段程式中 x=x+1; 執行幾次。

```c
(a)  int i;
     for(i=0;i<=100;i+=5)
         x=x+1;
(b)  int i=0;
     while(i++<=100)
         x=x+1;
```
```

1.2　Big-O

如何去計算演算法所需要的執行時間呢？在程式或演算法中，每一敘述（statement）的執行時間為：(1)此敘述執行的次數，及(2)每一次執行所需的時間，兩者相乘即為此敘述的執行時間。由於每一敘述所需的時間必須實際考慮到機器和編譯器的功能，因此通常只考慮執行的次數而已。例如：下列有三個片段程式，請計算 x=x+1 的執行次數：

```
  ⋮                 for(i=1;i<=n;i++){        for(i=1;i<=n;i++)
  ⋮                     x=x+1;                    for(j=1;j<=n;j++)
x=x+1;                  ⋮                             x=x+1;
  ⋮                 }                             ⋮
 (a)                   (b)                        (c)
```

(a)的執行次數為 1 次，(b)的執行次數為 n 次，(c)的執行次數為 n^2 次。

在分析演算法時，一般稱敘述的執行次數為 order of magnitude，所以上述的(a)、(b)、(c)中，x=x+1 的 order of magnitude 分別為 1，n，n^2。而整個演算法的 order of magnitude 為演算法中每一敘述的執行次數之和。

算完程式敘述的執行次數後，通常利用 Big-O 來表示此演算法執行的時間。

> 若且唯若有兩個常數 c 與 n_0，當所有 $n \geq n_0$ 都滿足 $f(n) \leq cg(n)$，則 $f(n)=O(g(n))$。

上述的定義表示我們可以找到 c 和 n_0，使得 $f(n) \leq cg(n)$，此時，我們可以說 $f(n)$ 的 Big-O 為 $g(n)$。請看下列範例：

(a) $3n+2=O(n)$，∵ 我們可找到 c=4, $n_0=2$ 使得 $3n+2 \leq 4n$

(b) $10n^2+5n+1=O(n^2)$，∵ 我們可以找到 c=11, $n_0=6$ 使得 $10n^2+5n+1 \leq 11n^2$

(c) $7*2^n+n^2+n=O(2^n)$，∵ 我們可以找到 c=8, $n_0=5$ 使得 $7*2^n+n^2+n \leq 8*2^n$

(d) $10n^2+5n+1=O(n^3)$，這可以很清楚的看出，原來 $10n^2+5n+1 \in O(n^2)$，而 n^3 又大於 n^2，理所當然 $10n^2+5n+1=O(n^3)$ 是沒問題的。同理也可以得知 $10n^2+5n+1 \neq O(n)$，∵ $f(x)$ 沒有小於等於 $cg(n)$。

如陣列元素值的加總為 O(n)，氣泡排序為 O(n²)，而矩陣相乘為 O(n³)，循序搜尋為 O(n)，二元搜尋為 O(log n)，而費氏數列若以遞迴處理之則為 O(2^{n/2})，若以非遞迴方式處理則為 O(n)。

其實，我們可以加以證明，當

f(n)=a_m n^m+...+a_1 n+a_0 時，f(n)=O(n^m)

☞ 證明

$$f(n) \le \sum_{i-0}^{m} |a_i| n^i$$

$$\le n^m \cdot \sum_{i-0}^{m} |a_i| n^{i-m}$$

$$\le n^m \cdot \sum_{i-0}^{m} |a_i| \text{，對 } n \ge 1 \text{ 而言}$$

所以 f(n)=O(n^m)

亦即 Big-O 乃取其最大指數的部分即可，因此，前述的範例中，陣列元素相加的 Big-O 為 O(n)，氣泡排序為 O(n²)，而矩陣相乘為 O(n³)。

循序搜尋（sequential search）的情形可分為三種，第一種為最壞的情形，此乃要搜尋的資料放置在檔案的最後一個，因此需要 n 次才會搜尋到（假設有 n 個資料在檔案中）；第二種為最好的情形，此情形與第一種剛好相反，表示欲搜尋的資料在第一筆，故只要 1 次便可搜尋到；最後一種為平均狀況，其平均搜尋到的次數為

$$\sum_{k=1} \left(k \times \frac{1}{n} \right) = \frac{1}{n} \times \sum_{k=1}^{n} k = \frac{1}{n}(1+2+...+n) = \frac{1}{n} \times \frac{n(n+1)}{2} = \frac{n+1}{2}$$

因此循序搜尋的 Big-O 為 O(n)。

二元搜尋（binary search）的情形和循序搜尋不同，二元搜尋法乃是資料已經皆排序好，因此由中間（mid）開始比較，便可知欲搜尋的**資料**（key）落在 mid 的左邊還是右邊，再將左邊的中間拿出來與 key 相比，只是每次要調整每個段落的起始位址或最終位址。

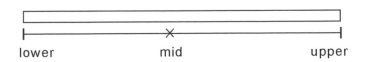

當 key>data[mid] 時，mid=(lower+upper)/2，則 lower=mid+1，upper 不變，如下所示：

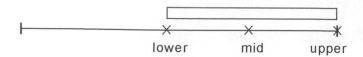

當 key<data[mid] 時，則 upper=mid-1，lower 不變：

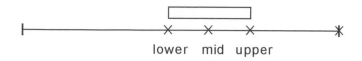

若此時 key==data[mid] 時，便找到了欲尋找的資料，從上可知，當 data 陣列的大小為 32 時，其搜尋的點如下，並假設 key 大於 data 陣列中所有資料。

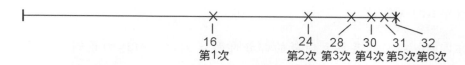

搜尋的次數為 log32+1=6，此處的 log 表示 $\log_2$。資料量為 128 個時，其搜尋的次數為 log128+1，因此當資料量為 n 時，其執行的次數為 logn+1。底下有一二元搜尋與循序搜尋的比較表，假設 key 大於陣列中所有元素值。

陣列大小	二元搜尋	循序搜尋
128	8	128
1,024	11	1,024
1,048,576	21	1,048,576
4,294,967,296	33	4,294,967,296

讀者大略可知二元搜尋比循序搜尋好得太多了，其執行效率為 O(logn)。

接下來我們來討論一個更有趣的課題－**費氏數列**（Fibonacci number），其定義如下：

$$f_0=0$$
$$f1=1$$
$$f_n=f_{n-1}+f_{n-2} \quad for \ n \geqq 2$$

因此

$$f_2=f_1+f_0=1$$
$$f_3=f_2+f_1=1+1=2$$
$$f_4=f_3+f_2=2+1=3$$
$$f_5=f_4+f_3=3+2=5$$
$$\vdots$$

依此類推

若以遞迴的方式進行計算的話，其圖形如下。

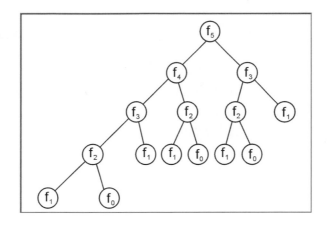

因此可得

n（第n項）	需計算的項目數
0	1
1	1
2	3
3	5
4	9
5	15
6	25

當 n=3(f_3) 從上圖可知需計算的項目為 5；n=5 時，需計算的項目數為 15 個。因此我們可以下列公式表示：

$$T(n) > 2 * T(n-2)$$
$$> 2 * 2 * T(n-4)$$
$$> 2 * 2 * 2 * T(n-6)$$
$$\vdots$$
$$> \underbrace{2 * 2 * 2 * 2 * ... * 2}_{n/2 \text{ 次}} * T(0)$$

當 $T(0)=1$ 時，$T(n) > 2^{n/2}$，此時的 n 必須大於等於 2，因為當 n=1

$$T(1) = 1 < 2^{n/2}$$

計算第 n 項的 費氏數列值	遞迴		非遞迴	
n	所計算項目($2^{n/2}$)	所需執行時間	所要計算項目(n+1)	所需執行時間
40	1,048,576	1048μs	41	41ns
60	1.1×10^9	1s	61	61ns
80	1.1×10^{12}	18 mins	81	81ns
100	1.1×10^{15}	13 天	101	101ns
200	1.3×10^{30}	4×10^{13} 年	201	201ns
ns=10^{-9}secs μs=10^{-6}secs				

上述費氏數列是以遞迴的方式算出，其 Big-O 為 $O(2^{n/2})$，若改以非遞迴方式計算的話，其 f(n) 執行的項目為 n+1 項。上表為費氏數列分別以遞迴和非遞迴方式所需要的計算項目和執行時間：

從上表得知，計算費氏數列若採用遞迴方法並不太適合，所以並不是所有的問題皆適合利用遞迴法，有關遞迴的詳細情形，請參閱第 5 章。

Big-O 的圖形表示如下：

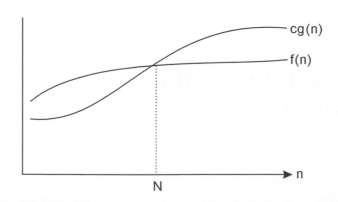

例如有一程式的執行次數為n^2+10n，則其Big-O為n^2，表示此程式執行的時間最壞的情況下不會超過n^2，因為$n^2+10n \leqq 2n^2$，當c=2，$n \geqq 10$時

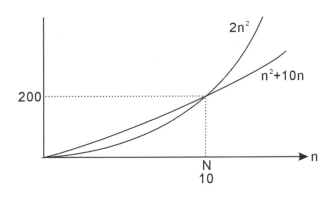

一般常見的Big-O有下列幾種情形：

1. O(1) 稱為常數時間（constant）　　2. O(log n) 稱為次線性時間（sub-linear）

3. O(n) 稱為線性時間（linear）　　　4. O(n log n) 稱為n logn n

5. $O(n^2)$ 稱為平方時間（quadratic）　6. (n^3) 稱為立方時間（cubic）

7. $O(2^n)$ 稱為指數時間（exponential）8. O(n!) 稱為階層時間

當$n \geq 16$時，其執行時間長短的順序如下：

$O(1)<O(\log n)<O(n)<O(n \log n)<O(n^2)<O(n^3)<O(2^n)<O(3^n)<O(n!)$，可由圖1-1或圖1-2得知。我們可利用Big-O來評量演算法的效率為何。當n愈大時，更能顯示其間的差異。

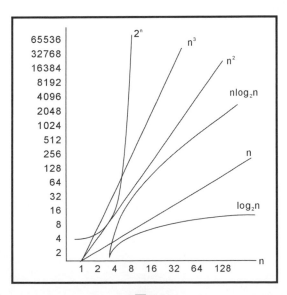

▶圖1-1

$\log_2 n$	n	$n\log_2 n$	n^2	n^3	2^n
0	1	0	1	1	2
1	2	2	4	8	4
2	4	8	16	64	16
3	8	24	64	512	256
4	16	64	256	4096	65536
5	32	160	1024	32768	2147483648

▶圖1-2

1. 試問下列多項式的 Big-O，並找出 c 和 n_0，使其符合 $f(n) < cg(n)$。

(a) $100n+9$

(b) $1000n^2+100n+8$

(c) $5*2^n+9n^2+2$

1. 試問下列多項式的 Big-O，並找出 c 和 n_0，使其符合 $f(n) < cg(n)$。

(a) $10n+8$

(b) $20n^3+5n^2+4n+9$

(c) $8*2^n+9n^2+9$

1.3　動動腦時間

1. [1.1]何謂**演算法**（algorithms）？

2. [1.2]何謂Big-O？試申其意。

3. [1.2]請計算下列片段程式中x=x+1的執行次數，並寫出其Big-O。

(a)　`for(i=1;i<=n;i++)`
　　　`for(j=1;j<=i;j++)`
　　　　`for(k=1;k<=j;k++)`
　　　　`x=x+1;`
	(b)　`i=1;`
	　　　`while(i<=n)　{`
	　　　　`x=x+1;`
	　　　　`i=i+1;`
	　　　`}`

(c)　`for(i=1;i<=n;i++)`
　　　`for(j=1;j<=n;j++)`
　　　　`x=x+1;`
	(d)　`for(i=1;i<=n;i++)`
	
	　　　　`for(k=1;k<=n;k++)`
	　　　　　`x=x+1;`

(e)　`for(i=1;i<=n;i++){`
　　　　`j=1;`
　　　　`for(k=j+1;k<=n;k++)`
　　　　　`x=x+1;`
 	
　　　`}`
	(f)　`for(i=1;i<=n;i++) {`
	　　　　`j=1;`
	　　　　`while(j>=2){`
	　　　　　`j/=5;`
	　　　　　　`x=x+1;`
	　　　　`}`
	　　　`}`

(g)　`k=100000;`
　　　`while(k != 5) {`
　　　　`k/=10;`
　　　　`x=x+1;`
　　　`}`
	(h)　`for(i=1;i<=n;i++) {`
	　　　　`k=i+1;`
	　　　　`do {`
	　　　　　`x=x+1;`
	　　　　`} while(k>n);`
	　　　`}`

4. [1.2]假設陣列A有10個元素分別為2、4、6、8、10、12、14、16、18、20，請問若找尋1、3、13及21四個數，在下列的程式中，do...while內的敘述（statement）一共執行多少次（列出個別找尋1、3、13及21所需的次數，然後再加總）。

```
i=1;
j=n;
do {
   k=(i+j)/2;
   if(A[k]<=x)
        i=k+1;
   else
        j=k-1;
} while(i<=j);
```

Memo

陣列

陣列可說是最基本的資料結構，也可將陣列稱爲循
序串列，因爲每一元素的排列是依序的。程式語言
中一定會論及陣列，因此本章的目標讓讀者了解陣
列特性、陣列的表示法，並論及陣列的一些應用，
如矩陣的相乘，多項式的相加。最後以二個比較輕
鬆的遊戲，如魔術方陣與生命細胞遊戲作爲本章結
束。

2.1 陣列的表示法

在還沒有談到陣列（array）之前，讓我們先來看看線性串列（linear list）。線性串列又稱循序串列（sequential list）或有序串列（ordered list）。其特性乃是每一項依據它在串列的位置，可以形成一個線性的排列次序，所以x[i]在x[i + 1]之前。

線性串列經常發生的操作如下：

1. 取出串列中的第i項；$0 \leq i \leq n-1$。

2. 計算串列的長度。

3. 由左至右或由右至左讀此串列。

4. 在第i項加入一個新值，使其原來的第i，i+1，......，n項變為第i+1，i+2，......，n+1項。

5. 刪除第i項，使原來的第i+1，i+2，......，n項變為第i，i+1，......，n-1項。

在C++程式語言中常利用陣列設置線性串列，以線性的對應方式將元素a_i置於陣列的第i個位置上，若要讀取a_i時，可利用a_i的相對位址等於陣列的起始位址加i*d來求得，其中d是每一元素所佔空間的大小，不要忘記C++的陣列從0開始喔！

陣列的表示方法有下列幾種：

2.1.1 一維陣列（one dimension array）

若陣列是A[0 : u-1]，並假設每一個元素佔d個空間，則$A[i] = \alpha + i*d$，其中α是陣列的起始位置。若陣列是A[1 : u]，則$A[i] = \alpha + (i-1)*d$。假若d=1，且起始元素位址為α，則陣列A的表示方式如下：

陣列元素 A[0]，A[1]，A[2]，...，A[i]，...，A[u-1]
位　　址　α，$\alpha+1$，$\alpha+2$，...，$\alpha+(i)$，...，$\alpha+(u-1)$

2.1.2　二維陣列

假若有一陣列是 A[0：u_1-1, 0：u_2-1]，表示此陣列有 u_1 列及 u_2 行；每一列是由 u_2 個元素組成。二維陣列化成一維陣列時，對映方式有二種：一種**以列為主**（row-major），二為**以行為主**（column-major）。

1. **以列為主**：視此陣列有 u_1 個元素 0, 1, 2, ..., u_1-1，每一元素有 u_2 個單位，每個單位佔 d 個空間。其情形如圖 2-1 所示：

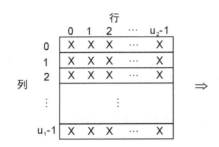

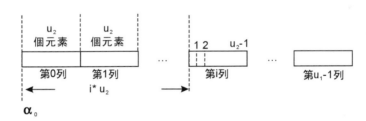

▶圖2-1　以列為主的二維陣列循序表示

由圖 2-1 知 A[i,j]= α +i*u_2d+j*d，其中 α 為此陣列第一個元素的位址。

2. **以行為主**：視此陣列有 u_2 個元素 0, 1, 2, ..., u_2-1，其中每一元素含有 u_1 個單位，每單位佔 d 個空間，其情形如圖 2-2 所示：

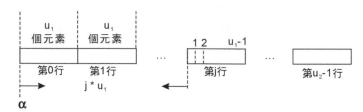

▶圖2-2　以行為主的二維陣列循序表示

由圖2-2知A[i,j]=α+j*u_1d+i*d。

假若陣列是A[s_1：u_1，s_2：u_2]，則此陣列共有m=u_1-s_1+1 列，n=u_2-s_2+1 行。計算A(i,j)的位址如下：

1. **以列為主：**

   A[i,j]=α+(i-s_1)nd+(j-s_2)d

2. **以行為主：**

   A[i,j]=α+(j-s_2)md+(i-s_1)d

假設A[-3:5, -4：2]之起始位址A[-3, -4]=100，以列為主排列，請問A(1,1)所在的位址？（d=1）

解　m=5-(-3)+1=9, n=2-(-4)+1=7, s_1=-3, s_2=-4, i=1, j=1

A[i, j]=α+(i-s_1)nd+(j-s_2)d

a[1, 1]=100+(1-(-3))*7+(1-(-4))

=100+(4)*7+(5)

=100+33

=133

2.1.3 三維陣列

假若有一三維陣列 $A[0:u_1-1, 0:u_2-1, 0:u_3-1]$，如圖2-3所示：

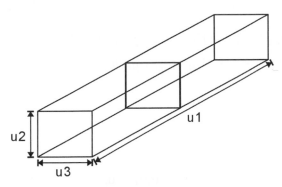

▶圖2-3 三維陣列以 u_1 個二維陣列來表示

一般三維陣列皆先化為二維陣列後再對映到一維陣列，對映方式也有二種：一為以列為主，二為以行為主。

1. **以列為主**：視此陣列有 u_1 個 $u_2 \times u_3$ 的二維陣列，每一個二維陣列有 u_2 個元素，每個 u_2 皆有 u_3d 個空間。

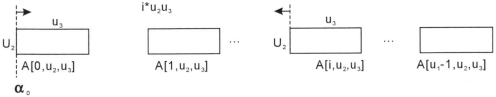

$$A[i, j, k] = \alpha + i*u_2u_3d + j*u_3d + k*d$$

2. **以行為主**：當作練習題。

   假設陣列為 $A[s_1:u_1, s_2:u_2, s_3:u_3]$，則 $p=u_1-s_1+1, q=u_2-s_2+1, r=u_3-s_3+1$，此時 $A[(i,j,k)]$ 的位址為何？

   以列為主 $A[(i,j,k)] = \alpha + (i-s_1)*qrd + (j-s_2)*rd + (k-s_3)*d$

   以行為主 $A[(i,j,k)] = \alpha + (k-s_3)*pqd + (j-s_2)*pd + (i-s_1)*d$

範例

假設 $A[-3:5, -4:2, 1:5]$ 之起始位址 $A[-3, -4, 1]=100$，以列為主排列，試求 $A[(1, 1, 3)]$ 所在的位址？（$d=1$）

解 $p=5-(-3)+1=9, q=2-(-4)+1=7, r=5-1+1=5, s_1=-3, s_2=-4, s_3=1, i=1, j=1, k=3$

$A[1, 1, 3]=100+(1-(-3))*7*5*1+(1-(-4))*5*1+(3-1)*1=267$

2.1.4　n 維陣列

假若有一陣列為 A[0:u_1-1, 0:u_2-1, 0:u_3-1, ... , 0:u_n-1]，表示 A 陣列為 n 維陣列，同樣 n 維陣列亦有二種表示方式：一為以列為主，二為以行為主。

1. **以列為主**：若 A 陣列以列為主，表示 A 陣列有 u_1 個 n-1 維陣列，u_2 個 n-2 維陣列，u_3 個 n-3 維陣列，... ，及 u_n-1 個 1 維陣列。假設起始位址為 α，則

   A[0, 0, 0, ..., 0] 之位址為　　α

   A[i_1, 0, 0, ..., 0] 之位址為　　$\alpha + i_1 * u_2 u_3 \ldots u_n$

   A[i_1, i_2, 0, ..., 0] 之位址為　　$\alpha + i_1 * u_2 u_3 \ldots u_n$

   　　　　　　　　　　　　　$+ i_2 * u_3 u_4 \ldots u_n$

   A[i_1, i_2, i_3, ..., i_n] 之位址為　　$\alpha + i_1 * u_2 u_3 \ldots u_n$

   　　　　　　　　　　　　　$+ i_2 * u_3 u_4 \ldots u_n$

   　　　　　　　　　　　　　$+ i_3 * u_4 u_5 \ldots u_n$

   　　　　　　　　　　　　　$\vdots$

   　　　　　　　　　　　　　$+ i_{n-1} * u_n$

   　　　　　　　　　　　　　$+ i_n$

   上述可歸納為：

   $$A[i_1, i_2, i_3, \ldots i_n] = \alpha + \sum_{m=1}^{n} i_m * a_m \text{，其中}$$

   $$\begin{cases} a_m = \prod_{p=m+1}^{n} u_p, \ 1 \le m < n \\ a_n = 1 \end{cases}$$

2. **以行為主**：當作習題，放在 2.5 節動動腦時間裡。

1. 假設 A[-3:5, -4:2] 且其起始位置 A[-3, -4]=100，試問以行為主排列時，A[1, 1] 所在位址？（d=1）

2. 有一三維陣列 A[0:u_1-1, 0:u_2-1, 0:u_3-1]，如圖 2-3 所示，試問以行為主的 A[i, j, k]= ？

類似題

1. 假設有一三維陣列A[-3:5, -4:2, 1:5]，其起始位置為A[-3, -4, 1]=100，且 d=1，試問A(2, 1, 2)以列為主和以行為主的位址為何？

2. 若將圖2-3的三維陣列改為A[1:u_1, 1:u_2, 1:u_3]，試問A(i, j, k)以列為主和以行為主的位址為何？

2.2　上三角形和下三角形表示法

若一矩陣的對角線以下的元素均為零時，亦即 $a_{ij}=0$，$i>j$，則稱此矩陣為上三角形矩陣（upper triangular matrix）。反之，若一矩陣的對角線以上的元素均為零，亦即 $a_{ij}=0$，$i<j$，此矩陣稱為下三角形矩陣（lower triangular matrix），如圖 2-4 所示：

$$
\begin{bmatrix}
a_{11} & a_{12} & a_{13} & a_{14} \\
0 & a_{22} & a_{23} & a_{24} \\
0 & 0 & a_{33} & a_{34} \\
0 & 0 & 0 & a_{44}
\end{bmatrix}
\qquad
\begin{bmatrix}
a_{11} & 0 & 0 & 0 \\
a_{21} & a_{22} & 0 & 0 \\
a_{31} & a_{32} & a_{33} & 0 \\
a_{41} & a_{42} & a_{43} & a_{44}
\end{bmatrix}
$$

(a) 上三角形矩陣　　　　　　　　　　　　　(b) 下三角形矩陣

▶圖 2-4　上、下三角形矩陣

由上述得知一個 $n \times n$ 個的上、下三角形矩陣共有 $[\,n(n+1)\,]/2$ 個元素，依序對映至 $D(1:[\,n(n+1)\,]/2)$。

1. **以列為主：**

一個 $n \times n$ 的上三角形矩陣其元素分別對映至 D 陣列，如下所示：

a_{11}	a_{12}	a_{13}	a_{14}	a_{22}	a_{23}	a_{24}	……	a_{ij}	……	a_{nn}
D(1)	D(2)	D(3)	D(4)	D(5)	D(6)	D(7)	….	D(k)	……	D([n(n+1)]/2)

∴ $aij=D(k)$　其中 $k=n(i-1)-[i(i-1)]/2+j$

例如圖 2-4 之 (a) 的 a_{34} 元素對映 $D(k)$：

$k=4(3-1)-[3(3-1)\,]/2+4 = 8-3+4=9$

讀者可以這樣想：a_{34} 表示此元素在第 3 列第 4 行的位置，因此上面有二列的元素，而每列 4 個位置，共 8 個空間，由於此矩陣是上三角形矩陣，因此有些位置不放元素，所以必須減掉這些不放元素的空間，有 $1+2=3([i(i-1)]/2, i=3)$，然後再加上此元素在那一行（j）。

假使是一個 $n \times n$ 的下三角形矩陣，其元素分別對映至 D 陣列，如下所示：

a_{11}	a_{21}	a_{22}	a_{31}	a_{32}	……	a_{ij}	……	a_{nn}
D(1)	D(2)	D(3)	D(4)	D(5)	……	D(k)	……	D([n(n+1)]/2

∴ $a_{ij}=D(k)$　其中 $k=[i(i-1)]/2+j$

例如圖 2-4 之 (b) 的下三角形矩陣的 a_{32} 位於 D(k)，而 k=[3(3-1)] /2 +2=5

2. 以行為主：

上三角形矩陣的對應情形如下：

a_{11}	a_{12}	a_{22}	a_{13}	a_{23}	a_{33}	......	a_{ij}	......	a_{nn}
D(1)	D(2)	D(3)	D(4)	D(5)	D(6)	......	D(k)	......	D([n(n+1)]/2

∴ a_{ij}=D(k)　其中 k=[j(j-1)]/2+i

例如圖 2-4 之 (a) 的 a_{34} 位於 D(k)，其中

k=[4(4-1)] /2+3=6+3=9

而下三角形矩陣對應情形如下：

a_{11}	a_{21}	a_{22}	a_{31}	a_{32}	......	a_{ij}	......	a_{nn}
D(1)	D(2)	D(3)	D(4)	D(5)	......	D(k)	......	D([n(n+1)]/2

∴ a_{ij}=D(k) 其中 k=n(j-1)-[j(j-1)]/2+i

如圖 2-4 之 (b) 的 a_{32} 位於 D(k)，其中

k=4(2-1)-[2(2-1) /2]+3

　=4-1+3=6

由此可知上三角形矩陣以列為主和下三角形以行為主的計算方式略同，而上三角形矩陣以行為主的計算方式與下三角形以列為主的計算方式略同。

練 習 題

1. 試撰寫一片段程式將 $A_{n \times n}$ 的上三角形，以列為主，儲存於一個 B(1:n(n+1)/2) 的陣列中。

2. 承上題，撰寫一片段程式將它從 B 陣列中取出 A(i,j)。

類 似 題

1. 試問 2.2 節所論及的 6*6 上三角形矩陣中，以列為主 a_{53} 所對應的 D[k] 為何？

2. 試問 2.2 節所論及的 6*6 下三角形矩陣中，以列為主 a_{53} 所對應的 D[k] 為何？

2.3 多項式表示法

有一多項式 $p=a_nx^n+a_{n-1}x^{n-1}+...+a_1x+a_0$，我們稱 A 為 n 次多項式，$a_ix^j$ 是多項式的項（$0 \le i \le n$, $1 \le j \le n$）其中 a_i 為係數，x 為變數，j 為指數。一般多項式可以使用線性串列來表示其資料結構，也可以使用鏈結串列來表示（在第 4 章討論）。

多項式使用線性串列來表示有兩種方法：

1. 使用一個 n+2 長度的陣列，依據指數由大至小依序儲存係數，陣列的第一個元素是此多項式最大的指數，如 $p=(n, a_n, a_{n-1}, ..., a_0)$。

2. 另一種方法只考慮多項式中非零項的係數，若有 m 項，則使用一個 2m+1 長度的陣列來儲存，分別存每一個非零項的指數與係數，而陣列中的第一個元素是此多項式非零項的個數。

    例如：有一多項式 $p=8x^5+6x^4+3x^2+12$ 分別利用第 1 種和第 2 種方式來儲存，其情形如下：

    (1) p=(5, 8, 6, 0, 3, 0, 12)
    (2) p=(4,5,8,4,6,2,3,0,12)

假若是一個兩變數的多項式，那如何利用線性串列來儲存呢？此時需利用二維陣列，若 m, n 分別是兩變數最大的指數，則需要一個 (m+1)×(n+1) 的二維陣列。如多項式 $p_{xy}=8x^5+6x^4y^3+4x^2y+3xy^2+7$，則需要一個 (5+1)×(3+1)=24 的二維陣列，表示的方法如下：

$$\begin{array}{c c c c c} & y^0 & y^1 & y^2 & y^3 \\ x^0 & 7 & 0 & 0 & 0 \\ x^1 & 0 & 0 & 3 & 0 \\ x^2 & 0 & 4 & 0 & 0 \\ x^3 & 0 & 0 & 0 & 0 \\ x^4 & 0 & 0 & 0 & 6 \\ x^5 & 8 & 0 & 0 & 0 \end{array}$$

兩多項式 A、B 相加其原理很簡單，比較兩多項式時，有下列三種情況：

(1) A 指數＝B 指數；(2) A 指數＞B 指數；(3) A 指數＜B 指數。

這三種情況的運作情形，請參閱程式實作：

程式實作

```
/*
   file name : polynominal.cpp
   Description : 多項式相加實作
   利用陣列表示法做多項式相加
*/
#include <iostream>
#include <iomanip>
#include <stdlib.h>
#define DUMMY -1
using namespace std;
void output_P(int [],int );
void Padd(int [] ,int [] ,int [] );
char compare(int , int );
int main()
{
    /*  多項式的表示方式利用只儲存非零項法
        分別儲存每一個非零項的指數及個數，
        陣列第一元素放多項式非零項個數。
        ex: 下列A多項式有3個非零項，其多項式為 :
        5x四次方 + 3x二次方 + 2   */
    int A[] = { DUMMY,3,4,5,2,3,0,2 };
    int B[] = { DUMMY,3,3,6,2,2,0,1 };
    int C[13] ={ DUMMY};
    Padd( A ,B , C );   /*將A加B放至C */
    /*顯示各多項式結果*/
    cout << "\nA = ";
    output_P(A, A[1]*2 +1);   /*A[1]*2 + 1為陣列A的大小*/
    cout << "\nB = ";
    output_P(B, B[1]*2 +1);
    cout << "\nC = ";
    output_P(C, C[1]*2 +1);
    cout << "\n";
    system("PAUSE");
    return 0;
}


void Padd(int a[] , int b[], int c[])
{
    int p,q,r,m,n;
```

```
char result;
m = a[1]; n = b[1];
p = q = r = 2;
while ( (p <= 2*m) && (q <= 2*n) )
{
    /*比較a與b的指數*/
    result = compare ( a[p],b[q] );
    switch ( result ) {
        case '=' :
            c[r+1] = a[p+1] + b[q+1];  /*係數相加*/
            if ( c[r+1] != 0 )
            {
                c[r] = a[p];  /*指數assign給c */
                r+=2;
            }
            p+=2; q+=2;  /*移至下一個指數位置*/
            break;
        case '>' :
            c[r+1] = a[p+1];
            c[r] = a[p];
            p+=2; r+= 2;
            break;
        case '<' :
            c[r+1] = b[q+1];
            c[r] = b[q];
            q+=2; r+= 2;
            break;
    }
}
while ( p <= 2*m )   /*將多項式a的餘項全部移至c */
{
    c[r+1] = a[p+1];
    c[r] = a[p];
    p+=2;   r+=2;
}
while ( q <= 2*n )   /*將多項式b的餘項全部移至c */
{
    c[r+1] = b[q+1];
    c[r] = b[q];
    q+=2; r+=2;
}
c[1] = r/2 - 1;  /*計算c總共有多少非零項*/
}
```

```cpp
char compare( int x, int y)
{
    if ( x == y )
        return '=';
    else if ( x > y )
        return '>';
    else
        return '<';
}

void output_P(int p[],int n)
{
    int i;
    cout << "(";
    for ( i = 1; i <= n; i++ )
        cout << setw(3) << p[i];
    cout << "  )";
}
```

輸出結果

```
A=(  3   4   5   2   3   0   2 )
B=(  3   3   6   2   2   0   1 )
C=(  4   4   5   3   6   2   5   0   3 )
```

程式解說

此程式的重點是padd函數，在此函數中，a[l]表示a多項式非零項的個數，b[l]為b多項式非零項的個數，一開始先將p、q、r指到陣列的第2個元素，而當p <= 2*m及q <= 2*n的狀況下，才做多項式的比較動作。 多項式的比較動作是比較指數，而非係數，因此在while敘述中，p+=2與q+=2的目的，是為了取得多項式的指數。最後，while(p <= 2*m)敘述，是當b的多項式已結束，則將a多項式的餘項搬到c多項式；若while(q <= 2*n)條件成立，表示a多項式已結束，將b多項式的餘項搬到c多項式中，最後計算c多項式中非零項的個數。

練習題

1. 有一多項式 $p(x)=8x^7+6x^5+3x^4+2x^2+9$，請利用2.3節內文所提及的兩種方法表示之。

2. 有一多項式 $p(x,y)=6x^5+5x^4y^3+3x^3y^2-8x^2y+9x+5$，請利用二維陣列表示之。

類似題

1. 有一多項式 $p(x)=9x^8+7x^5+6x^4+3x^2+5x+8$，試利用2.3節內文中所提及的兩種方法表示之。

2. 有一多項式 $p(x,y)=6x^5y^3+5x^4y^2+3x^3y+8xy+7$，請利用二維陣列表示之。

2.4　魔術方陣

　　有一n×n的方陣，其中n為奇數，請在n×n的魔術方陣中，將1到n^2的整數填入其中，使其各列、各行及對角線之和皆相等。

　　作法很簡單，首先將1填入最上列的中間格，然後往左上方走，(1)以1的級數增加其值，並將此值填入空格；(2)假使方格已填滿，則在原地的下一方格填上數字，並繼續做；(3)若超出方陣，則往下到最底層或往右到最右方，視兩者哪一個有方格，則將數目填上此方格；(4)若兩者皆無方格，則在原地的下一方格填上數字。

　　例如有一5×5的方陣，其形成魔術方陣的步驟如下，並以上述(1)、(2)、(3)、(4)規則來說明。

1. 將1填入此方陣最上列的中間方格，如下所示：

2. 承1.往左上方走，由於超出方陣，依據規格(3)發現往下的最底層有空格，因此將2填上。如下所示：

3. 承2.往左上方，依據規格(1)將3填上，然後再往左上方，此時，超出方陣，依據規則(3)將4填在最右方的方格，如下所示：

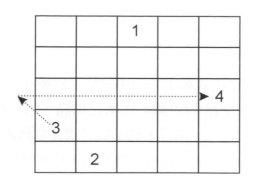

		1		
				4
	3			
	2			

4. 承3.往左上方，依據規則(1)將5填上，再往左上方時，此時方格已有數字，依據規則(2)往5的下方填，如下所示：

		1		
			5	
			6	4
3				
	2			

5. 以此類推，依據上述四個規格繼續填，填到15的結果如下：

15	8	1		
	14	7	5	
		13	6	4
3			12	10
9	2			11

6. 承5.此時往左上方，發現往下的最底層和往右的最右方皆無空格，依據規則(4)在原地的下方格，將此數字填上，如下所示：

15	8	1		
16	14	7	5	
		13	6	4
3			12	10
9	2			11

7. 繼續往下填，並依據規則(1)、(2)、(3)、(4)，最後的結果如下：

15	8	1	24	17
16	14	7	5	23
22	20	13	6	4
3	21	19	12	10
9	2	25	18	11

此時讀者可以算算各行、各列及對角線之和是否皆相等，答案是肯定的，其和皆為65。

程式實作

```
/*
   file name : oddMagic.cpp
   Description : ODD Magic Matrix Implementation
   奇數魔術方陣實作
*/
#include <iostream>
#include <iomanip>
#include <stdlib.h>
#define MAX   15   /*矩陣最大為15 x 15 */
using namespace std;

int Square[MAX][MAX];   /*定義整數矩陣*/
int N;   /*矩陣行列大小變數*/
```

```cpp
void Magic();
int main()
{
   int i,j;

   /*讀取魔術矩陣的大小N,N 為奇數且0 <= N <= 15 */
   do {
     cout << "\nEnter odd matrix size : ";
     cin >> N;
     if ( N % 2 == 0 || N<= 0 || N >15)
        cout << "Should be > 0 and < 15 odd number";
     else
        break;
   } while (1);



   Magic();   /*將square 變為N x N 的魔術矩陣*/

   /*顯示魔術矩陣結果*/
   cout << "\nThe " << N << "*" << N << " Magic Matrix\n";
   for (i = 1; i <= 5*N; i++)
        cout << "_";
   cout << "\n";
   for ( i = 0; i < N; i++ ) {
     for ( j = 0; j < N; j++ )
        cout << setw(5) << Square[i][j];
     cout << "\n";
   }
   system("PAUSE");
   return 0;
}

void Magic()
{
   int i,j,p,q,key;

   /*初始化矩陣內容,矩陣全部清0 */
   for ( i = 0; i < N; i++ )
     for ( j = 0; j < N; j++ )
        Square[i][j] = 0;

   Square[0][(N -1) /2] = 1;  /*將1放至最上列中間位置*/
```

```
key = 2;
i = 0;
j = (N-1) / 2;        /* i,j記錄目前所在位置*/

while ( key <= N*N ) {
    p = (i-1) % N;   /* p,q為下一步位置,i,j各減1表往西北角移動*/
    q = ( j-1) % N;
    /* p < 0 (超出方陣上方)*/
    if ( p < 0 )   p = N - 1; /* 則將p 移至N -1(最下列) */
    if ( q < 0 )   q = N - 1; /* q < 0 (超出方陣左方) */
    /* 則將q 移至N -1(最右行) */
    if ( Square[p][q] != 0 )   /*判斷下一步是否已有數字*/
        i = (i + 1) % N;   /*已有則 i 往下 ( 填在原值下方*/
    else {
        i = p;   /*將下一步位置assing給目前位置 */
        j = q;
    }
    Square[i][j] = key;
    key++;
}
}
```

▌輸出結果

```
Enter odd matrix size : 5
The 5*5 Magic Matrix
--------------------------
    15     8     1    24    17
    16    14     7     5    23
    22    20    13     6     4
     3    21    19    12    10
     9     2    25    18    11
Enter odd matrix size : 9
The 9*9 Magic Matrix
--------------------------------------------
    45    34    23    12     1    80    69    58    47
    46    44    33    22    11     9    79    68    57
    56    54    43    32    21    10     8    78    67
    66    55    53    42    31    20    18     7    77
    76    65    63    52    41    30    19    17     6
     5    75    64    62    51    40    29    27    16
    15     4    74    72    61    50    39    28    26
    25    14     3    73    71    60    49    38    36
    35    24    13     2    81    70    59    48    37
```

程式解說

程式中的重點 Magic 函數，在此函數中先將方陣 Square 中的每一個元素皆設為 0，在最上列的中間方格 Square[0][(N-1)/2] 填上 1。接下來的 while(key <= N*N) 內的敘述會不斷執行，直到方陣完全走完為止，其中（p, q）為下一步的位置，當 p<0 表示超出方陣上方，依據規則調整 p 至最下層（N-1）。同理，當 q<0 表示超出方陣左方，調整 q 至最右方（N-1）的位置。

if(square[p][q] != 0) 會判斷下一方格是否已有數字，若發現已有數字，則移動目前位置至原來的位置（i, j）下方；若下一方格沒有數字，則移動目前位置至下一步位置 (p, q)，將數字填入方格中。

以上述的 5×5 方陣爲例，來說明魔術方陣的演算法：

1. 首先將 1 放在 Square[0][(N-1)/2] 的方格上，若 n=5，則此方格爲第 0 列、第 2 行。

2. 將目前的方格所代表的第 n 列和第 n 行存放在 i 與 j 中，此時 i=0，j=2。並將 2 指定給 key。

3. 當 key<=52 時，將 (i-1)%N 即 (0-1)%5=-1；(j-1)%N 即 (2-1)%5=1，求目前方格左上方的座標，但因 (-1,1) 已超出方陣最上列，故依規格將列座標調整至最下層 N-1 位置，即 5-1=4。由於 (4, 1)=0 故將 4 指定給 j，然後將 key 的值放在 (i, j)=(4, 1) 方格上，key++。

4. 倘若 key=6，此時的 (i, j) 爲 (1, 3)。因爲 Sqaure[0][2] 已有數字，即 Square[p][q] != 0，則計算 (1+1)%5=2，將此數字指定給 i，即此方格爲 (2, 3)，此表示在原來的方格往下移一格。

5. 利用同樣的方法即完成魔術方陣。

在此節開始就談到一些魔術方陣的規則，詳細的情形請參閱其程式片段。讀者可以自己以一 7×7 的方陣來填寫，相信會使您更明瞭。

1. 自行完成 9×9 的魔術方陣。

1. 自行完成 n×n 的魔術方陣，此處的 n 爲奇數。

2.5 動動腦時間

1. [2.1]假設有一陣列 A，其 A(0, 0)與 A(2, 2)的位址分別在(1204)$_8$與(1244)$_8$，求 A(3,3)的位址（以8進位表示）。

2. [2.1]有一三維陣列 A(-3：2, -2：4, 0：3)，以列為主排列，陣列的起始位址是 318，試求 A(1, 3, 2)所在的位址。

3. [2.1]有一二維陣列 A(0：m-1, 0：n-1)，假設 A(3, 2)在1110，而 A(2, 3)在1115，若每個元素佔一個空間，請問 A(1, 4)所在的位址。

4. [2.1.4] 2.1.4節的n維陣列，以行為主，其 A[i_1, i_2, i_3, ..., i_n]的位址為何？

5. [2.2]若將一對稱矩陣（symmetric matrix）視為上三角形矩陣來儲存，亦即a_{11}儲存在 A(1)，$a_{12}=a_{21}$儲存在 A(2)，A_{22}在 A(3)，$a_{13}=a_{31}$在 A(4)，$a_{23}=a_{32}$在 A(5)，及a_{ij}在 A(k)地方。

$$\begin{bmatrix} a_{11} & a_{12} & a_{13} & a_{14} \\ a_{21} & a_{22} & a_{23} & a_{24} \\ a_{31} & a_{32} & a_{33} & a_{34} \\ a_{41} & a_{42} & a_{43} & a_{44} \end{bmatrix} \begin{bmatrix} a_{11} & a_{12} & a_{13} & a_{14} \\ & a_{22} & a_{23} & a_{24} \\ & & a_{33} & a_{34} \\ & & & a_{44} \end{bmatrix}$$

試求 A(i,j)儲存的位址（可用 MAX 與 MIN 函數來表示，其中 MAX 函數表示取 i, j 的最大值，MIN 函數則是取 i, j 最小值。）

6. [2.2]有一正方形矩陣，其存放在一維陣列的形式如下：

$$\begin{bmatrix} A(1) & A(2) & A(5) & A(10) & \cdots \\ A(4) & A(3) & A(6) & A(11) & \cdots \\ A(9) & A(8) & A(7) & A(12) & \cdots \\ A(16) & A(15) & A(14) & A(13) & \cdots \\ \vdots & \vdots & \vdots & \vdots & \end{bmatrix}$$

讓a_{ij}儲存在 A(k)，試求 A(i, j)所在的位址，可用 MAX 及 MIN 函數來表示。

7. [2.2]試回答下列問題：

　　(a) 撰寫一演算法將 $A_{n \times n}$ 的下三角形儲存於一個 $B(1 : n(n+1)/2)$ 的陣列。

　　(b) 撰寫一演算法從上述的陣列 B 中取出 $A(i, j)$。

8. [2.4]自行完成 11×11 的魔術方陣。

Chapter

3

堆疊與佇列

堆疊與佇列是資料結構最基本的二個主題，也算是做劇烈運動前的暖身操，雖然如此，它們的功能卻是相當地強，且用途相當地廣，因此讀者不得不加以注意。

在本章您將會體會以前所學到的副程式的呼叫，它們是怎麼處理的，為何會有條不紊，不會出差錯。中序的表示式與後序的表示式有何不同，它們之間應如何轉換。

3.1　堆疊和佇列基本觀念

在計算機演算法（algorithms）中，堆疊（stack）與佇列（queue）是常用到的資料結構。堆疊是一有序串列（order list），其加入（insert）和刪除（delete）動作都在同一端，此端通常稱之為頂端（top）。加入一元素於堆疊，此動作稱為推入（push）；與之相反的是從堆疊中刪除一元素，此動作稱為彈出（pop）。由於堆疊具有先進去的元素最後才會被搬出來的特性，所以又稱堆疊是一種後進先出（Last In First Out，LIFO）串列。

佇列也是屬於線性串列，與堆疊不同的是，加入和刪除不在同一端，刪除的那一端為前端（front），而加入的一端稱為後端（rear）。由於佇列具有先進先出（First In First Out，FIFO）的特性，因此也稱佇列為先進先出串列。例如您進入銀行抽取一張號碼牌，此號碼牌具有先拿到號碼牌的會先被服務。假若佇列兩端皆可做加入或刪除的動作，則稱之為雙佇列（double-ended queue, deque）。堆疊、佇列如圖 3-1 之 (a)、(b) 所示。

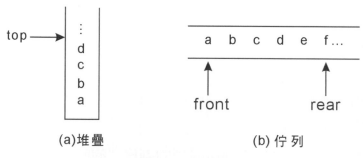

(a)堆疊　　　　　　　　　　(b) 佇列

▶圖3-1　堆疊與佇列

其中 (a) 堆疊有如一容器，它有最大的容量限制，每次加入的元素，都會往上堆，有如堆書本一般，因此，我們可想像其加入和刪除都在同一端。

而 (b) 的佇列有如一排隊的隊伍，最前面的是 front 所指的地方，因此 front 所指的位置一定會先被服務，而 rear 所指的地方是新加入的位置。這好比您上銀行一樣，依照您進入銀行的時間順序抽取號碼牌，服務的順序是先到先服務，這就是佇列的特性。

練 習 題

1.　試問堆疊與佇列可以利用C++語言的哪一種資料型態表示之。

2.　請舉一些例子，其性質類似堆疊。

類 似 題

1.　請舉一些例子，其性質類似佇列。

3.2 堆疊的加入與刪除

我們可以設定一陣列來表示堆疊，此堆疊是有最大容量的，如

```
int a[10];
```

表示此陣列的最大容量是10個元素。除了有一陣列外，我們也指定了一個變數top作為追蹤目前堆疊的位置。top的初始值為-1。

加入一元素（push an item）到堆疊，主要考慮會不會因為加入此一元素而溢位（overflow），亦即加入時要考慮不可超出堆疊的最大容量。若沒有超出，則先將top加入，再將元素填入a[top]中。

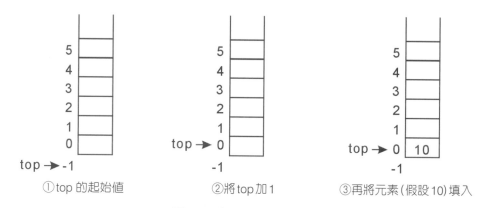

①top 的起始值　　　②將 top 加 1　　　③再將元素 (假設 10) 填入

▶圖3-2　加入10於堆疊中

加入一元素10於堆疊的片段程式如下：

```cpp
void Stack::push_f(void)
{
   if(top >= MAX-1)     /*當堆疊已滿，則顯示出錯誤訊息 */
      cout << "堆疊已滿 \n";
   else {
      top++;
      cout << "請輸入一個物件到堆疊:";
      cin >> a[top];
   }
}
```

從堆疊刪除一元素，等於從堆疊彈出（pop）一元素，此時我們必須注意堆疊是否為空的，亦即top的值為-1。若不是空的，表示堆疊有元素存在，此時，先將a[top]的元素移除，之後將top減1。

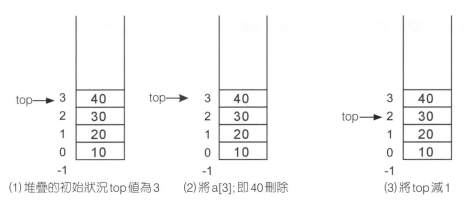

(1)堆疊的初始狀況top值為3　　(2)將a[3];即40刪除　　(3)將top減1

▶圖3-3　刪除堆疊中的40

以下是其程式片段

```
void Stack::pop_f(void)
{
    if (top < 0)
        cout << "堆疊是空的 \n";
    else {
        cout << "pop " << a[top] << " from stack \n";
        top--;
    }
}
```

了解堆疊的加入與刪除後，以下我們以一完整的程式呈現之。

程式實作

```
/* file name : Stack.cpp */
/* 使用堆疊處理資料--新增、刪除、輸出 */

#include <iostream>
#include <stdlib.h>
#include <conio.h>
using namespace std;

#define MAX 5

class Stack {
  private:
    char item[MAX][20];
    int top;
  public:
    Stack();
```

```
    void push_f(void);    // 新增函數
    void pop_f(void);     // 刪除函數
    void list_f(void);    // 輸出函數
};

Stack::Stack()
{
  top = -1;
}


void Stack::push_f(void)
{
  if(top >= MAX-1)    // 當堆疊已滿，則顯示錯誤
    cout << "\n堆疊已滿!\n";
  else {
    top++;
    cout << "\n 請輸入一個物件：: ";
    cin.getline(item[top], 21);
  }
}


void Stack::pop_f(void)
{
  if(top < 0)   // 當堆疊沒有資料存在，則顯示錯誤
    cout << "\n 堆疊是空的 !\n";
  else {
    cout << "\n " << item[top] << "已被刪除\n";
    top--;
  }
}


void Stack::list_f(void)
{
  int count = 0, i;

  if(top < 0)
    cout << "\n 堆疊是空的\n";
  else {
    cout << "\n   ITEM\n";
    cout << " ------------------\n";
    cout.setf(ios::left, ios::adjustfield);
    for(i = 0; i <= top; i++) {
      cout << "  ";
      cout.width(20);
      cout << item[i] << "\n";
      count++;
```

```
   }
   cout.setf(ios::right, ios::adjustfield);
   cout << " ------------------\n";
   cout << "   總共有: " << count << "\n";
 }
}

int main()
{
  Stack obj;
  char option;

  while(1) {
    cout << "\n ****************************\n";
    cout << "           <1> 插入 (push)\n";
    cout << "           <2> 刪除 (pop)\n";
    cout << "           <3> 列出\n";
    cout << "           <4> 退出\n";
    cout << " ****************************\n";
    cout << " 請輸入選項...";
    while(cin.get(option) && option == '\n');
    cin.get();
    switch(option) {
      case '1': obj.push_f();
                break;
      case '2': obj.pop_f();
                break;
      case '3': obj.list_f();
                break;
      case '4': system("PAUSE");
                return 0;;
    }
  }

}
```

輸出結果

```
****************************
          <1> 插入 (push)
          <2> 刪除 (pop)
          <3> 列出
          <4> 退出
****************************
請輸入選項...1
```

```
請輸入一個物件：: Ink

* * * * * * * * * * * * * * * * * * * * * * * * *
        <1> 插入 (push)
        <2> 刪除 (pop)
        <3> 列出
        <4> 退出
* * * * * * * * * * * * * * * * * * * * * * * * * *
請輸入選項...1

請輸入一個物件：: Paper

* * * * * * * * * * * * * * * * * * * * * * * * *
        <1> 插入 (push)
        <2> 刪除 (pop)
        <3> 列出
        <4> 退出
* * * * * * * * * * * * * * * * * * * * * * * * * *
請輸入選項...1

請輸入一個物件：: Book

* * * * * * * * * * * * * * * * * * * * * * * * *
        <1> 插入 (push)
        <2> 刪除 (pop)
        <3> 列出
        <4> 退出
* * * * * * * * * * * * * * * * * * * * * * * * * *
請輸入選項...3

 ITEM
------------------
 Ink
 Paper
 Book
------------------
 總共有: 3

* * * * * * * * * * * * * * * * * * * * * * * * *
        <1> 插入 (push)
        <2> 刪除 (pop)
        <3> 列出
        <4> 退出
* * * * * * * * * * * * * * * * * * * * * * * * * *
請輸入選項...2

Book已被刪除
```

```
***************************
        <1> 插入 (push)
        <2> 刪除 (pop)
        <3> 列出
        <4> 退出
***************************
```
請輸入選項...2

Paper已被刪除

```
***************************
        <1> 插入 (push)
        <2> 刪除 (pop)
        <3> 列出
        <4> 退出
***************************
```
請輸入選項...2

Ink已被刪除

```
***************************
        <1> 插入 (push)
        <2> 刪除 (pop)
        <3> 列出
        <4> 退出
***************************
```
請輸入選項...3

堆疊是空的

```
***************************
        <1> 插入 (push)
        <2> 刪除 (pop)
        <3> 列出
        <4> 退出
***************************
```
請輸入選項...4

練習題

1. 在堆疊的 push 和 pop 操作上，有一很重要的變數 top，上述範例乃將 top 設為 -1，假若將它改為 0，試問 push 函數應如何修改之。並說明其與 top 初值為 -1 有何不同。

類似題

1. 同上一練習題，若 top 初值為 0 時，pop 函數應如何修改之，其與 top 初值為 -1 有何差異。

3.3　佇列的加入與刪除

　　佇列的操作行為是先進先出，此種方式類似排隊，排在前面的會先被服務，因此，我們可以假想在一陣列中有二端分別為front和rear端，每次加入都加在rear端，而刪除（即將被服務）的在front端。一開始，佇列的front=-1，rear=-1，當加入一元素到佇列時，主要判斷rear是否會超過其陣列的最大容量。

0	1	2	3	… ……… …	MAX-2	MAX-1

　　當rear為MAX-1時，表示陣列已到達最大容量了，此時不能再加任何元素進來；反之，則陣列未達最大容量，因此可以加入任何元素。以下是其片段程式

```cpp
void Queue::enqueue_f(void)
{
    if (rear >= MAX-1)
        cout << "佇列已滿 \n");
    else {
        rear++;
        cout << "請輸入一個物件到佇列: ";
        cin >> a[rear];
    }
}
```

　　而刪除佇列的元素則需考慮佇列是空的情況，因為佇列為空時，表示沒有元素在佇列中，怎能刪除呢？當 front >= rear時，則表示佇列是空的，其片段程式如下：

```cpp
void Queue::dequeue_f(void)
{
    if (front == rear)
        cout << "佇列是空的 \n";
    else {
        front++;
        cout << "從佇列刪除 " << a[front] " \n";
    }
}
```

上述的佇列是線性佇列（linear queue），表示的方式為 Q(0: MAX-1)，但此線性佇列，不太合理的現象就是當 rear 到達 MAX-1 時，無論如何的加入皆是不允許的，因為上述的加入片段程式會印出佇列是滿的訊息，因此它沒考慮佇列的前面是否還有空的位子，例如下圖所示：

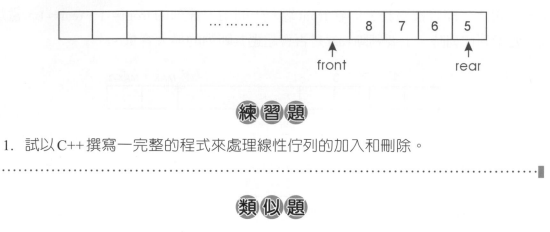

練習題

1. 試以 C++ 撰寫一完整的程式來處理線性佇列的加入和刪除。

類似題

1. 若將上述佇列的加入與刪除片段程式中的 front 和 rear 設為 0，其 enqueue 和 dequeue 要如何修改。

3.4　環狀佇列

　　為了解決前節所說的不合理現象，佇列常常以環狀佇列(circle queue)來表示之，CQ(0: MAX-1)，如下圖所示：

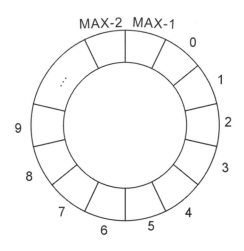

3.4.1　環狀佇列的加入

　　環狀佇列的初始值為 front=rear=MAX-1，當有元素欲加入時，利用下一敘述

```
rear=(rear+1) % MAX;
```

　　求出 rear，主要的用意在於能夠使 rear 回到前面，看看是否還有空的位置可放。如當 rear 為 MAX-1 時，((MAX-1)+1)% MAX，其餘數為 0，此時便可進入環狀佇列的前端了。以下是我們設計的片段程式。

```
void Cqueue::encqueue_f(void)
{
   rear=(rear+1) % MAX;
   if (front == rear){
      if (rear == 0 )   /*將rear退到正確位置*/
        rear = MAX-1;
      else
        rear = rear-1 ;
      cout << "環狀佇列已滿 \n";
   }
   else {
      cout << "請輸入一個物件 :";
      cin >> cq[rear];
   }
}
```

而環狀佇列的刪除，乃判斷 front 是否和 rear 同在一起，若是，則印出環狀佇列是空的訊息；否則，將 front 往前移，並加入元素，以下是其片段程式：

```
void Cqueue::decqueue_f(void)
{
   if ( front == rear)
      cout << "環狀佇列是空的 \n";
   else {
      front = (front+1) % Max;   /* front往前移  */
      cout << cq[front] << "已被刪除\n";
   }
}
```

其中

```
front = (front+1) % MAX ;
```

主要的用意，乃希望能將 front 移到 0 的位置。讀者是否發現到以上的片段程式有什麼怪異的地方嗎？有的，我們發現環狀佇列會浪費一個空間，如下圖所示：

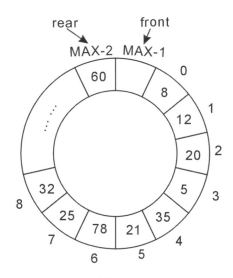

當 rear 為 MAX-2，front 為 MAX-1，此時若加入一元素，我們所設計的片段程式會發生 "滿" 的訊息，主要的用意在於能確保刪除時是正確的。假若，您不理會也將它加入的話，此時刪除一元素時，則會發生佇列是空的，不合理吧！

有沒有方法可以充份的利用此一空間呢？有的，只是需要多加一判斷的變數如 tag 來輔助之。開始時

```
front = rear = MAX-1 及 tag = 0
```

以下是「加入」的片段程式

```cpp
void Cqueue::encqueue2_f(void)
{
    if ( front == rear && tag == 1)
        cout << "環狀佇列已滿 \n";
    else {
        rear = (rear+1) % MAX;
        cout << "請輸入一個元素:";
        cin >> cq[rear];
        if (front == rear )   /* 判斷 front 是否等於rear */
            tag = 1;          /* 若是，則將tag設為1 */
    }
}
```

讀者可以比較 encqueue 和 encqueue2 函數，主要差異在於後者多了 tag 變數的判斷，因此會多花一些時間，但也可以省一個空間，這就是時間和空間的取捨囉！

而「刪除」的片段程式如下：

```cpp
void Cqueue::decqueue2_f(void)
{
    if (front == rear && tag == 0)
        cout <<  "環狀佇列是空的 ! \n";
    else {
        front = (front+1) % MAX;
        cout << cq[front] << "已被刪除 \n";
        if (front == rear )
            tag =0;
    }
}
```

加入和刪除主要差異在於 tag，當 tag 為 1 時，表示環狀佇列是滿的；反之 tag 為 0，則表示環狀佇列是空的。

程式實作

```cpp
/* File name: Cqueue-1.cpp */
// 使用環狀佇列加上TAG處理資料--新增、刪除、輸出

#include <iostream>
#include <stdlib.h>
using namespace std;
```

```cpp
#define MAX 5

class Cqueue {
  private:
    char item[MAX][20];
    int front;
    int rear;
    int tag;   /* TAG為記憶FRONT所在是否有儲存資料
                 0時為沒有存放資料，1時為有存放資料 */
  public:
    Cqueue();
    void enqueue_f(void);    // 新增函數
    void dequeue_f(void);    // 刪除函數
    void list_f(void);       // 輸出函數
};

Cqueue::Cqueue()
{
  front = MAX - 1;
  rear = MAX - 1;
  tag = 0;
}

void Cqueue::enqueue_f(void)
{
  if(front == rear && tag == 1)  // 當佇列已滿，則顯示錯誤
    cout << "\n佇列已滿 !\n";
  else {
    rear = (rear + 1) % MAX;
    cout << "\n 請輸入一個物件: ";
    cin.getline(item[rear], 21);
    if(front == rear) tag = 1;
  }
}

void Cqueue::dequeue_f(void)
{
  if(front == rear && tag == 0)    // 當資料沒有資料存在，則顯示錯誤
    cout << "\n 佇列是空的 !\n";
  else {
    front = (front + 1) % MAX;
    cout << "\n " << item[front] << "已被刪除\n";
    if(front == rear) tag = 0;
  }
}
```

```cpp
void Cqueue::list_f(void)
{
   int count = 0, i;

   if(front == rear && tag == 0)
      cout << "\n 佇列是空的\n";
   else {
      cout << "\n   ITEM\n";
      cout << " ------------------\n";
      cout.setf(ios::left, ios::adjustfield);
      for(i = (front + 1) % MAX; i != rear; i = ++i % MAX) {
         cout << "   ";
         cout.width(20);
         cout << item[i] << "\n";
         count++;
      }
      cout << "   ";
      cout.width(20);
      cout << item[i] << "\n";
      cout.setf(ios::right, ios::adjustfield);
      cout << " ------------------\n";
      cout << "   總共有: " << ++count << "\n";
   }
}

int main()
{
   Cqueue obj;
   char option;

   while(1) {
      cout << "\n *****************************\n";
      cout << "         <1> 插入 (enqueue)\n";
      cout << "         <2> 刪除 (dequeue)\n";
      cout << "         <3> 列出\n";
      cout << "         <4> 退出\n";
      cout << " *****************************\n";
      cout << " 請輸入選項...";
      while(cin.get(option) && option == '\n');
      cin.get();
      switch(option) {
         case '1':
            obj.enqueue_f();
            break;
         case '2':
            obj.dequeue_f();
```

```
        break;
    case '3':
        obj.list_f();
        break;
    case '4':
        exit(0);
    }
}
system("PAUSE");
return 0;
}
```

輸出結果

```
*****************************
        <1> 插入 (enqueue)
        <2> 刪除 (dequeue)
        <3> 列出
        <4> 退出
*****************************
請輸入選項...1

請輸入一個物件: Durian


*****************************
        <1> 插入 (enqueue)
        <2> 刪除 (dequeue)
        <3> 列出
        <4> 退出
*****************************
請輸入選項...1

請輸入一個物件: Apple


*****************************
        <1> 插入 (enqueue)
        <2> 刪除 (dequeue)
        <3> 列出
        <4> 退出
*****************************
請輸入選項...1

請輸入一個物件: Banana


*****************************
        <1> 插入 (enqueue)
```

```
        <2> 刪除 (dequeue)
        <3> 列出
        <4> 退出
******************************
請輸入選項...3

  ITEM
------------------
  Durian
  Apple
  Banana
------------------
  總共有: 3

******************************
        <1> 插入 (enqueue)
        <2> 刪除 (dequeue)
        <3> 列出
        <4> 退出
******************************
請輸入選項...2

Durian已被刪除

******************************
        <1> 插入 (enqueue)
        <2> 刪除 (dequeue)
        <3> 列出
        <4> 退出
******************************
請輸入選項...2

Apple已被刪除

******************************
        <1> 插入 (enqueue)
        <2> 刪除 (dequeue)
        <3> 列出
        <4> 退出
******************************
請輸入選項...2

Banana已被刪除

******************************
        <1> 插入 (enqueue)
        <2> 刪除 (dequeue)
```

```
        <3> 列出
        <4> 退出
*****************************
請輸入選項...3

佇列是空的

*****************************
        <1> 插入 （enqueue）
        <2> 刪除 （dequeue）
        <3> 列出
        <4> 退出
*****************************
請輸入選項...4
```

練習題

1. 環狀佇列若不用 tag 變數加以輔助的話，會浪費一個空間，為什麼？加和不加 tag 各有什麼優缺點。

類似題

1. 試問若陣列的起始索引（或註標）是從 1 開始而非 0 開始的話，則 encqueue2 和 decqueue2 片段程式是否要修改之。

3.5　堆疊與佇列的應用

　　由於堆疊具有先進後出的特性，因此凡是具有後來先處理的性質，皆可使用堆疊來解決。例如副程式的呼叫（subroutine calls），假設有一主程式 X 呼叫副程式 Y，副程式 Y 呼叫副程式 Z，此時我們以堆疊來儲存返回（return）的位址，當副程式 Z 做完時，從堆疊彈出返回副程式 Y 的位址；副程式 Y 做完再從堆疊彈出返回主程式 X 的住址。這裏所指的返回位址是呼叫副程式的下一條指令。

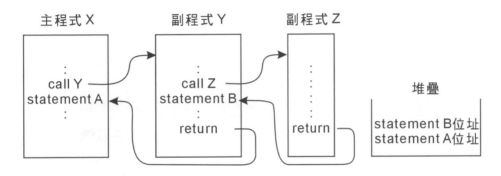

　　假如所要解決的問題是有先進先出的性質時，則宜用佇列來解決，例如作業系統的工作安排（job scheduling），若不考慮特權（priority）的話。

　　堆疊還有一些很好的用途，就是如何將算術運算式由中序表示式變為後序表示式。一般的算術運算式皆是以中序法來表示，亦即運算子（operator）置於運算元（operand）的中間（假若只有一個運算元，則運算子置於運算元的前面）。而後序法表示運算子在其運算元後面，如：A * B / C，此乃中序表示式，而其後序表示式是 AB * C /。

　　為什麼需要由中序表示式(infix expression)變為後序表示式(postfix expression)呢？因為運算子有優先順序與結合性，以及又有括號先處理的問題，為了簡化起見，不要有上述的問題，因此編譯程式將一般的中序表示式先轉化為後序表示式。

　　其實算術運算式由中序變為後序可依下列三步驟進行即可：

1. 將式子中的運算單元適當的加以括號，此時須考慮運算子的運算優先順序。

2. 將所有的運算子移到其對應的右括號。

3. 將所有的括號去掉。

如將A*B/ C化為後序表示式，步驟如下：

(1) ((A* B)/ C)
(2) ((AB)* C)/
(3) AB*C/

再舉一例將A-B/ C+D*E化成後序表示式，步驟如下：

(1) ((A-(B/C))+(D*E))
(2) ((A(BC)/)-(DE)*)+
(3) ABC/-DE*+

一般運算子的運算優先順序如下：

運算子	優先順序（數字愈大，表示優先順序愈高）
*, /, %	5
+（加）, -（減）	4
<, <=, >, >=	3
&&	2
||	1

將算術運算式由中序表示式改變為後序表示式，除了上述的方法，也可以利用堆疊的觀念來完成。首先要了解算術運算子的in-stack（在堆疊中）與in-coming（在運算式中）的優先順序。

符號	in-stack priority	in-coming priority
)	-	--
*, /, %	2	2
+（加）, -（減）	1	1
(	0	4

開始時堆疊是空的，假設稱運算式中的運算子和運算元是token，當token是運算元，不必考慮，一律輸出；但是如果進來的token是運算子，而且若此運算子的in-stack priority（ISP）大於或等於in-coming priority(ICP)，則輸出放在堆疊的運算子，繼續執行到ISP<ICP，之後再將欲進來的運算子放入堆疊中。

首先以A+B*C來說明，其情形如下：

next token	stack	output	說明
none	empty	none	
A	empty	A	由於A是運算元故輸出
+	[+]	A	
B	[+]	AB	B是運算元故輸出
*	[*, +]	AB	由於 * 的 in-coming priority 大於 + 的 in-stack priority
C	[*, +]	ABC	C是運算元
none	[+]	ABC*	pop出堆疊頂端的元素 *
none	empty	ABC*+	再pop出堆疊頂端的元素 +

再舉一例，如 A*(B+C)*D

next toke	stack	output	說明
none	empty	none	
A	empty	A	
*	[*]	A	
(	[(, *]	A	由於 (的 in-coming priority 大於 * 的 in-stack priority
B	[(, *]	AB	
+	[+, (, *]	AB	+ 的 in-coming priority 大於 (的 in-stack priority
C	[+, (, *]	ABC	
)	[*]	ABC+	) 的 in-coming priority 小於 + 的 in-stack priority 故輸出 + 後再去掉 (
*	[*]	ABC+*	此處輸出的 * 是在堆疊裏的 *
D	[*]	ABC+*D	
none	empty	ABC+*D*	

　　注意：左括號的 in-coming priority 很高，而 in-stack priority 很低，當下一個 token 為右括號時，由於此時右括號的in-coming priority比其他的token皆來得低，此時在 stack 中的 token 將被一一的 pop 出來，直到 pop 出左括號為止，而 pop 出來的左、右括號將被省略去。

　　至於佇列的應用，舉凡銀行櫃台的服務、停車場的問題、大型計算機中心列印報表的情形，以及飛機起飛與降落等等的應用。這些都是日常生活中皆能體會的，因此我們不再加以贅述之。

程式實作

```cpp
// Name : Intopost.cpp
// 將數學式子由中序表示法轉為後序表示法

#include <iostream>
#include <stdlib.h>

#define MAX 20

using namespace std;

class In_to_post {
  private:
    char infix_q[MAX];    // 儲存使用者輸入中序式的佇列
  public :
    void infix_to_postfix(void); // 由中序轉後序函數
    int compare(char stack_o, char infix_o); // 比較兩個運算子函數
};

void In_to_post::infix_to_postfix(void)
{
  int rear = -1, top = 0, ctr;
  char stack_t[MAX];   // 用以儲存還不必輸出的運算子

  while(infix_q[rear] != '\n')
    cin.get(infix_q[++rear]);
  infix_q[rear] = '#';   // 於佇列結束時加入#為結束符號
  cout << "後續運算式: ";
  stack_t[top] = '#'; // 於堆疊最底下加入#為結束符號
  for(ctr = 0; ctr <= rear; ctr++) {
    switch(infix_q[ctr]) {
      // 輸入為)，則內輸出堆疊內運算子，直到堆疊內為(
      case ')':
        while(stack_t[top] != '(')
```

```cpp
          cout << stack_t[top--];
        top--;
        break;
      // 輸入為#，則將堆疊內還未輸出的運算子輸出
      case '#':
        while(stack_t[top] != '#')
          cout << stack_t[top--];
        break;
      // 輸入為運算子，若小於TOP在堆疊中所指運算子，則將堆疊
      // 所指運算子輸出，若大於等於TOP在堆疊中所指運算子，則
      // 將輸入之運算子放入堆疊
      case '(':
      case '^':
      case '*':
      case '/':

      case '+':
      case '-':
        while(compare(stack_t[top], infix_q[ctr]))
          cout << stack_t[top--];
        stack_t[++top] = infix_q[ctr];
        break;
      // 輸入為運算元，則直接輸出
      default :
        cout << infix_q[ctr];
        break;
    }
  }
}


// 比較兩運算子優先權，若輸入運算子小於堆疊中運算子，則傳回值為1，否則為0
int In_to_post::compare(char stack_o, char infix_o)
{
  // 在中序表示法佇列及暫存堆疊中，運算子的優先順序表，其優先權值為INDEX/2
  char infix_priority[9] = {'#', ')', '+', '-', '*', '/', '^', ' ', '('};
  char stack_priority[8] = {'#', '(', '+', '-', '*', '/', '^', ' '};
  int index_s = 0, index_i = 0;

  while(stack_priority[index_s] != stack_o)
    index_s++;
  while(infix_priority[index_i] != infix_o)
    index_i++;
  return index_s/2 >= index_i/2 ? 1 : 0;
}


int main()
```

```
{
  In_to_post obj;

  cout << "\n**********************************\n";
  cout << "        -- Usable operator --\n";
  cout << " ^: Exponentiation\n";
  cout << " *: Multiply        /: Divide\n";
  cout << " +: Add             -: Subtraction\n";
  cout << " (: Left Brace      ): Right Brace\n";
  cout << "**********************************\n";
  cout << "請輸入一中序運算式: ";
  obj.infix_to_postfix();

  system("PAUSE");
  return 0;
}
```

輸出結果

```
**********************************
        -- Usable operator --
 ^: Exponentiation
 *: Multiply       /: Divide
 +: Add            -: Subtraction
 (: Left Brace     ): Right Brace
**********************************
請輸入一中序運算式: a+b*(c-d)/e^f-g*h
後續運算式: abcd-*ef^/+gh*-
```

程式解說

程式的重點在於 infix_to_postfix 函數。

在程式中先設定一堆疊 stack_t[] 來存放從運算式 infix_q[] 中讀入運算子或運算元，並以 for 迴圈來控制每一個運算子或運算元的讀入動作，並於堆疊底下置入 '#' 表示結束，共有四種情況。

1. 輸入為)，則輸出堆疊內之運算子，直到遇到（為止。
2. 輸入為 #，則將堆疊內還未輸出的所有運算子輸出。
3. 輸入為運算子，其優先權若小於 stack_t[top] 中的運算子，則將 stack_t[top] 輸出，若優先權大於等於 stack_t[top] 存放的運算子，則將輸入之運算子放入堆疊中。
4. 輸入若為運算元，則直接輸出。

其中運算子的優先權是以以下兩個陣列來建立的：

```
char infix_priority[9]={'#', ')', '+', '-', '*', '/', '^', ' ', '('};
/* 為在運算式中的優先權 */

char stack_priority[8]={'#', '(', '+', '-', '*', '/', '^', ' '};
/* 為在堆疊中的優先權; */
```

運算子優先權的比較是由compare函數（由infix_to_postfix函數所呼叫）來做，在代表優先權的兩個陣列中，將每一個運算子在陣列中所在的註標值除以2，即為運算子的優先權，如infix_priority[ ]中，）為infix_priority[1]，其優先順序為1/2等於0；＋為infix_priority[2]，其優先順序為2/2等於1，依此類推。所以在compare函數中，先找到兩運算子在陣列中的註標值，分別除以2來比較，即可得知優先順序孰高。

1. 試將下列中序表示式轉為後序表示式。

(a) a>b && c>d && e>f

(b) (a+b)*c/d+e-8

1. 試將下列中序表示式轉為後序表示式。

(a) (a+b)*c/(d+e)-8

(b) a+b/c+d/e+f

3.6　如何計算後序表示式

當我們將中序表示式轉為後序表示式後，就可以很容易將此式子的值計算出來，其步驟如下：

1. 將此後序表示式以一字串表示之。

2. 每次取一 token，若此 token 為一運算元則將它 push 到堆疊，若此 token 為一運算子，則自堆疊 pop 出二個運算元並做適當的運算，若此 token 為 '\0' 則 goto 步驟 4。

3. 將步驟 2 的結果再 push 到堆疊，goto 步驟 2。

4. 彈出堆疊的資料，此資料即為此後序表示式計算的結果。我們以下例說明之，如有一中序表示式為 10+8-6*5 轉為後序表示式為 10 8 + 6 5 * -，今將利用上述的規則執行之，步驟如下：

   (1) 因為 10 為一運算元，故將它 push 到堆疊，同理 8 也是，故堆疊有 2 個資料分別為 10 和 8。

   (2) 之後的 token 為 +，故 pop 出堆疊的 8 和 10 做加法運算，結果為 18，再次將 18 push 到堆疊。

   (3) 接下來將 6 和 5 push 到堆疊。

(4) 之後的token為*，故pop 5和6做乘法運算為30，並將它push到堆疊。

(5) 之後的token為-，故pop 30和18，此時要注意的是18減去30，答案為-12（是下面的資料減去上面的資料）。對於+和*，此順序並不影響，但對-和/就非常重要。

(6) 將-12 push到堆疊，由於此時已達字串結束點'\0'，故彈出堆疊的資料-12，此為計算後的結果。

練習題

1. 有一中序表示式如下：

5/3*(1-4)+3-8

請將它轉為後序表示式後，再求出其結果為何。並列出堆疊的運作過程。

類似題

1. 有一中序表示式如下：

5*8+2*9/3-12

請將它轉為後序表示式，再求其結果為何。並列出堆疊的運作過程。

3.7 動動腦時間

1. [3.1]有一交換網路如下：

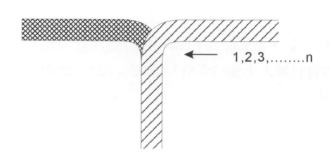

火車廂置於右邊，各節皆有編號如1, 2, 3, ..., n，每節車廂可以從右邊開進堆疊，然後再開到左邊，如n=3，若將1, 2, 3按順序開入堆疊，再駛到左邊，此時可得到3, 2, 1的順序。請問

(a) 當n=3及n=4時，分別有哪幾種排列的方式？哪幾種排序方式不可能發生？

(b) 當n=6時，325641這樣的排列是否可能發生？ 154623的排列又是如何？

2. [3.5]將下列中序運算式轉換為前序與後序運算式。(以下的運算式所用的運算子皆為C++語言所提供的，因此請利用其運算子的運算優先順序和結合性處理之)

(a) A*B%C

(b) -A+B-C+D

(c) A/-B+C

(d) (A+B)*D+E/(F+A*D)+C

(e) A/(B* C)+D*E-A*C

(f) A && B||C||!(E > F)

(g) A / B* C+ D%E-A/ C* F

(h) (A * B)*(C * D) % E * (F- G)/H

(i) A* (B+C) * D

提示：前序與後序的操作二者剛好相反，如

A+B * C   後序為(A+(B * C))->ABC* +
                前序為(A+(B * C))->+A * BC

3. [3.6]有一後序表示式如下：

   36 10 5 3 / 6 - * + 3 5 3 / * +

   請問此後序表示式的計算結果為何？

4. [3.6]試撰寫計算後序表示式結果的演算法。

5. [3.5, 3.6]有一中序表示式如下：

   10 / 3 * (2 - 5) + 8 * 9 - 10

   試將它轉為後序表示式，之後再計算其結果，請寫出其過程。

Memo

Chapter

4

鏈結串列

鏈結串列（**linked list**）是由許多節點所組成的，在
「加入」和「刪除」功能上比陣列容易許多。

鏈結串列可分為單向鏈結串列（**single linked list**）、
環狀串列（**circular linked list**）及雙向鏈結串列
（**doubly linked list**），本章的目標旨在告訴讀者，
如何學習到每一種鏈結串列的「加入」與「刪除」，
而這些加入與刪除的動作，又可針對串列首、串列
尾或串列的某個特定的節點。

除此之外，本章還論及有關串列的反轉、計算串列
的長度，以及鏈結串列的一些應用。

4.1　單向鏈結串列

　　以陣列方式存放資料時，若要插入（insert）或刪除（delete）某一節點（node）就倍感困難了，如在陣列中已有a,b,d,e四個元素，現將c加入陣列中，並按字母順序排列，方法就是d,e往後一格，然後將c插入；而刪除一元素，也必須挪移元素才不會浪費空間，有無方法來改善此一問題呢？這就是本章所要探討的鏈結串列（linked list）。

　　通常利用陣列的方式存放資料時，一般我們所配置的記憶體皆會比實際所要的空間多，因此，會造成空間的浪費；而鏈結串列就不會，因為鏈結串列乃視實際的需要才配置記憶體。

　　鏈結串列在「加入」與「刪除」元素時皆比陣列來得簡單容易，因為只要利用指標（pointer）加以處理就可以了。但無可否認，在搜尋上，陣列比鏈結串列來得快，因為我們從陣列的索引（index）便可得到您想要的資料（假設您已知道欲得到資料的陣列索引）；而鏈結串列需要花較多的時間去比較，方可找到正確的資料。

　　假設鏈結串列中每個節點（node）的資料結構有二欄，分別是整數的資料（data）欄和鏈結（next）欄 | data | next |，若將節點結構定義為 struct node 型態，則表示如下：

```
struct node{
    int data;
    struct node *next;
};
```

如串列 A={a, b, c, d}，其資料結構如下：

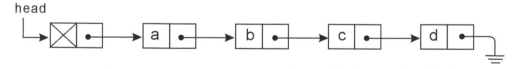

　　head：指向串列前端的指標，通常假設此節點的 data 欄是空的，亦即不放資料，這在一些運作上有其方便之處。

　　讓我們來看看鏈結串列中的加入與刪除動作，這些動作又可分為前端、尾端或是針對某一特定節點。

4.1.1　加入動作

1. 加入於串列的前端：

假設有一串列如下：

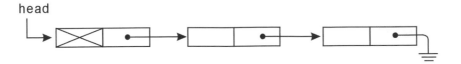

有一節點 x 將加入於串列的前端，其步驟如下：

(1) x=(struct node *) malloc(sizeof(struct node));

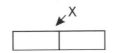

(2) x->next=head->next; /*　①　*/

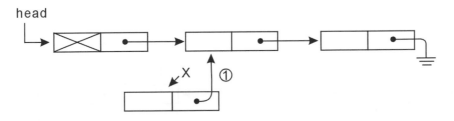

(3) head->next=x; /*　②　*/

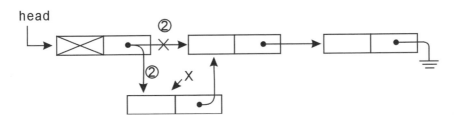

2. 加入於串列的尾端：

假設有一串列如下：

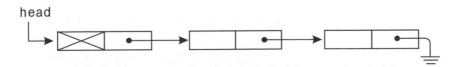

將一節點 x 加入於串列的尾端，其步驟如下：

(1) x=(struct node *) malloc(sizeof(struct node));

(2) x->next=NULL;

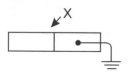

此時必須追蹤此串列的尾端在哪兒，利用下列的片段程式

```
p=head->next;
while(p->next != NULL)
      p=p->next;
```

便可找到串列的尾端。

(3) p->next=x;

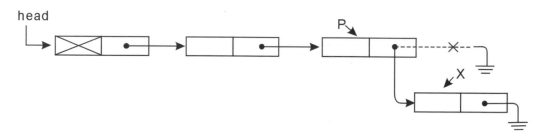

3. 加入在串列某一特定節點的後面

假設有一單向鏈結串列，按 data 欄位由大到小排列之。

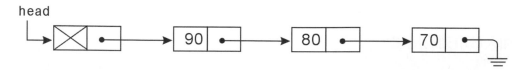

今有一節點 ptr 之 data 欄位值為 75，欲加入到上述的串列中。首先我們必須找到插入的地方，可想而知，75 應插入到 80 和 70 之間，因此可用下述的片段程式執行之

```
prev=head;
current=head->next;
while(current != NULL && current->data > ptr->data){
    prev=current;
    current=current->next;
}
```

我們利用 prev 和 current 二個指標來追蹤，prev 會緊跟在 current 節點之後，如下所示：

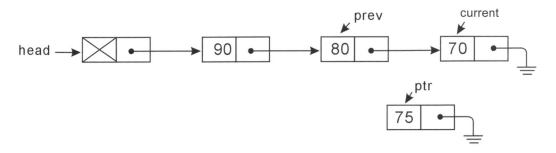

接下來的動作：就是將 ptr 指向節點插在 prev 的後面

```
ptr->next=current;          /* ① */
prev->next=ptr;             /* ② */
```

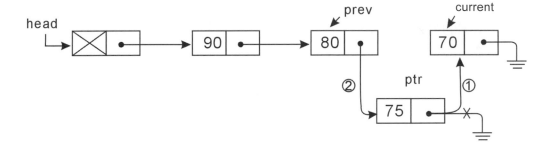

4.1.2 刪除動作

1. 刪除串列的前端節點

假設有一串列如下：

只要幾個步驟便可達成目的：

(1) p=head->next;

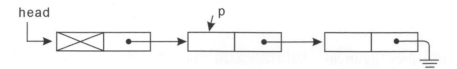

(2) head->next=p->next;

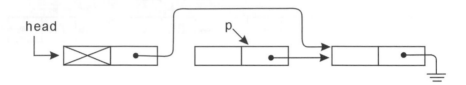

(3) free(p);

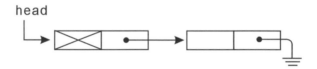

經由 free(p) 便可將 p 節點回收。

2. 刪除串列的最後節點：

假設有一串列如下：

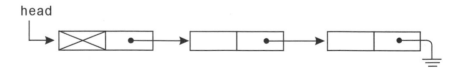

此時必須先追蹤尾端及尾端的前一個節點在哪兒，步驟如下：

(1) p=head->next;
　　while(p->next != NULL) {　　/* 找出尾端的前一節點prev */
　　　　prev=p;
　　　　p=p->next;
　　}

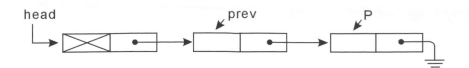

(2) prev->next=NULL;

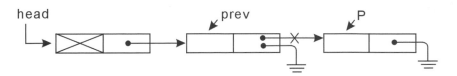

(3) free(p);

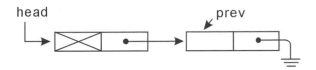

3. 刪除某一特定的節點：

刪除某一特定的節點也必須利用二個指標current和prev，分別指到即將被刪除
節點（current）及前一節點（prev），因此prev永遠跟著current。

假設有一單向鏈結串列如下：

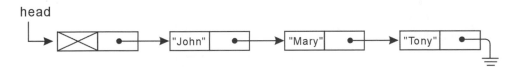

今欲刪除 "Mary"，因此將del_data變數指定為 "Mary"，接下來利用下列程式片
段就可將current指標指向 "Mary" 的節點，而prev指向 "John" 節點，並將current指
向的節點回收。

```
prev=head;
current=head->next;
while(current != NULL && strcmp(current->data,del_data)!= 0){
    prev=current;
    current=current->next;
}
if (current != NULL) {     /*刪除current節點    */
    prev->next=current->next;     /*    ①    */
    free(current);
}
else
    printf("the data is not found");
```

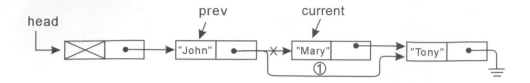

程式實作

```cpp
// Name : slist.cpp
// 單向鏈結串列，按照分數由大至小排序--新增、刪除、修改、輸出

#include <iostream>
#include <stdlib.h>
#include <string.h>
#include <stdio.h>

using namespace std;

typedef struct student {
    char name[20];
    int score;
    struct student *next;
} Node_type;

class Single_link_list {
private:
    Node_type *ptr;
    Node_type *head;
    Node_type *tail;
    Node_type *current;
    Node_type *prev;
public:
    Single_link_list();
    void insert_f(void);
    void delete_f(void);
    void display_f(void);
    void modify_f(void);
};

Single_link_list::Single_link_list()
{
    head = new Node_type;
    head->next = NULL;
    tail = NULL;
}

void Single_link_list::insert_f(void)
```

```cpp
{
    char s_temp[4];
    ptr = new Node_type;
    cout << " Student name : ";
    cin>>ptr->name;
    cout << " Student score: ";
    cin>>s_temp;
    ptr->score = atoi(s_temp);
    current = new Node_type;
    prev = head;
    current = head->next;
    while ((current != NULL) && (current->score > ptr->score)) {
        prev = current;
        current = current->next;
    }
    ptr->next = current;
    prev->next = ptr;
}


void Single_link_list::delete_f(void)
{
    char del_name[20];

    if (head->next == NULL)
        cout << " No student recond\n"; // 無資料顯示錯誤
    else {
        cout << " Delete student name: ";
        cin>>del_name;
        prev = head;
        current = head->next;
        while ((current != NULL) && (strcmp(current->name , del_name)!=0)) {
            prev = current;
            current = current->next;
        }
        if (current != NULL) {
            prev->next = current->next;
            delete current;
            cout << " " << del_name << " student record deleted\n";
        }
        else
            cout << " Student " << del_name << " not found\n";
    }
}


void Single_link_list::modify_f(void)
{
```

```cpp
    char n_temp[20],s_temp[4];

    if(head->next == NULL)
        cout << " No student recond\n"; //  無資料顯示錯誤
    else {
        cout << " Modify student name: ";
        cin >> n_temp;
        prev = head;
      current = head->next;
        while ((current != NULL) && (strcmp(current->name , n_temp)!=0)){
            prev = current;
            current = current->next;
        }
        if (current != NULL)  {
            cout << " ***************************\n";
            cout << "  Student name : " << current->name << "\n";
            cout << "  Student score: " << current->score << "\n";
            cout << " ***************************\n";
            cout << " Please enter new score: ";
            cin >> s_temp;
            prev->next = current->next;
            delete current;
            //重新加入
            ptr = new Node_type;
            strcpy(ptr->name, n_temp);
            ptr->score = atoi(s_temp);
            ptr->next = NULL;
            prev = head;
            current = head->next;
            while ((current != NULL) && (current->score > ptr->score)) {
                prev = current;
                current = current->next;
            }
            ptr->next = current;
            prev->next = ptr;

            cout << " " << n_temp << " student record modified\n";
        }
        else      // 找不到資料則顯示錯誤
            cout << " Student " << n_temp << " not found\n";
    }
}

void Single_link_list::display_f(void)
{
    int count=0;
```

```cpp
        if(head->next == NULL)
            cout << " No student record\n";
        else {
            cout << "  NAME                    SCORE\n";
            cout << " ---------------------------\n";
            current=head->next;
            while(current != NULL) {
                cout << "   ";
                cout.setf(ios::left, ios::adjustfield);
                cout.width(20);
                cout << current->name << " ";
                cout.setf(ios::right, ios::adjustfield);
                cout.width(3);
                cout << current->score << "\n";
                count++;
                current=current->next;
            }
            cout << " ---------------------------\n";
            cout << " Totally " << count << " record(s) found\n";
        }
}

int main()
{
    Single_link_list obj;
    char option1;

    while(1) {
        cout << "\n*****************************************\n";
        cout << "               1.insert\n";
        cout << "               2.delete\n";
        cout << "               3.display\n";
        cout << "               4.modify\n";
        cout << "               5.quit\n";
        cout << "*****************************************\n";
        cout << "   Please enter your choice (1-5)...";
        cin>>option1;
        cout << "\n";
        switch(option1) {
            case '1': obj.insert_f();
                  break;
            case '2': obj.delete_f();
                  break;
            case '3': obj.display_f();
                  break;
```

```
    case '4': obj.modify_f();
          break;
    case '5': system("PAUSE");
          return 0;
    }
  }
}
```

輸出結果

```
******************************************
              1.insert
              2.delete
              3.display
              4.modify
              5.quit
******************************************
    Please enter your choice (1-5)...1

 Student name : Tony
 Student score: 89

******************************************
              1.insert
              2.delete
              3.display
              4.modify
              5.quit
******************************************
    Please enter your choice (1-5)...1

 Student name : Masour
 Student score: 95

******************************************
              1.insert
              2.delete
              3.display
              4.modify
              5.quit
******************************************
    Please enter your choice (1-5)...1

 Student name : Danny
 Student score: 88
```

```
*****************************************
              1.insert
              2.delete
              3.display
              4.modify
              5.quit
*****************************************
   Please enter your choice (1-5)...1

 Student name : Andy
 Student score: 84

*****************************************
              1.insert
              2.delete
              3.display
              4.modify
              5.quit
*****************************************
   Please enter your choice (1-5)...3

   NAME                 SCORE
  ---------------------------
   Masour               95
   Tony                 89
   Danny                88
   Andy                 84
  ---------------------------
 Totally 4 record(s) found

*****************************************
              1.insert
              2.delete
              3.display
              4.modify
              5.quit
*****************************************
   Please enter your choice (1-5)...4

 Modify student name: Tony
 *************************
  Student name : Tony
  Student score: 89
 *************************
 Please enter new score: 98
 Tony student record modified
```

```
*****************************************
                1.insert
                2.delete
                3.display
                4.modify
                5.quit
*****************************************
   Please enter your choice (1-5)...3

   NAME              SCORE
   --------------------------
   Tony                98
   Masour              95
   Danny               88
   Andy                84
   --------------------------
Totally 4 record(s) found


*****************************************
                1.insert
                2.delete
                3.display
                4.modify
                5.quit
*****************************************
   Please enter your choice (1-5)...2

 Delete student name: Danny
 Danny student record deleted


*****************************************
                1.insert
                2.delete
                3.display
                4.modify
                5.quit
*****************************************
   Please enter your choice (1-5)...3

   NAME              SCORE
   --------------------------
   Tony                98
   Masour              95
   Andy                84
   --------------------------
Totally 3 record(s) found
```

```
*****************************************
           1.insert
           2.delete
           3.display
           4.modify
           5.quit
*****************************************
    Please enter your choice (1-5)...5
```

4.1.3 將兩個單向鏈結串列相互連接

假設有二個串列如下：

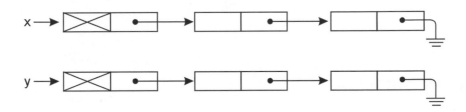

將 x 與 y 串列合併為 z 串列，其步驟如下：

1. if(x->next==NULL)

   z=y;

   表示當 x 串列是空的時候，直接將 y 串列指定給 z 串列。

2. if(y->next ==NULL)

   z=x;

   表示當 y 串列是空的時候，直接將 x 串列指定給 z 串列。

3. z=x;

   c=x->next;

   其意義如下圖所示：

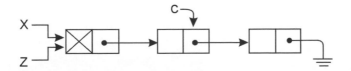

```
while(c->next != NULL)
    c=c->next;
```

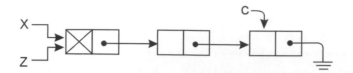

```
c->next=y->next;
```

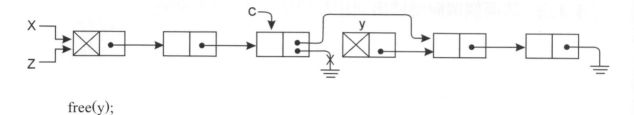

```
free(y);
```

4.1.4　將一串列反轉

顧名思義，串列的反轉（invert）乃將原先的串列首變為串列尾，同理，串列尾變為串列首。假設有一串列乃是由小到大排列，此時若想由大到小排列，只要將串列反轉即可。

假設有一串列如下：

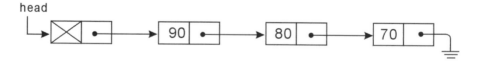

經由下面幾個步驟就可完成反轉的動作：

(1)　p=head->next;

(2)　current=NULL;

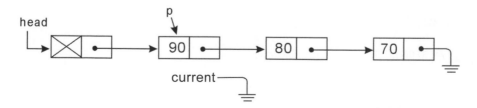

(3) while(p != NULL) {

        prev=current;

        current=p;

        p=p->next;

        current->next=prev;

    }

此迴圈的前三個敘述p指標，current指標和prev指標有先後順序。經過一次的動作後，串列如下：

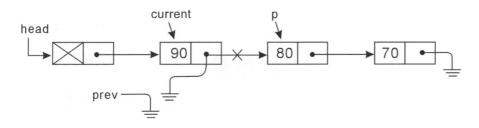

依此進行到 p == NULL 後，迴圈停止

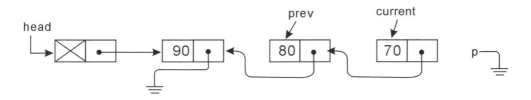

最後，利用

head->next=current;

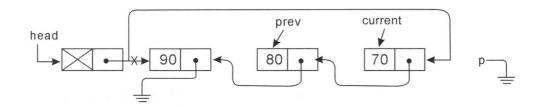

便完成串列的反轉。此動作的重點在於需要三個指標才能達成任務。

※4.1.5 計算串列的長度

串列的長度即表示串列的節點數目,因此,以下列的片段程式即可完成。

```
p=head->next;
while( p != NULL) {
    count++;
    p=p->next;
}
```

其中值得注意的是迴圈的中止條件為

```
(p != NULL)
```

而最後的 count 為串列的長度。由於 head 節點不存放任何資料,故不予以計算。

練習題

1. 試問下列片段程式中執行完 while 迴圈後,current 指標指向哪裡?

```
(a) struct node *head, *current;
    current=head;
    while (current->next != NULL)
      current = current->next;
```

```
(b) struct node *head, *current;
    current=head;
    while (current != NULL)
       current = current ->next;
```

2. 有一串列如下:

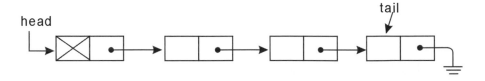

試撰寫加入一節點 ptr 於 tail 的後面(注意,串列有 head 和 tail 的指標)。

類似題

1. 有一串列如下：

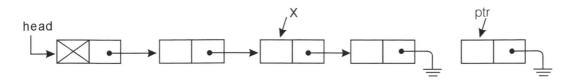

請撰寫一片段程式，將 ptr 指標指向的節點加在 x 指向節點的後面。

2. 有一串列如下：

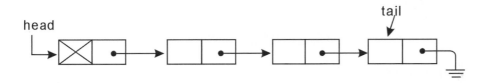

試撰寫一片段程式，刪除 tail 的節點（注意！串列有 head 和 tail 指標）。

4.2 環狀串列

假若將鏈結串列最後一個節點的指標指向head節點時，此串列稱為環狀串列（circular list），如下圖所示：

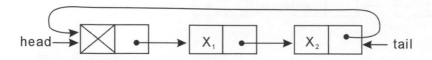

環狀串列可以從任一節點來追蹤所有節點。上圖假設第一個節點在x_1。

4.2.1 加入動作

1. 加入一節點於環狀串列前端之步驟如下：

有一環狀串列如下：

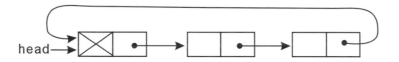

利用malloc函數配置了一個節點

利用下列步驟即可將x指向的節點加入到環狀串列的前端。

(1) x->next=head->next;

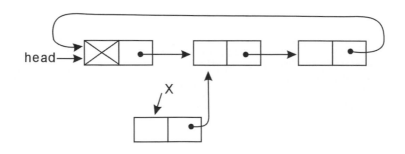

(2) head->next=x;

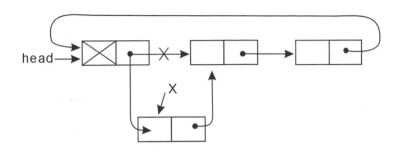

上述(1)(2)步驟亦適用於環狀串列開始時是空的狀況。

2. 加入一節點於環狀串列的尾端

(1) 先找到尾端在哪裡

p=head->next;

while(p->next != head)

p=p->next;

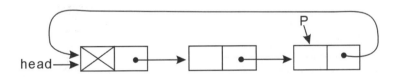

(2) p->next=x;

x->next=head;

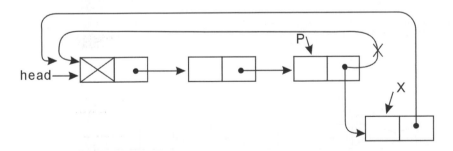

3. 在環狀串列的某一特定節點後加入一節點，此與單向鏈結串列相似，在此不再贅述，我們將它當作練習題。

4.2.2 刪除的動作

1. 刪除環狀串列的前端

   有一環狀的串列如下：

   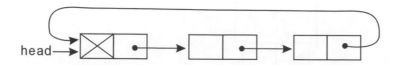

   其運作過程以及對應的環狀串列為

   (1) p=head->next;   /* ① */
       head->next=p->next;   /* ② */

   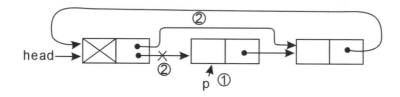

   (2) free(p);

   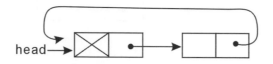

   回收p所指向的節點，此時環狀串列剩下二個節點。

2. 刪除環狀串列的尾端

   有一環狀串列如下：

   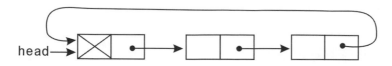

   其運作的過程及其對應的環狀串列如下：

(1) 利用下列片段程式找到串列的尾端及尾端的前一節點

```
p=head->next;
while(p->next != head) {
        prev=p;
        p=p->next;
}
```

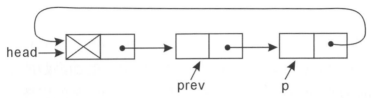

(2) prev->next=p->next;　/* ① */

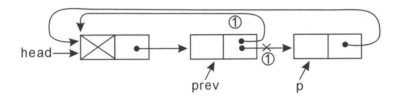

(3) free(p);

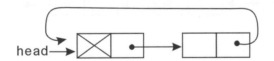

3. 刪除環狀串列的特定節點與單向鏈結串列相同，在此不再贅述，就當作讀者的類似題吧！

4.2.3　如何回收整個環狀串列

回收整個環狀串列表示此串列皆不再需要了，因此將它歸還給系統，假設系統有一串列如下：

而不再需要的環狀串列為

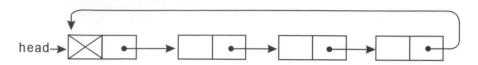

只要下面三個步驟就可達成回收整個環狀串列。

```
p=head->next;              /*  ①  */
head->next=AV;             /*  ②  */
AV=p;                      /*  ③  */
```

讀者可以自己畫畫看。而若要回收整個單向鏈結串列呢？這就比較麻煩了，此時必須一個一個回收，因此其 Big-O 為 O(n)，表示與串列的節點數成正比，而回收整個環狀串列其 Big-O 為 O(1)，表示它是一常數，不受節點數的影響，以下是回收整個單向鏈結串列的過程。

```
p=head;
while(p != NULL){
    q=p;
    p=p->next;
    free(q);
}
```

此處的 free(q) 可表示將它歸還到系統的 AV 串列中。

4.2.4 計算環狀串列的長度

計算環狀串列的長度，基本上與計算單向鏈結串列的長度大同小異，聰明的您是否可看出其差別在哪兒嗎？

```
p=head->next;
while (p != head) {
    count++
    p=p->next;
}
```

練習題

1. 有一環狀串列如下：

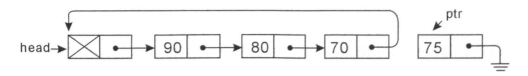

試撰寫片段程式將 ptr 的節點加入其中。

2. 有二個環狀串列如下：

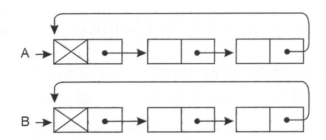

此兩串列有二個串列首 A 和 B，試撰寫將 A 和 B 相連的片段程式。

類似題

1. 有一環狀串列如下：

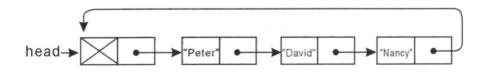

試撰寫一片段程式來刪除特定的節點 "David"。

4.3　雙向鏈結串列

本節以前所談的鏈結串列皆是單向鏈結串列（single linked list），只能單方向的找尋串列中的節點，並且在加入或刪除某一特定節點x時，必先知其x的前一節點。當我們將單向鏈結串列的最後一個節點指標，指到此串列的第一個節點時，此串列稱為環狀串列。

雙向鏈結串列(doubly linked list)乃是每個節點皆具有三個欄位，一為左鏈結（LLINK），二為資料（DATA），三為右鏈結（RLINK），其資料結構如下：

LLINK	DATA	RLINK

其中LLINK指向前一節點，而RLINK指向後一個節點。通常在雙向鏈結串列加上一個串列首，此串列首的資料欄不存放資料。如下圖所示：

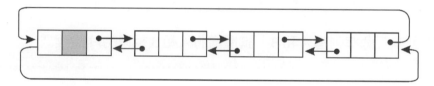

雙向鏈結串列具有下列兩點特性：

1. 假設ptr是指向任何節點的指標，則

　ptr == ptr->llink->rlink == ptr->rlink->llink;

2. 若此雙向鏈結串列是空的串列，則只有一個串列首。

4.3.1　加入動作

1. 加入於雙向鏈結串列的前端

　假設一開始雙向鏈結串列如下：

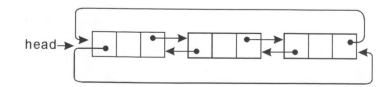

經由下列步驟就可完成將已配置的 x 節點加入前端

(1) p=head->rlink;　　　　　　/* ① */

　　x->rlink=p;　　　　　　　/* ② */

　　x->llink=head;　　　　　　/* ③ */

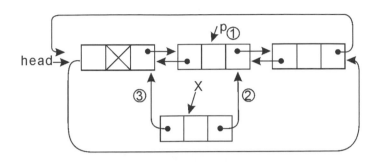

(2) head->rlink=x;　　　　　　/* ④ */

　　p->llink=x;　　　　　　　/* ⑤ */

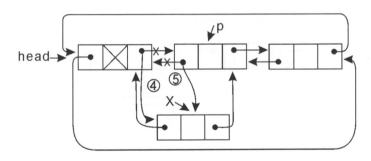

2. 加入於雙向鏈結串列的尾端

　　假設有一雙向鏈結串列如下：

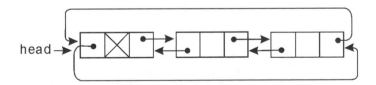

經由下列步驟就可完成將已配置的 x 節點加入於尾端

(1) p=head->llink;　　　　　　/* ① */

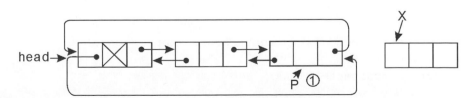

(2)　x->llink=p;　　　　　　　/* ② */
　　　x->rlink=head;　　　　　　/* ③ */

此步驟乃先將 x 的左、右 link 欄位指向某一節點，情形如下：

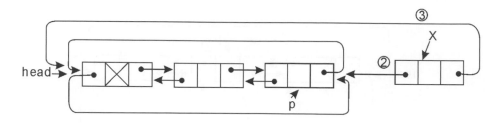

(3)　p->rlink=x;　　　　　　　/* ④ */
　　　head->llink=x;　　　　　　/* ⑤ */

此步驟乃將調整 p 的 rlink 和 head 的 llink

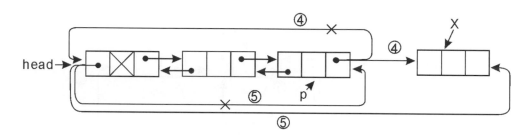

讀者可將(2)、(3)項合起來就可知曉。

3. 加入某一特定節點的後面

　　加入在某一特定節點的後面，理論上和單向鏈結串列相似，請看程式片段。有一雙向鏈結串列如下（由大至小排列）

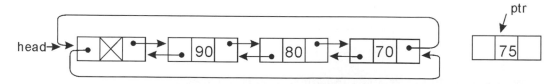

今欲將含有 75 的節點加入其中，先找到適當的節點後停下來。

```
prev=head;
current=head->rlink;
while(current != head && current->score > ptr->score) {
     prev=current;
     current=current->rlink;
}
```

此時 current 會指向分數為 70 的節點，而 prev 會指向分數為 80 的節點。

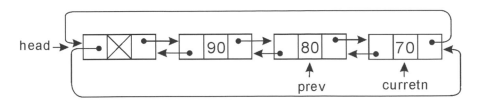

接著利用下列四個步驟即可完成加入的動作。

```
ptr->rlink=current;
ptr->llink=prev;
prev->rlink=ptr;
current->llink=ptr;
```

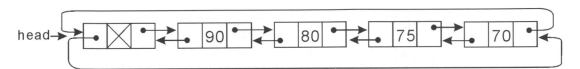

4.3.2　刪除動作

1. 刪除雙向鏈結串列的前端，步驟如下：

(1) p=head->rlink;　　　　　　　　/*　①　*/
(2) head->rlink=p->rlink;　　　　/*　②　*/

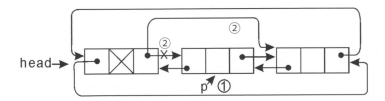

(3) p->rlink->llink=p->llink;　　/*　③　*/

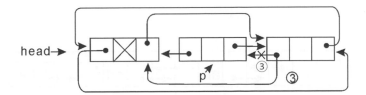

(4) free(p);

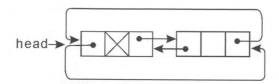

2. 刪除雙向鏈結串列的尾端，步驟如下：

先追蹤到尾端的節點

(1) p=head->llink;　　　　　　/* ① */
(2) p->llink->rlink=p->rlink;　/* ② */

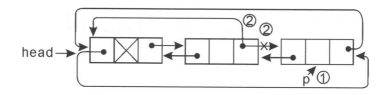

(3) head->llink=p->llink;　　　　/* ③ */

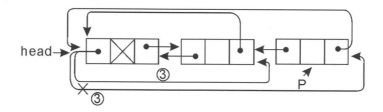

(4) free(p)

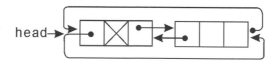

3. 刪除雙向鏈結串列的某一特定節點。

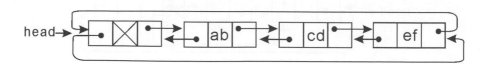

例如刪除 del_dat 為 cd，其片段程式如下：

```
prev=head;
current=head->rlink;
while(current != head && strcmp(current->data,del_dat) != 0){
      prev=current;
      current=current->rlink;
}
```

此時current指向欲尋找的資料，而prev指向其current的前一節點。

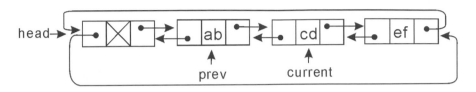

```
if (current != head) {
    prev->rlink=current->rlink;              /*    ①    */
    current->rlink->llink=prev;              /*    ②    */
}
else
      printf("the data not found")
```

上述片段程式如下圖所示：

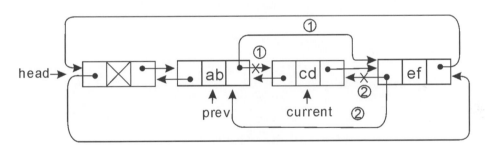

```
free(current);
```

練習題

1. 有一雙向鏈結串列如下：

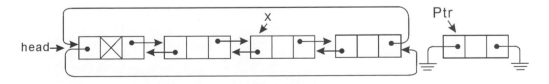

    試撰寫出將一節點ptr加在x節點後面的片段程式。

2. 同1之雙向鏈結串列，試撰寫如何將x節點刪除之片段程式。

類似題

1. 有一雙向鏈結串列本身就有head和tail來追蹤串列的首和尾,如下:

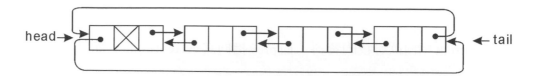

   試撰寫一片段程式將 ptr 所指向的節點加在 tail 指向節點的後面。

2. 同上之雙向鏈結串列,試撰寫一片段程式將 tail 指向的指標刪除之。

程式實作

```cpp
// Name : dlist.cpp
// 雙向鏈結串列,按照分數由大至小排序--新增、刪除、修改、輸出

#include <iostream>
#include <string.h>
#include <stdlib.h>

using namespace std;

typedef struct student {
    char name[20];              // 姓名
    int score;                  // 分數
    struct student *llink;      // 節點左鏈結
    struct student *rlink;      // 節點右鏈結
} Node_type;

class Double_link_list {
    private:
        Node_type *ptr;
        Node_type *head;
        Node_type *tail;
        Node_type *prev;
        Node_type *current;
    public:
        Double_link_list();    // 初始化串列,建立一空節點為HEAD
        void insert_f(void);   // 插入函數
        void delete_f(void);   // 刪除函數
        void display_f(void);  // 輸出函數
        void modify_f(void);   // 修改函數
```

```
};

Double_link_list::Double_link_list() // 設一HEAD，將左右鏈結皆指向本身
{
   ptr = new Node_type;

   strcpy(ptr->name, "0");
   ptr->llink = ptr;
   ptr->rlink = ptr;
   head = ptr;
   tail = ptr;
}

void Double_link_list::insert_f(void)
{
   char s_temp[4];
   ptr = new Node_type;

   cout << " Student name : ";
   cin>>ptr->name;
   cout << " Student score: ";
   cin>>s_temp;
   ptr->score = atoi(s_temp);
   prev = head;
   current = head->rlink;
   while((current != head) && (current->score >= ptr->score)) {
      prev = current;
      current = current->rlink;
   }
   ptr->rlink = current;
   ptr->llink = prev;
   prev->rlink = ptr;
   current->llink = ptr;
}

void Double_link_list::delete_f(void)
{
   char del_name[20];

   if(head->rlink == head)
      cout << " No student recond\n"; // 無資料顯示錯誤
   else {
      cout << " Delete student name: ";
      cin>>del_name;
      prev = head;
      current = head->rlink;
```

```cpp
      while ((current != head) && (strcmp(current->name , del_name)!=0)) {
        prev = current;
        current = current->rlink;
      }
      if (current != head) {
        prev->rlink = current->rlink;
        current->rlink->llink = prev;
        delete current;
        cout << " " << del_name << " student record deleted\n";
      }
      else
        cout << " Student " << del_name << " not found\n";
  }
}




void Double_link_list::modify_f(void)
{
  char n_temp[20], s_temp[4];

  if(head->rlink == head)
    cout << " No student recond\n"; // 無資料顯示錯誤
  else {
    cout << " Modify student name: ";
    cin >> n_temp;
    prev = head;
    current = head->rlink;
    while ((current != head) && (strcmp(current->name , n_temp)!=0)) {
      prev = current;
      current = current->rlink;
    }
    if (current != head)  {
      cout << " **************************\n";
      cout << "  Student name : " << current->name << "\n";
      cout << "  Student score: " << current->score << "\n";
      cout << " **************************\n";
      cout << " Please enter new score: ";
      cin>>s_temp;
      // 刪除當前節點
      prev->rlink = current->rlink;
      current->rlink->llink = prev;
      delete current;
      // 重新加入
      ptr = new Node_type;
      strcpy(ptr->name, n_temp);
```

```
        ptr->score = atoi(s_temp);
        ptr->rlink = head;
        prev = head;
        current = head->rlink;
        while ((current != head) && (current->score > ptr->score)) {
                prev = current;
                current = current->rlink;
        }
        ptr->rlink = current;
        ptr->llink = prev;
        prev->rlink = ptr;
        current->llink = ptr;
        cout << " " << n_temp << " student record modified\n";
    }
    else         // 找不到資料則顯示錯誤
        cout << " Student " << n_temp << " not found\n";
  }
}

void Double_link_list::display_f(void)
{
   int count = 0;

   if(head->rlink == head) cout << " No student record\n";
   else {
      cout << "  NAME                      SCORE\n";
      cout << " ---------------------------\n";
      current = head->rlink;
      while(current != head) {
         cout << "   ";
         cout.setf(ios::left, ios::adjustfield);
         cout.width(20);
         cout << current->name << " ";
         cout.setf(ios::right, ios::adjustfield);
         cout.width(3);
         cout << current->score << "\n";
         count++;
         current = current->rlink;
      }
      cout << " ---------------------------\n";
      cout << " Total " << count << " record(s) found\n";
   }
}


int main()
{
```

```
    Double_link_list obj;
    char option1;

    while(1) {
      cout << " \n*****************************************\n";
      cout << "                    1.insert\n";
      cout << "                    2.delete\n";
      cout << "                    3.display\n";
      cout << "                    4.modify\n";
      cout << "                    5.quit\n";
      cout << " *****************************************\n";
      cout << "   Please enter your choice (1-5)...";
      cin>>option1;
      cout << "\n";
      switch(option1) {
        case '1':
          obj.insert_f();
          break;
        case '2':
          obj.delete_f();
          break;
        case '3':
          obj.display_f();
          break;
        case '4':
          obj.modify_f();
          break;
        case '5':
          system("PAUSE");
          return 0;
      }
    }
}
```

輸出結果

```
    *****************************************
                1.insert
                2.delete
                3.display
                4.modify
                5.quit
    *****************************************
      Please enter your choice (1-5)...1
```

```
Student name : Jerry
Student score: 78


*****************************************
                1.insert
                2.delete
                3.display
                4.modify
                5.quit
  *****************************************
   Please enter your choice (1-5)...1


Student name : Sam
Student score: 68


*****************************************
                1.insert
                2.delete
                3.display
                4.modify
                5.quit
  *****************************************
   Please enter your choice (1-5)...1


Student name : Masour
Student score: 89


*****************************************
                1.insert
                2.delete
                3.display
                4.modify
                5.quit
  *****************************************
   Please enter your choice (1-5)...3


   NAME              SCORE
  ---------------------------
   Masour             89
   Jerry              78
   Sam                68
  ---------------------------
  Total 3 record(s) found


*****************************************
                1.insert
                2.delete
```

```
                     3.display
                     4.modify
                     5.quit
     ****************************************
        Please enter your choice (1-5)...4

Modify student name: Jerry
***************************
  Student name : Jerry
  Student score: 78
***************************
Please enter new score: 90
Jerry student record modified


*****************************************
                     1.insert
                     2.delete
                     3.display
                     4.modify
                     5.quit
     ****************************************
        Please enter your choice (1-5)...3

   NAME                  SCORE
   ---------------------------
   Jerry                  90
   Masour                 89
   Sam                    68
   ---------------------------
Total 3 record(s) found


*****************************************
                     1.insert
                     2.delete
                     3.display
                     4.modify
                     5.quit
     ****************************************
        Please enter your choice (1-5)...2

Delete student name: Masour
Masour student record deleted


*****************************************
                     1.insert
                     2.delete
                     3.display
```

```
        4.modify
        5.quit
**************************************
   Please enter your choice (1-5)...3

   NAME                SCORE
   --------------------------
   Jerry               90
   Sam                 68
   --------------------------
Total 2 record(s) found


*****************************************
        1.insert
        2.delete
        3.display
        4.modify
        5.quit
*****************************************
   Please enter your choice (1-5)...5
```

4.4　鏈結串列之應用

4.4.1　以鏈結串列表示堆疊

由於堆疊的加入和刪除操作都在同一端，因此，我們可以將它視為每次將節點加入與刪除的動作，是串列的前端或尾端。這些過程可參閱單向鏈結串列的說明。

4.4.2　以鏈結串列表示佇列：

由於佇列的加入和刪除是在不同端，因此我們可以想像成加入的動作是在串列的尾端，而刪除的動作是在前端即可。

4.4.3　多項式相加

多項式相加可以利用鏈結串列來完成。多項式以鏈結串列來表示的話，其資料結構如下：

COEF	EXP	LINK

COEF 表示變數的係數，EXP 表示變數的指數，而 LINK 為指到下一節點的指標。

假設有一多項式 $A=3x^{14}+2x^8+1$，以鏈結串列如下：

兩個多項式相加，其原理如下圖所示：

$A=3x^{14}+2x^8+1$; $B=8x^{14}-3x^{10}+10x^6$

1. 此時 A、B 兩多項式的第一個節點 EXP 皆相同（EXP(p) = EXP(q)），所以相加
   後放入 C 串列，同時 p、q 的指標指向下一個節點。

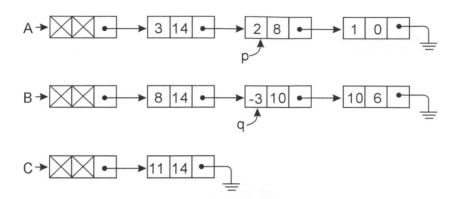

2. EXP(p)=8<EXP(q)=10。因此將 B 多項式的第二個節點加入 C 多項式，並且 q 指
   標指向下一個節點。

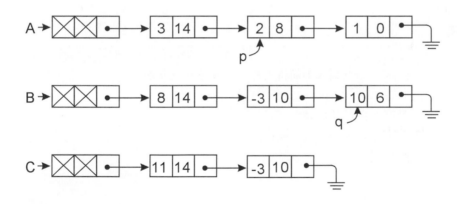

3. 由於 EXP(p)=8>EXP(q)=6，所以將 A 多項式的第二個節點加入 C 多項式，p 指
   標指向下一個節點。

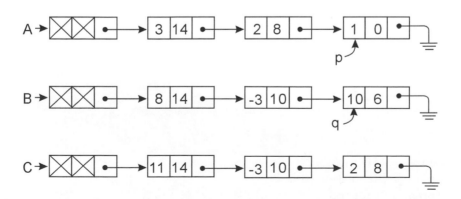

4. 以此類推，最後C多項式為

$$C=11x^{14}-3x^{10}+2x^8+10x^6+1$$

練習題

1. 利用環狀串列表示堆疊的加入與刪除。

類似題

1. 利用環狀串列表示佇列的加入與刪除。

程式實作

```cpp
// Name : poly_add.cpp
// 多項式相加--使用降冪排列輸入兩個格式為ax^b的多項式相加

#include <iostream>
#include <stdlib.h>

using namespace std;

typedef struct poly {
    int coef;    // 多項式係數
    int exp;     // 多項式指數
    struct poly *next;
} Node_type;

class Polynomial_add {
    private:
        Node_type *ptr;
        Node_type *ans_h;
        Node_type *eq_h1;
        Node_type *eq_h2;
    public :
        Polynomial_add();
        void input_message(void);
        void input(struct poly **eq_h);      // 輸入函數
        void poly_add(void);                 // 多項式相加函數
        void show_ans(void);                 // 顯示多項式相加結果函數
```

```cpp
};

Polynomial_add::Polynomial_add()
{
   ans_h = eq_h1 = eq_h2 = NULL;
}

void Polynomial_add::input_message(void)
{
   cout << "\n*****************************************\n";
   cout << " -- Polynomial add using format ax^b --\n";
   cout << "*****************************************\n";
   cout << "Please enter the first equation: ";
   input(&eq_h1);
   cout << "Please enter the second equation: ";
   input(&eq_h2);
}



void Polynomial_add::input(struct poly **eq_h)
{
   Node_type *prev = NULL;
   char temp1, temp2, symbol = '+';

   do {
      ptr = new Node_type;
      ptr->next = NULL;
      cin >> ptr->coef >> temp1 >> temp2 >> ptr->exp;
      if(*eq_h == NULL)
         *eq_h = ptr;
      else {
         if(symbol == '-') ptr->coef = -(ptr->coef);
         prev->next = ptr;
      }
      prev = ptr;
      cin.get(symbol);
   } while(symbol != '\n');
}

void Polynomial_add::poly_add(void)
{
   Node_type *current_n1, *current_n2, *prev;

   current_n1 = eq_h1;
   current_n2 = eq_h2;
   prev = NULL;
```

```cpp
    while(current_n1 != NULL || current_n2 != NULL){// 當兩個多項式皆相加完畢則結束
      ptr = new Node_type;
      ptr->next = NULL;
      // 第一個多項式指數大於第二個多項式
      if(current_n1 != NULL && (current_n2 == NULL ||
        current_n1->exp > current_n2->exp)) {
        ptr->coef = current_n1->coef;
        ptr->exp = current_n1->exp;
        current_n1 = current_n1->next;
      }
      else
        // 第一個多項式指數小於第二個多項式
        if(current_n1 == NULL || current_n1->exp < current_n2->exp) {
          ptr->coef = current_n2->coef;
          ptr->exp = current_n2->exp;
          current_n2 = current_n2->next;
        }
        else { // 兩個多項式指數相等，進行相加
          ptr->coef = current_n1->coef + current_n2->coef;
          ptr->exp = current_n1->exp;
          if(current_n1 != NULL) current_n1 = current_n1->next;
          if(current_n2 != NULL) current_n2 = current_n2->next;
        }

      if(ptr->coef != 0) {    // 當相加結果不等於0，則放入答案多項式中
        if(ans_h == NULL) ans_h = ptr;
        else prev->next = ptr;
        prev = ptr;
      }
      else
        delete ptr;
    }
}

void Polynomial_add::show_ans(void)
{
  Node_type *this_n;

  this_n = ans_h;
  cout << "The answer equation: ";
  while(this_n != NULL) {
    cout << this_n->coef << "x^" << this_n->exp;
    if(this_n->next != NULL && this_n->next->coef >= 0)
      cout << "+";
    this_n = this_n->next;
  }
```

```
   cout << "\n";
}

int main()
{
   Polynomial_add obj;
   obj.input_message();
   obj.poly_add();
   obj.show_ans();

   system("PAUSE");
   return 0;
}
```

輸出結果

```
*****************************************
 -- Polynomial add using format ax^b --
*****************************************
Please enter the first equation: 5x^6+3x^4+2x^2+3x^0
Please enter the second equation: 8x^7+4x^6+8x^2+3x^1+5x^0
The answer equation: 8x^7+9x^6+3x^4+10x^2+3x^1+8x^0


*****************************************
 -- Polynomial add using format ax^b --
*****************************************
Please enter the first equation: 3x^4+9x^3+5x^1
Please enter the second equation: 9x^3+7x^0
The answer equation: 3x^4+18x^3+5x^1+7x^0
```

4.5　動動腦時間

1. [4.1]試比較陣列與鏈結串列之優缺點。

2. [4.1, 4.2]試分析回收一個單鏈結串列和一個環狀串列所有節點的 Big-O。

3. [4.1, 4.3]試比較分析單鏈結串列與雙鏈結串列有何優缺點。

4. [4.4]請利用單向鏈結串列來表示兩個多項式，例如 $A=4x^{12}+5x^8+6x^3+4$，$B=3x^{12}+6x^7+2x^4+5$。

   (1) 試設計此兩多項式的資料結構。
   (2) 寫出兩多項式相加的運算過程。
   (3) 分析此演算法的 Big-O。

5. [4.2]試撰寫計算環狀串列之長度的片段程式。

6. [4.2, 4.4]利用環狀串列來表示佇列的加入和刪除。

7. [4.2]試撰寫利用環狀串列來表示兩個多項式相加的片段程式。

8. [4.3]試撰寫雙向鏈結串列的加入和刪除前端節點的演算法，此處假設前端 head 節點有存放資料。

9. [4.3]試撰寫回收整個雙向鏈結串列之片段程式。

10. [4.1]試撰寫一小型的通訊錄資料庫（data base），此資料庫是由單向鏈結串列所構成，並利用 C 程式執行之，此程式有加入、刪除、查詢及列印等功能。

11. [4.1]試撰寫一程式以測試串列反轉的正確性。

12. [4.1]假設單鏈結串列的 head 節點有存放資料，則加入和刪除某一節點的片段程式為何？

Chapter 5

遞迴

在程式設計中，我們有時會利用遞迴以解決某些問
題，既經濟又方便。遞迴是一項比較抽象的課題，
因此它隱含地利用了堆疊作為其存放暫時資料的場
所，使得它給人有一種神祕的感覺。

有一些典型的遞迴範例，如計算某數的階乘、費氏
數列、河內塔，以及八個皇后的問題皆是，在本章
皆有精湛的解說。

可用遞迴來解決問題，那它一定可轉成利用非遞迴
的方式解決之，而遞迴與非遞迴之間的取捨，本章
也提供一個法則，讓您思考思考之。

5.1　一些遞迴的基本範例

一個呼叫它本身的函數稱為遞迴（Recursive）。在撰寫程式中，也常常會應用遞迴來處理某些問題，而這些問題通常有相同規則的性質，如求n!

$n!=n*(n-1)!$

$(n-1)!=(n-1)*(n-2)!$

$(n-2)!=(n-2)*(n-3)!$

⋮

$1!=1$

從上述得知，其相同的規則為某一數A的階乘為本身A乘以（A減1）階乘，依循此規則即可求出。

C++程式語言片段程式：以遞迴計算n!

```
// 利用遞迴方式計算N 階乘

long Factor::Factorial(long n)
{
  if ( n == 0 || n == 1)
    return (1);
  else
    return( n * Factorial(n-1));
}
```

在撰寫遞迴時，千萬要記住必須有一結束點，使得函數得以往上追溯回去。如上例中，當n=1時，1!=1即為其結束點。

再舉一例，費氏數列（Fibonacci number）表示某一數為其前二個數的和，假設$n_0=1, n_1=1$則

$n_2=n_1+n_0=1+1=2$

$n_3=n_2+n_1=2+1=3$

⋮

所以$n_i=n_i-1+n_i-2$

C++程式語言片段程式：費氏數列

```cpp
// 利用遞迴方式計算Fibonacci numbers

long Fib::Fibonacci(long n)
{
  if ( n == 0 )          // 第0項為 0
     return (0);
  else if ( n == 1 )  // 第1項為 1
     return (1);
  else    // 遞迴呼叫函數 第N項為n-1 跟 n-2項之和
     return( Fibonacci(n-1) + Fibonacci(n-2) );
}
```

若以圖形表示n!階乘的作法；假設n=4，其步驟如下（注意箭頭所指的方向）：

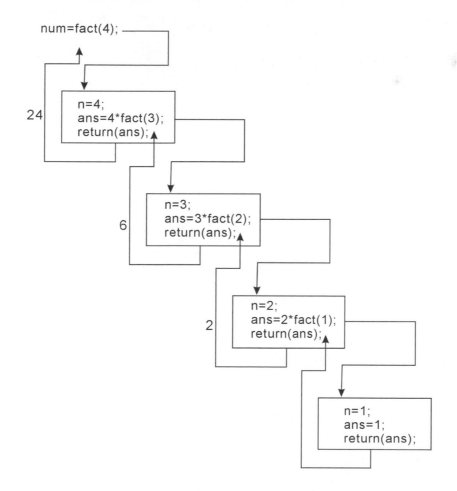

題目：利用遞迴函數計算 N 階乘

程式實作

```cpp
// Name : Factor.cpp
// Description : 以遞迴方式計算 N 階乘

#include <iostream>
#include <stdlib.h>
#include <ctype.h>
using namespace std;

class Factor {
  public:
    long Factorial(long);
};

// 遞迴方式計算N 階乘
long Factor::Factorial(long n)
{
  if ( n == 1 || n== 0)
    return (1);
  else
    return( n * Factorial(n-1));
}

int main()
{
  Factor obj;
  char ch;
  long n;

  cout << "-----Factorial counting Using Recursive----";
  do {
    cout << "\nEnter a number( 0 <= n <= 12 ) to count n!: ";
    cin >> n;
    // n 值在一般系統中超過13會產生overflow 得到不正確的值
    if ( n < 0 || n >12 )
      cout << "input out of range !\n";
    else
      cout << n << "! = " << obj.Factorial(n) << "\n";

    cout << "Continue (y/n) ? ";
    while(cin.get(ch) && ch == '\n');
    cin.get();
    ch = toupper(ch);
  } while (ch == 'Y' );
```

```
    system("PAUSE");
    return 0;
}
```

輸出結果

```
    -----Factorial counting Using Recursive----
    Enter a number( 0 <= n <= 12 ) to count n!: 7
    7! = 5040
    Continue (y/n) ? y

    Enter a number( 0 <= n <= 12 ) to count n!: 5
    5! = 120
    Continue (y/n) ? n
```

程式解說

例如：n=5 時，遞迴函數呼叫如下：

```
        Factorial(5)=5*Factorial(4)
                    =5*(4*Factorial(3))
                    =5*(4*(3*Factorial(2)))
                    =5*(4*(3*(2*Factorial(1))))
                    =5*(4*(3*(2*1)))
                    =5*(4*(3*2))
                    =5*(4*6)
                    =5*24
                    =120
```

題目：利用迴圈方式計算 N 階乘

程式實作

```cpp
// Name : Factor_i.cpp
// Description : Factorial numbers count unsing iterative
// 利用非遞迴方式(迴圈)計算 N 階乘

#include <iostream>
#include <stdlib.h>
#include <ctype.h>
using namespace std;

class Factor_i {
  public:
    long Factorial(long);
};
```

```cpp
long Factor_i::Factorial(long n)
{
  long sum = 1;
  int  i;

  if ( n == 0 || n ==1)          // 當n=0或n=1時,0!=1,1!=1
    return (1);                  // 故直接傳回1
  else {
    for ( i = 2; i<= n; i++ ) // sum記錄目前階乘之和
      sum *= i;                  // sum 與i相乘之和放回sum中
  }
  return (sum);
}

int main()
{
  Factor_i obj;
  char ch;
  long n;

  cout << "-----Factorial counting using Iterative-----";
  do {
    cout << "\nEnter a number(0 <= n <= 12) to count n! : ";
    cin >> n;
    if ( n < 0 || n > 12)
      cout << "Input out of range!\n";
    else
      cout << n << "! = " << obj.Factorial(n) << "\n";
    cout << "Continue (y/n)? ";
    while(cin.get(ch) && ch == '\n');
    cin.get();
    ch = toupper(ch);
  } while ( ch == 'Y');

  system("PAUSE");
  return 0;
}
```

輸出結果

```
-----Factorial counting using Iterative-----
Enter a number(0 <= n <= 12) to count n! : 10
10! = 3628800
Continue (y/n)? y

Enter a number(0 <= n <= 12) to count n! : 12
12! = 479001600
Continue (y/n)? n
```

題目：利用遞迴函數計算費氏數列

程式實作

```cpp
// Name : Fib.cpp
// Description : Fibonacci numbers
// 利用遞迴方式求費氏數列
//
// 費氏數列為0,1,1,2,3,5,8,12,21,…
// 其中某一項為前二項之和,且第0項為0,第1項為1

#include <iostream>
#include <stdlib.h>
#include <ctype.h>
using namespace std;

class Fib {
  public:
    long Fibonacci(long);
};

//利用遞迴方式求費氏數列
long Fib::Fibonacci(long n)
{
  if ( n == 0 )        // 第0項為 0
    return (0);
  else if ( n == 1 )  // 第1項為 1
    return (1);
  else     // 遞迴呼叫函數 第N項為第n-1 與第n-2項之和
    return( Fibonacci(n-1) + Fibonacci(n-2) );
}

int main()
{
  Fib obj;
  char ch;
  long n;

  cout << "-----Fibonacii numbers Using Recursive-----";
  do {
    cout << "\nEnter a number(n>=0) : ";
    cin >> n;
    // n值大於0
    if ( n < 0 )
      cout << "Number must be > 0\n";
    else
      cout << "Fibonacci(" << n << ") = " << obj.Fibonacci(n) << "\n";
```

```
    cout << "Contiune (y/n) ? ";
    while(cin.get(ch) && ch == '\n')
        ;
    cin.get();
    ch = toupper(ch);
  } while ( ch == 'Y' );

  system("PAUSE");
  return 0;
}
```

輸出結果

```
-----Fibonacii numbers Using Recursive-----
Enter a number(n>=0) : 20
Fibonacci(20) = 6765
Contiune (y/n) ? y

Enter a number(n>=0) : 22
Fibonacci(22) = 17711
Contiune (y/n) ? n
```

程式解說

費氏數列為0,1,1,2,3,5,8,13,21,..., 其中某一項為前二項之和，且第0項為0，第1項為1。

題目：利用迴圈方式計算費氏數列

程式實作

```
// Name : Fib_i.cpp
// Description : Fibonacci numbers count using iterative
// 利用非遞迴方式(迴圈)計算費氏數列
//
// 費氏數列為0,1,1,2,3,5,8,13,21,…；其中某一項為前二項之和,且第0項為0,第1項為1

#include <iostream>
#include <stdlib.h>
#include <ctype.h>
using namespace std;

class Fib_i {
  public:
    long Fibonacci(long);
```

```cpp
};

long Fib_i::Fibonacci(long n)
{
   long backitem1;      // 前一項的值
   long backitem2;      // 前二項的值
   long thisitem;       // 目前項數的值
   long i;

   if (n == 0)          // 費氏數列第0項為0
      return (0);
   else if (n == 1)     // 第二項為1
      return (1);
   else {
      backitem2 = 0;
      backitem1 = 1;
      // 利用迴圈將前二項相加後放入目前項
      // 之後改變前二項的值
      for ( i = 2; i <= n; i++ ) {
         // F(i) = F(i-1) + F(i-2)
         thisitem = backitem1 + backitem2;
         // 改變前二項之值
         backitem2 = backitem1;
         backitem1 = thisitem;
      }
      return (thisitem);
   }
}

int main()
{
   Fib_i obj;
   char ch;
   long n;

   cout << "-----Fibonacci numbers Using Iterative-----";
   do {
      cout << "\nEnter a number(n>=0) : ";
      cin >> n;
      // n 值大於 0
      if ( n < 0 )
         cout << "Input number must be > 0!\n";
      else
         cout << "Fibonacci(" << n << ") = "
              << obj.Fibonacci(n) << "\n";
      cout << "Continue (y/n) ? ";
```

```
    while(cin.get(ch) && ch == '\n');
    cin.get();
    ch = toupper(ch);
  } while (  ch == 'Y');

  system("PAUSE");
  return 0;
}
```

輸出結果

```
-----Fibonacci numbers Using Iterative-----
Enter a number(n>=0) : 30
Fibonacci(30) = 832040
Continue (y/n) ? y

Enter a number(n>=0) : 40
Fibonacci(40) = 102334155
Continue (y/n) ? n
```

其實，編譯程式在處理遞迴時，會藉助堆疊將呼叫本身函數的下一個敘述位址儲存起來，待執行完結束點後，再將堆疊的資料一一的彈出來處理。

練習題

1. 請利用遞迴和非遞迴的方法，求兩數的 gcd。

類似題

1. binomial 係數可以利用下列遞迴函數算出

   $C(n,0)=1$，$C(n,n)=1$，for n > 0

   $C(n,k)=C(n-1, k)+C(n-1, k-1)$ for n > k > 0

   試寫出其遞迴函數的片段程式，並畫出 C(6,4) 的呼叫過程及其結果。

5.2 一個典型的遞迴範例：河內塔

十九世紀在歐洲有一遊戲稱為河內塔（Towers of Hanoi），有64個大小不同的金盤子，三個鑲鑽石的柱子分別為A、B、C，今想把64個金盤子從A柱子移至C柱子，但可以借助B柱子，遊戲規則為：

1. 每次只能搬一個盤子；
2. 盤子有大小之分，而且大盤子在下，小盤子在上。

假設有n個金盤子（1, 2, 3, ..., n），數字愈大表示重量愈重，其搬移的演算法如下：

1. 假使n=1則
2. 搬移第1個盤子從A至C

   否則

3. 搬移n-1個盤子從A至B
4. 搬移第n個盤子從A至C
5. 搬移n-1個盤子從B至C

   以C++撰寫的程式如下：

C++程式語言片段程式：河內塔

```
// 以遞迴方式玩河內塔遊戲

void Hanoi::HanoiTower(int n,char a,char b,char c)
{
  if ( n == 1 )
    cout << "Move disk from " << a << " -> " << c << "\n";
  else {
    // 將A上n-1個盤子借助C移至B
    HanoiTower(n-1,a,c,b);
    cout << "Move disk from " << a << " -> " << c << "\n";
    // 將B上n-1個盤子借助A移至C
    HanoiTower(n-1,b,a,c);
  }
}
```

假設以 3 個金盤子為例：從 A 柱子搬到 C 柱子，而 B 為輔助的柱子。

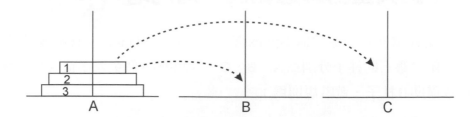

☞ 說明

1. 將 1 號金盤子從 A 搬到 C
2. 將 2 號金盤子從 A 搬到 B，結果如下圖：

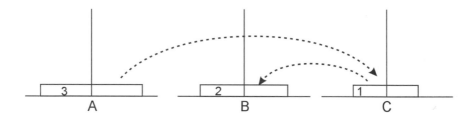

☞ 說明

1. 將 1 號金盤子由 C 搬到 B
2. 將 3 號金盤子由 A 搬到 C，結果如下圖：

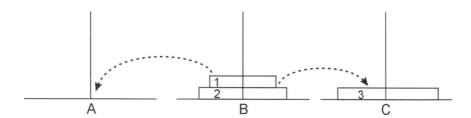

☞ 說明

1. 將 1 號金盤子由 B 搬到 A
2. 將 2 號金盤子由 B 搬到 C，結果如下圖：

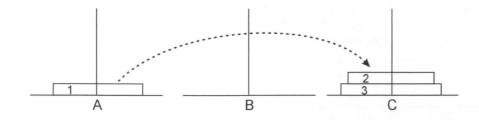

☞ 說明

1. 將1號金盤子由A搬到C，結果如下圖：

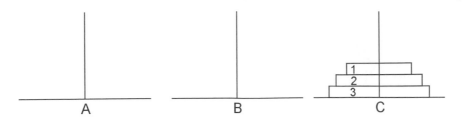

☞ 說明

完成了！

程式的追蹤如下：

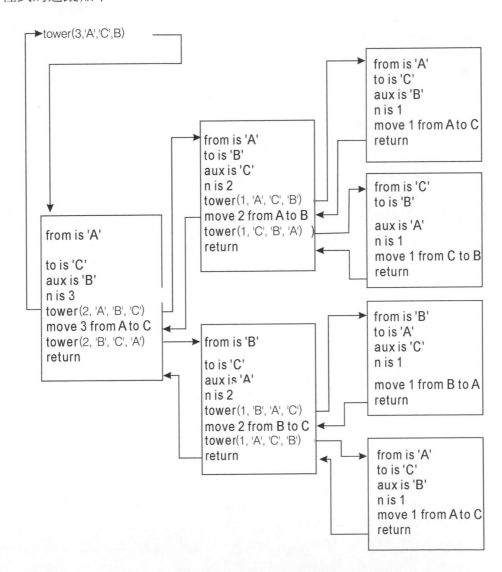

題目：利用遞迴函數解河內塔問題

程式實作

```
/*
   file name : hanoi.cpp

   Description : 利用函數遞迴法求河內塔問題之解
   Rules :
      河內塔問題目的乃在三根柱子中,將n個盤子從
      A 柱子搬到 C 柱中,每次只移動一盤子,而且必須遵守
      每個盤子都比其上面的盤子還要大的原則。
   Ans :
      河內塔問題的想法必須針對最底端的盤子。
      我們必須先把A柱子頂端n-1個盤子想辦法(借助C柱)移至B柱子
      然後才能將想最底端的盤子移至C柱。
      此時C有最大的盤子,B總共n-1個盤子,A柱則無。
      只要再借助A柱子,將B柱n-1個盤子移往C柱即可 :

      HanoiTower(n-1,A,C,B);
      將A頂端n-1個盤子借助C移至B
      HanoiTower(n-1,B,A,C);
      將B上的n-1個盤子借助A移至C
*/

#include <iostream>
#include <stdlib.h>
#include <conio.h>
#include <ctype.h>
using namespace std;

class Hanoi {
   public:
      void HanoiTower(int ,char,char,char);
};

//利用遞迴方式玩河內塔遊戲
void Hanoi::HanoiTower(int n,char a,char b,char c)
{
   if ( n == 1 )
      cout << "Move disk 1 from " << a << " -> " << c << "\n";
   else {
      // 將A上n-1個盤子借助C移至B
      HanoiTower(n-1,a,c,b);
      cout << "Move disk " << n << " from " << a << " -> " << c << "\n";
      // 將B上n-1個盤子借助A移至C
      HanoiTower(n-1,b,a,c);
```

```
    }
}

int main()
{
    Hanoi obj;
    int n;

    char A = 'A' , B = 'B' , C = 'C';
    cout << "----Hanoi Tower Implementaion----\n";
    // 輸入共有幾個盤子在A柱子中
    cout << "How many disks in A ? ";
    cin >> n;
    if ( n == 0 )
        cout << "no disk to move\n";
    else
        obj.HanoiTower(n,A,B,C);
    system("PAUSE");
    return 0;
}
```

輸出結果

```
----Hanoi Tower Implementaion----
How many disks in A ? 4
Move disk 1 from A -> B
Move disk 2 from A -> C
Move disk 1 from B -> C
Move disk 3 from A -> B
Move disk 1 from C -> A
Move disk 2 from C -> B
Move disk 1 from A -> B
Move disk 4 from A -> C
Move disk 1 from B -> C
Move disk 2 from B -> A
Move disk 1 from C -> A
Move disk 3 from B -> C
Move disk 1 from A -> B
Move disk 2 from A -> C
Move disk 1 from B -> C
```

程式解說

　　河內塔問題目的乃在三根柱子中，將n個盤子從A柱子搬到C柱中，每次只移動一盤子，而且必須遵守每個盤子都比其上面的盤子還要大的原則。

　　河內塔問題的想法必須針對最底端的盤子。我們必須先把A柱的頂端n-1個盤子想辦法（借助C柱）移至B柱子，然後才能將最底端的盤子移至C柱。此時C有最大的盤子，B總共有n-1個盤子，A柱則無。只要再借助A柱子，將B柱n-1個盤子移往C柱即可：

HanoiTower(n-1, a, c, b);

將A頂端n-1個盤子借助C移至B

HanoiTower(n-1, b, a, c);

將B上的n-1個盤子借助A移至C

練 習 題

1. 利用hanoi.C程式，自行揣摩河內塔內有4個金盤子的運作過程。

....

類 似 題

1. 利用hanoi.C程式，自行執行有5個金盤子的運作過程。

....

5.3　另一個範例：八個皇后

這個遊戲的規則是，八個皇后之間不可在同一列（row）、同一行（column），也不可以在同一個對角線（diagonal）上，在這前提下，您是否可以為這些皇后們分派適當的位置，讓他們能和平相處。

八個皇后(eight queens)的問題，除了牽涉到遞迴，還包含了往回追蹤（Backtracking）的問題，何謂往回追蹤？其意義乃是當某一皇后無適當位置可放時，此時必須往回調整前一皇后的位置，以此類推，我們以四個皇后為例，如下情形：

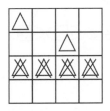

此時第三個皇后沒有適當位置可放，因此必須移動第二個皇后，讓她在後一個位置，如

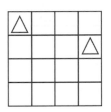

此時第三個皇后便可放在第三列的第二行。如

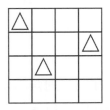

底下筆者將以四個皇后作為講題，然後讓讀者應用相同的方法擴充到八個或n個皇后，當然，八個皇后需要8×8的陣列。

以樹狀圖表示4個皇后所在的列與行的位置。

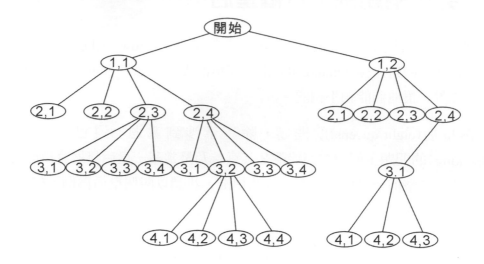

四個皇后最後的圖形如下：

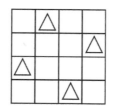

上面的樹狀圖解釋如下：

1. <1, 1>允許 /* 因為只有一個皇后 */

2. <2, 1>不允許 /* 因為第一個皇后在第一行 */
   <2, 2>不允許 /* 和第一個皇后在同一對角線上 */
   <2, 3>允許

3. <3, 1>不允許 /* 和第一個皇后在同一行 */
   <3, 2>不允許 /* 和第二個皇后在同一對角線上 */
   <3, 3>不允許 /* 和第二個皇后在同一行 */
   <3, 4>不允許 /* 和第二個皇后在同一對角線上 */

4. 往回到<1,1>
   <2, 4>允許

5. <3, 1>不允許/* 和第二個皇后在同一行 */
   <3, 2>允許

6. <4, 1>不允許/* 和第一個皇后在同一行 */
   <4, 2>不允許/* 和第三個皇后在同一行 */
   <4, 3>不允許/* 和第三個皇后在同一對角線上 */
   <4, 4>不允許/* 和第二個皇后在一行 */

7. 往回到<2, 4>
   <3, 3>不允許/* 和第二個皇后在同一對角線上 */
   <3, 4>不允許/* 和第二個皇后在同一行 */

8. 往回到<開始>的位置
   <1, 2>允許

9. <2, 1>不允許/* 和第一個皇后在同一對角線上 */
   <2, 2>不允許/* 和第一個皇后在同一行 */
   <2, 3>不允許/* 和第一個皇后在同一對角線上 */
   <2, 4>允許

10. <3, 1>允許

11. <4, 1>不允許/* 和第三個皇后在同一行 */
    <4, 2>不允許/* 和第三個皇后在同一對角線上 */
    <4, 3>允許

此時我們找到了第一個答案，那就是第一個皇后在<1, 2>、第二個皇后在<2, 4>、第三個皇后在<3, 1>，而第四個皇后在<4, 3>。

以圖形表示的話，上述的(1), (2), (3), ..., (11)分別對應到下列的圖形：

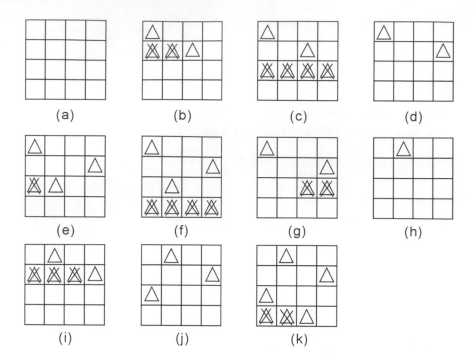

（a）　　　　　　（b）　　　　　　（c）　　　　　　（d）

（e）　　　　　　（f）　　　　　　（g）　　　　　　（h）

（i）　　　　　　（j）　　　　　　（k）

若 col(i) 表示第 i 個皇后（或第 i 個列）所在那一行，則

$$col(i)=col(k)$$

表示第 i 個皇后和第 k 個皇后同在一行上。而

$$col(i)-col(k)=|i-k|$$

則表示在同一對角線上，此處加絕對值表示 i-k 或 k-i 皆可。

題目：利用遞迴函數解 8 個皇后問題

程式實作

```
/*
  file name : queen.cpp
  Description : 利用遞迴法求出8個皇后問題之解
*/

#include <iostream>
#include <stdlib.h>
#include <iomanip>
using namespace std;

#define TRUE 1
#define FALSE 0
```

```
#define MAXQUEEN 8
#define ABS(x) ((x>0) ?(x): -(x))    /*求x之絕對值*/

class Queen{
private:
    /*存放8個皇后之列位置,陣列註標為皇后的行位置*/
    int queen[MAXQUEEN];
    int total_solution = 0;   /*計算共有幾組解*/
public:
    /*函數原型宣告*/
    void place(int);
    int attack(int,int);
    void output_solution();
};

int main()
{
    Queen obj;
    obj.place(0);    /*從第0個皇后開始擺放至棋盤*/
    system("PAUSE");
    return 0;
}

void Queen::place(int q)
{
    int i;

    i = 0;
    while ( i < MAXQUEEN )
    {
        if ( !attack(i, q))    /*皇后未受攻擊*/
        {
            queen[q] = i;   /*儲存皇后所在的列位置*/
            /*判斷是否找到一組解 */
            if ( q == 7 )
                output_solution();    /*列出此組解*/
            else
                place(q+1);    /*否則繼續擺下一個皇后*/
        }
        i++;
    }
}

/* 測試在(row,col)上的皇后是否遭受攻擊
 若遭受攻擊則傳回值為1,否則傳回0 */
int Queen::attack(int row,int col)
{
```

```
        int i,atk = FALSE;
        int offset_row,offset_col;
        i = 0;
        while ( !atk && i < col )
        {
            offset_col = ABS(i - col);
            offset_row = ABS(queen[i] - row);
            /*判斷兩皇后是否在同一列,皇后是否在對角線上*/
            /*若皇后同列或在對角線上則產生攻擊,atk ==TRUE */
            atk = (queen[i] == row)||(offset_row == offset_col);
            i++;
        }
        return atk;
}

/*列出8個皇后之解*/
void Queen::output_solution()
{
    int x,y;
    total_solution+=1;
    cout << "Solution #" << setw(3) << total_solution << "\n\t";

    for ( x = 0; x < MAXQUEEN; x++ )
    {
        for ( y =0; y< MAXQUEEN;y++ )
            if ( x == queen[y] )
                cout << "Q";
            else
                cout << "-";
        cout << "\n\t";
    }
    cout << "\n";
}
```

練習題

1. 試追蹤4個皇后的程式,若一開始的位置不是(1,1)而是(1,x),x ≠ 1的位置,
   其結果又如何呢?

類似題

1. 第5.3節所談論的是4個皇后,若有5×5的陣列,並有5個皇后,試問這5個
   皇后的位置如何?

5.4　何時不要使用遞迴？

　　遞迴雖然可以使用少數幾行的敘述就可解決一複雜的問題，但有些問題會導致花更多的時間，因此我們將要探討"何時不要使用遞迴"這一主題。

　　來看前面曾提及的費氏數列（Fibonacci number）的計算方式，某一數乃是前二位數的和，如

$F_0=1, F_1=1, F_2=F_1+F_0=2$

餘此類推

$F_n=F_{n-1}+F_{n-2}$ 對 $n \geqq 2$ 而言

以遞迴處理時，其遞迴樹（recursive tree）如下：

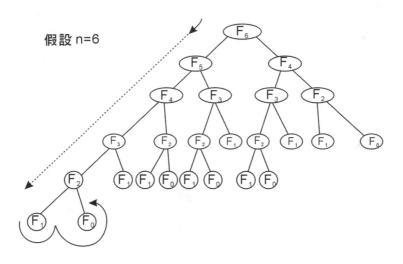

假設 n=6

　　從上圖得知，F_4、F_3、F_2、F_1重複執行多次，像這種遞迴樹重複的動作太多，在此情況下，不適合用遞迴的。此處可證明F_n其時間的複雜度是$2^{n/2}$指數型態（exponential）。

　　若以非遞迴，即以反覆式（iterative）程式執行，其程式請參閱5-1節中利用迴圈法（也可以說反覆式方法）計算費氏數列的Fibonacci函數。

從此片段程式中可以容易地看出其Big-O為O(n)。底下筆者摘自Richard Neapolitan與Kumarss Naimipour所著"Foundations of Algorithms" 一 書（John Barnette出版社，1998），用來比較費氏數列以遞迴和非遞迴在不同數目下所需花費的時間。

n	非遞迴	遞迴
40	41ns	1048 μ s
60	61ns	1s
80	81ns	18min
100	101ns	13days
120	121ns	36years
160	161ns	3.8×10^7years
200	201ns	4×10^{13}years

1ns=10^{-9} second

1 μ s=10^{-6}second

從此表可知，不當的使用遞迴去解決某一問題，可能導致需花更多時間。

再來看處理n!的程式，本章開始時已對n!遞迴有所交待，其遞迴樹如下：以5!為例。

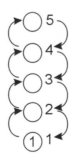

從右邊往下做，直到1之後，再往上面做上去，這種遞迴樹不像一棵灌木（長得很強壯，不是瘦高型），而是一種簡單的鏈型（chain）型式。這種情形也不太適合用遞迴，而以非遞迴的方式處理較合適，分析如下：

遞迴	非遞迴
``int fact(int n)
{
int ans;
if(a==1)
ans=1;
else
ans=n*fact(n-1);
return ans;
}```	```int fact(int n)
{
int i,ans=1;
for(i=n;i>=1;i--)
ans *=i;
return ans;
}```

　　由於非遞迴使用了較多的區域變數（local variable），所以直覺上以為遞迴會較好，其實不然，因為遞迴使用了更多的時間存放暫時的結果，所以實際上遞迴花了更多的時間，因此，類似此種遞迴樹相當簡單，有如一條通道的，建議您還是使用非遞迴較佳。

5.5　動動腦時間

1. [5.1, 5.2]發揮您的想像力，舉一、二個範例，並詳細說明其遞迴的作法。

2. [5.1, 5.2]將上題1.的範例實際以C++語言執行之。

6

樹狀結構

樹狀結構是一項很重要的資料結構，因此筆者以六章的篇幅討論之。

本章首先論及一些有關樹狀結構的專有名詞，繼而討論人人喜愛的二元樹(binary tree)，最後論述二元樹的變形，如引線二元樹(thread binary tree)，這種樹是以二元樹為基礎，再加一些限制條件而成的。

本章最後以如何將一般樹化為二元樹，及如何從中序、前序追蹤，或中序、後序追蹤來推導出其唯一的二元樹。

6.1　樹狀結構的一些專有名詞

我們利用圖6-1來說明樹的一些專有名詞。

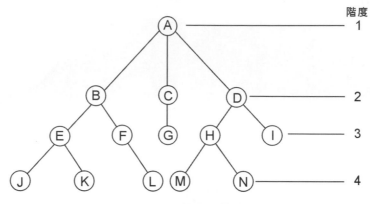

▶圖6-1　樹的表示法

1. **節點與邊**：節點代表某項資料，而邊是指由一節點到另一節點的分支。如圖6-1有14個節點，其節點的資料是英文字母。

2. **祖先(ancestor)節點與子孫(descendant)節點**：若從節點X有一條路徑通往節點Y，則X是Y的祖先，Y是X的子孫。如圖6-1，節點A可通往K，故稱A是K的祖先，而K是A的子孫。其實我們可以說樹根是所有節點的祖先，而所有節點是樹根的子孫。

3. **父節點(parent node)與子節點(children node)**：若節點X直接到節點Y，則稱X為Y的父節點，Y為X的子節點。如圖6-1，A為B、C、D的父節點，B、C、D為A的子節點。

4. **兄弟節點(sibling node)**：擁有相同父節點的子節點。如圖6-1，B、C、D為兄弟節點。

5. **非終點節點(non-terminal node)**：有子節點的節點。如圖6-1，除了J、K、L、G、M、N、I外，其餘的節點皆為非終點節點。

6. **終點節點(terminal node)或樹葉節點(leaf node)**：沒有子節點的節點稱為終點節點，如圖6-1，J、K、L、G、M、N、I皆為樹葉節點。

7. **分支度(degree)**：一個節點的分支度是它擁有的子節點數。如圖6-1，A的分支度為3，而B為2。而一棵樹的分支度是指一個節點所擁有的最大分支度，如圖6-1，這棵樹的分支度為3。

8. **階度(level)**：樹中節點世代的關係，一代為一個階度，樹根的階度為1，如圖6-1所示，此樹階度為4。

9. **高度(height)**：樹中某節點的高度表示此節點，至樹葉節點的最長路徑(Path)長度，如圖6-1的A節點，高度為3，C節點的高度為1，而樹的高度為此棵樹中具有最大高度的稱之。如圖6-1，此棵樹的高度為3。

10. **深度(depth)**：某個節點的深度為樹根至此節點的路徑長度，如圖6-1的C節點其深度為1，而M、N節點深度為3，同理E節點深度為2，而A的深度為0。

樹林(forest)是由n個(n > 0)互斥樹(disjoint trees)所組合而成的，若移去樹根將形成樹林。如圖6-1，若移去節點A，則形成三棵樹林。

樹的表示方法除了以圖6-1表示外，亦可以(A(B(E(J), F(K, L))), C(G), D(H(M, N), I))來表示，如節點D有2個子節點，分別是H、I；而節點H又有2個子節點M、N。節點C有一子節點G。節點B有二個子節點E和F，節點E有一個1個子節點J。最後節點A有三個子節點B、C、D。

前面曾提及，一節點的分支度即為它擁有的子節點數。由於每個節點分支度不一樣，所以儲存的欄位長度是變動的，為了能夠儲存所有節點起見，必須使用固定長度，即取決這棵樹哪一節點所擁有的最多子節點數。因此節點的資料結構如下：

DATA	LINK1	LINK2	……	LINKn

假設有一棵k分支度的樹，總共有n個節點，那麼它需要nk個LINK欄位。除了樹根以外，每一節點均被一LINK所指向，所以共用了n-1個LINK，造成了nk-(n-1)=nk-n+1個LINK浪費掉。據估計，大約有三分之二的LINK都是空的。由於此原因，所以將樹化為二元樹(binary tree)是有必要的。

練習題

1. 有一棵樹的分支度為6，並且有50個節點，試問此棵樹需要多少個LINK欄位，實際上用了幾個，浪費多少個LINK。

類似題

1. 有一棵樹共有50個節點，每個節點的分支度為8，試問此棵樹共需多少個LINK欄位，實際上使用幾個，浪費多少個LINK。

6.2　二元樹

　　二元樹 (binary tree) 是經常出現而且非常重要的一種樹狀結構，其定義如下：二元樹是由節點所組成的有限集合，這個集合不是空集合，就是由樹根、左子樹 (left subtree) 和右子樹 (right subtree) 所組成的。

　　二元樹與一般樹不同的地方是：

1. 二元樹的節點個數可以是零，而一般樹至少由一個節點所組成。

2. 二元樹有排列順序的關係，而一般樹則沒有。

3. 二元樹中每一節點的分支度至多為 2，而一般樹無此限制。

　　如圖 6-2 之 (a) 與 (b) 是不一樣的兩棵二元樹，圖 6-2 之 (a)，右子樹是空集合，而圖 6-2 之 (b)，左子樹是空集合。

▶圖 6-2　不同的兩棵二元樹

　　讓我們再看看下面三棵二元樹：

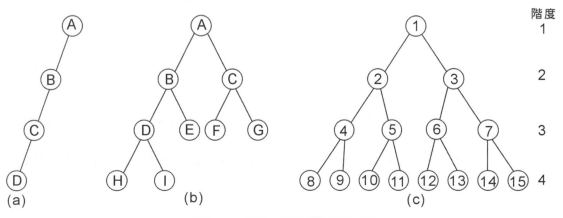

▶圖 6-3　三棵不同性質的二元樹

其中圖6-3之(a)稱左斜樹(left skewed tree)，因為每一節點的右子樹皆為空集合，當然右斜樹就是左子樹皆為空集合。有一棵階度等於k的二元樹，若含有2^k-1個節點數時，則稱之滿枝二元樹(fully binary tree)，如圖6-3之(c)。若含有的節點數少於2^k-1，而且節點排列的順序同滿枝二元樹，則稱之為完整二元樹(complete binary tree)，如圖6-3之(b)。圖6-3之(c)其階度為4，所以有24-1=15個節點，而(b)節點數少於15個，而且每個節點的排列順序如同(c)之排列順序。

我們再來看看有關二元樹的一些現象如下：

1. 一棵二元樹在第i階度的最多節點數為2^{i-1}，i≥1。

2. 一棵階度為k的二元樹，最多的節點數為2^k-1，k≥1。

3. 一棵二元樹，若n_0表示所有的樹葉節點，n_2表示所有分支度為2的節點，則$n_0=n_2+1$。

圖6.3之(c)所示為4階度的最多節點數為$2^{(4-1)}$=8，而全部節點為2^4-1=15個。

假設n_1是分支度為1的節點數，n是節點總數。由於二元樹所有節點的分支度皆小於等於2，因此$n=n_0+n_1+n_2$。除了樹根外，每一節點皆有分支(branch)指向它本身，假若有B個分支個數，則n=B+1；每一分支皆由分支度為1或2的節點引出，所以$B=n_1+2n_2$，將它代入n=B+1 => $n=n_1+2n_2+1$。而n也等於$n_0+n_1+n_2$，故$n_0+n_1+n_2=n_1+2n_2+1$∴$n_0=n_2+1$，得証。圖6-3之(c)樹葉節點有8個，$n_2=7$∴$n_0=n_2+1$ => 8=7+1。

如果有一n個節點的完整二元樹，以循序的方式編號，如圖6-3(c)所示，則任何一個節點i，1≤i≤n，具有下列關係：

1. 若i=1，則i為樹根，且沒有父節點。若i≠1，則第i個節點的父節點為$\lfloor i/2 \rfloor$（$\lfloor i/2 \rfloor$表示小於i/2的最大正整數）。

2. 若2i≤n，則節點i的左子節點(left children)在2i。若2i > n，則沒有左子節點。

3. 若2i+1≤n，則節點i的右子節點(right children)在2i+1。若2i+1>n，則沒有右子節點。

練習題

1. 有一棵樹如下：

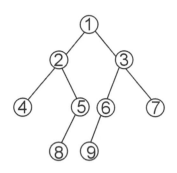

試回答下列問題（yes 或 no）：

(a) 它是一棵樹
(b) 它是一棵二元樹
(c) 它是一棵滿枝二元樹
(d) 它是一棵完整二元樹

2. 假設樹根的階度（level）為 1，且整棵二元樹的階度為 10，試回答下列問題：

(a) 此棵二元樹總共有幾個節點？
(b) 第 8 階度最多有多少個節點？
(c) 假使樹葉節點共有 128 個，則分支度為 2 的節點有多少個？

類似題

1. 有一棵樹如下：

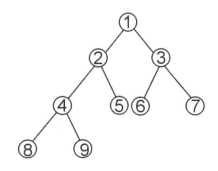

試問下列哪一個敘述是錯的？

(a) 它是一棵樹

(b) 它是一棵二元樹

(c) 它是一棵滿枝二元樹

(d) 它是一棵完整二元樹

2. 假設一棵二元樹的樹根階度為1，且整棵二元樹的階度為20，試回答下列問題：

(a) 此棵二元樹總共有多少個節點？

(d) 第12階度最多有多少個節點？

(c) 若樹葉節點共有256個，則分支度為2的節點共有多少個？

6.3　二元樹的表示方法

如何將二元樹的節點儲存在一維陣列中呢？我們可以想像此二元樹爲滿枝二元樹，第 i 階度具有 2^{i-1} 個節點，依此類推。假若是三元樹，第 i 階度則有 3^{i-1} 個節點。圖 6-4 之 (a)、(b)、(c) 分別是圖 6-3 之 (a)、(b)、(c) 儲存在一維陣列的表示方式。

▶圖 6-4　二元樹以一維陣列表示的方式

上述的一維陣列表示法，對完整二元樹或滿枝二元樹相當合適，其他的二元樹則會造成許多空間的浪費，而且在刪除或加入某一節點時，往往需要移動很多節點位置。此時我們可以利用鏈結方式來解決這些問題，將每一節點劃分三個欄位，左鏈結 (left link) 以 LLINK 表示，資料 (data) 以 DATA 表示，右鏈結 (right link) 以 RLINK 表示。如圖 6-5 所示：

LLINK	DATA	RLINK

▶圖 6-5　每個節點的資料結構

依據圖 6-5 每一節點的資料結構表示法，可以將圖 6-3 之 (a)、(b) 畫成圖 6-6 之 (a)、(b)。

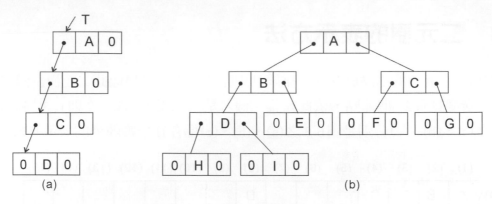

▶圖6-6　二元樹以鏈結的方式表示

練習題

1. 有一棵二元樹如下：

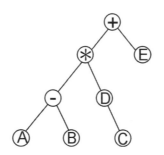

試以一維陣列和鏈結的方式表示之。

類似題

1. 有一棵二元樹如下：

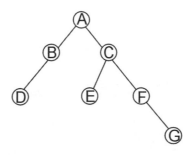

試以一維陣列和鏈結的方式表示之。

6.4　二元樹的追蹤

二元樹的追蹤(traversal)可分成三種：

1. **中序追蹤**(inorder)：先拜訪左子樹，然後拜訪樹根，再拜訪右子樹。

2. **前序追蹤**(preorder)：先拜訪樹根，然後拜訪左子樹，再拜訪右子樹。

3. **後序追蹤**(postorder)：先拜訪左子樹，然後拜訪右子樹，再拜訪樹根。

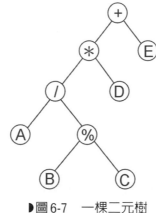

▶圖6-7　一棵二元樹

圖6-7以中序追蹤後資料排列是A/B%C*D+E，前序追蹤資料排列是+*/A%BCDE，而後序追蹤資料排列是ABC%/D*E+。我們可以清楚的看出一般數學運算表示式是以中序方式排列的。底下是以遞迴運作的三種追蹤片段程式：

C++程式語言片斷程式：中序追蹤

```
void Bintree::inorder(Node_type *tree)
{
  if(tree != NULL){
    inorder(tree->llink);
    cout << tree->name << " " << tree->score << "\n";
    inorder(tree->rlink);
  }
}
```

C++程式語言片段程式：前序追蹤

```cpp
void Bintree::preorder(Node_type *tree)
{
   if(tree != NULL){
      cout << tree->name << " " << tree->score << "\n";
      preorder(tree->llink);
      preorder(tree->rlink);
   }
}
```

C++程式語言片段程式：後序追蹤

```cpp
void Bintree::postorder(Node_type *tree)
{
   if(tree != NULL){
      postorder(tree->llink);
      postorder(tree->rlink);
      cout << tree->name << " " << tree->score << "\n";
   }
}
```

上面的 tree 是一二元樹，每個節點有三個欄位，分別是 llink、data、rlink。

除了以遞迴的方式表示外，我們也可以利用非遞迴的方式來處理，雖然較複雜，但可以讓我們更清楚追蹤每一個細節，以下是中序追蹤非遞迴的片段程式。

```cpp
void Bintree::inorder(struct node *T)
{
   int i = -1;
   for(; ;) {
      while(T != NULL) {
         i = i +1;
         if(i > n)
            cout << "The stack is full";
         else {
            STACK[i] = T;
            T = T->llink;
         }
      }
      if(i != -1) {
         T = STACK(i);
         i = i - 1;
         cout << T->data;
         T = T->rlink;
      }
      else
         return;
   }
}
```

程式中的node結構為

llink	data	rlink

　　STACK為一陣列，最大值的個數為n，i為一索引，開始時為-1，for為一無窮迴圈，當進入while內迴圈時，主要乃將二元樹所有左邊的節點一一丟入堆疊中，若i的值大於n表示堆疊已滿；否則，將T的指標存放在STACK[i]，並將T移到T的llink，STACK[i]為struct node*的型態，請看下一範例的解析。

　　如有一棵二元樹如下：

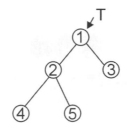

　　則T一開始指向資料為1的節點，並將它存放在堆疊。

　　經過三次的運作，堆疊的內容為：

　　並且T指向資料為4的節點，如下圖所示：

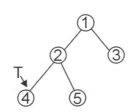

　　再經過一次的 while 迴圈，則 T 為 NULL，接下來的 if(i != -1)，乃判斷堆疊是否為空。若不是，則將堆疊的資料 4 印出，並將 T 指向其 T->rlink，由於資料 4 的節點之 rlink 是 NULL，無法加入堆疊，再從堆疊彈出資料為 2，並且 T 指向 2 的 RLINK 為 5。

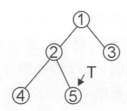

　　依此類推，最後的結果為 4，2，5，1，3 與使用遞迴的處理方式得到的結果是相同的。

練習題

1. 試撰寫前序追蹤的非遞迴片段程式。

2. 有一棵二元樹如下：

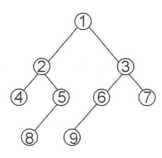

試問其前序追蹤、中序追蹤及後序追蹤各為何？

類似題

1. 請追蹤練習題 1，並列出堆疊的運作之情形。

2. 有一棵二元樹如下：

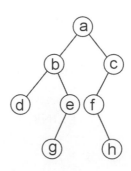

試問其前序追蹤、中序追蹤及後序追蹤各為何？

6.5 引線二元樹

　　前面曾提到，為了便利儲存及節省LINK欄的浪費，我們將樹化為二元樹，據估計，將可將2/3的浪費減少到1/2左右。一般而言，一個n節點的二元樹，共有2n個LINK欄位，實際上只用了n-1個，造成2n-(n-1)=n+1 個LINK欄位的浪費，為了充分利用這些空的LINK欄位，將空的LINK換成一種叫引線二元樹(thread binary tree)。

　　如何將二元樹轉成引線二元樹呢？很簡單！只要先把二元樹以中序追蹤方式將資料排列好，然後把缺少左或右LINK的節點挑出，看看其相鄰的左、右節點，將這些節點的左、右LINK空欄位指向其相鄰的左、右節點。圖6-8之(a)、(b)中序追蹤資料排列是HDIBEAJFKCG。

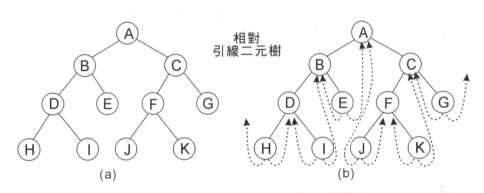

▶圖6-8　將二元樹(a)轉成引線二元樹(b)

　　圖6-8之(a)，節點E的相鄰左、右節點分別是B和A，因此E的左LINK指到B節點，而右LINK指到A節點。讀者會問，那H節點的左LINK指到哪裏，而G節點的右LINK又會指到哪裏，回答這問題前，請看引線二元樹的資料結構，如下所示：

LBIT	LLINK	DATA	RLINK	RBIT

1. 當LBIT=1時，LLINK是正常指標。

2. 當LBIT=0時，LLINK是引線。

3. 當RBIT=1時，RLINK是正常指標。

4. 當RBIT=0時，RLINK是引線。

假定所有引線二元樹都有一個開頭節點(head node)；此時圖6-8之(b)引線二元樹在記憶體內完整的表示如圖6-9。

在圖6-9中，節點H的LLINK和節點G的RLINK皆指向開頭節點。注意：開頭節點沒有資料，而且開頭節點的RLINK指向它本身(RBIT永遠為1)。當各節點的LLINK或RLINK為1時，指向某一節點的指標是實線，否則為虛線。

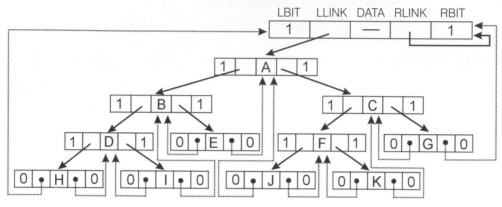

▶圖6-9　引線二元樹完整表示法

引線二元樹的優點：

我們可以利用引線二元樹來追蹤任一節點中序後繼者(inorder successor)，其作法如下：

C++程式語言片段程式：搜尋引線二元樹節點的中序後繼者

```
struct node *insuc(struct node *ptr)
{
   struct node *current;
   current = ptr->rlink;
   if(ptr->rbit == 1)
      while(current->lbit == 1)
        current=current->llink;
   return current;
}
```

先將ptr的rlink指定給current，假使ptr的rbit是0，則current即為ptr的中序後繼者；若ptr的rbit是1，且current的lbit亦是1，將current的llink指定給current，一直做到current的lbit是0為止，此時current即為ptr的中序後繼者。讀者可以試試求出圖6-9中A的中序後繼者。(答案是J，您答對了嗎？)

假使我們要將引線二元樹的所有節點以中序方式列出，則只要重複呼叫insuc()即可，作法如下：

C++程式語言片段程式：追蹤引線二元樹

```cpp
void tinorder(struct node *tree, struct node *head)
{
    tree = head;
    cout << tree->data;
    for( ; ; )
    {
        tree = insuc(tree);
        if(tree == head)
            return;
        cout << tree->data;
    }
}
```

此函數可以由任一節點來追蹤，如我們可以由B節點(圖6-9)開始，以中序法來追蹤此引線二元樹的所有節點，結果為BEAJFKCG-HDI。

除了可以追蹤引線二元樹中序後繼者，當然也可以追蹤引線二元樹的中序前行者，其作法如下：

C++程式語言片段程式：搜尋引線二元樹節的中序前行者

```cpp
struct node *pred(struct node *ptr)
{
    struct node *current;
    current = ptr->llink;
    if(ptr->lbit == 1)
        while(current->rbit == 1 )
            current = current->rlink;
    return current;
}
```

從6-4節可知，一般二元樹在中序追蹤時需要使用堆疊，而引線二元樹不需要用堆疊。引線二元樹可以由某一節點知道其前行者與後繼者是哪一節點，而毋需追蹤整棵樹才知。引線二元樹若要加入或刪除某一節點，則動作較一般二元樹慢，因為牽涉到引線的重排，下面我們來討論如何加入一節點於引線二元樹。

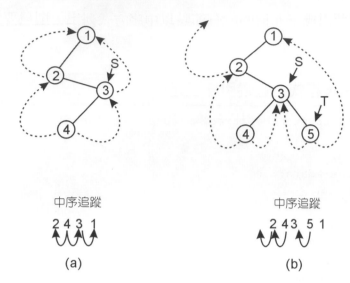

中序追蹤

2 4 3 1

(a)

中序追蹤

2 4 3 5 1

(b)

▶圖6-10　引線元樹的加入，將節點5加在節點3的右方，而節點3的rbit為0

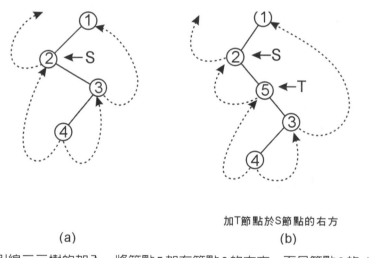

(a)

加T節點於S節點的右方

(b)

▶圖6-11　引線二元樹的加入，將節點5加在節點2的右方，而且節點2的rbit為1

假設有一棵引線二元樹如圖6-10之(a)與圖6-11(a)，若各自加入一節點T於節點S的右方，需考慮S節點的右方是實線或虛線，即rbit是1或0，圖形將變成如圖6-10之(b)與圖6-11之(b)。注意：圖6-10之(a)的S指向節點3，而圖6-11之(a)的S指向節點2。

參閱底下的程式片段：

C++程式語言片段程式：加入新節點於某節點的右方

```
void insert_right(struct node *S, struct node *T)
{
    struct node *w;
    T->rchild = S->rchild;
    T->rbit = S->rbit;
    T->lchild = S;
    T->lbit = 0;
    S->rchild = T;
    S->rbit = 1 ;
    if (T->rbit == 1)        /*T底下還有tree */
    {
        w = insucc(T);
        w->lchild = T;
    }
}
```

讀者可利用上述的圖形與片段程式加以對照，便能體會其原理。

練 習 題

1. 有二棵二元樹(a)、(b)分別如下：

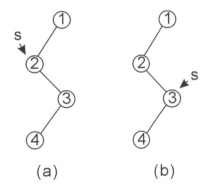

(a)   (b)

先將它轉為引線二元樹後，將節點5分別加入於上圖(a)、(b)之S所指向節點的左方，並且寫出其片段程式。注意！(a)的S指向節點2，而(b)的S指向節點3。

類似題

1. 有一棵二元樹如下：

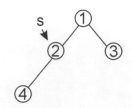

　　S指向節點2，今有一節點5，將它加入到S節點的左方和右方，畫出加入後的引線二元樹，並測試一下上述所提到的片段程式是否正確。

6.6 其他議題

6.6.1 如何將一般樹化為二元樹

本節將討論如何將樹和樹林(forest)轉換為二元樹的方法。

一般樹化為二元樹,其步驟如下:

1. 將節點的所有兄弟(sibling)連接在一起。
2. 把所有不是連到最左邊的子節點鏈結刪除。
3 順時針旋轉45度,如圖6-12(a)、(b)、(c)所示。

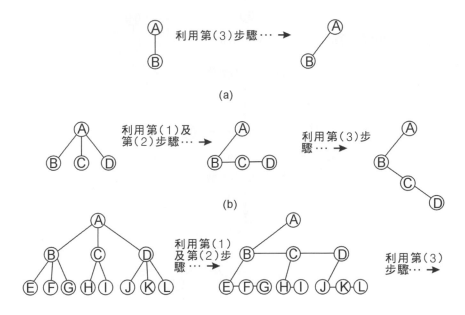

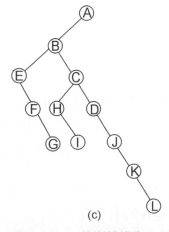

▶圖6-12 一般樹轉換為二元樹的步驟

樹林轉換爲二元樹如圖 6-13 所示，其步驟如下：

1. 先將樹林中的每棵樹化爲二元樹 (不旋轉 45 度)。

2. 把所有二元樹的樹根節點全部鏈結在一起。

3. 旋轉 45 度。

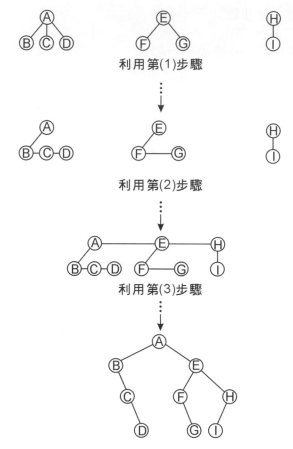

利用第(1)步驟

利用第(2)步驟

利用第(3)步驟

▶圖 6-13　樹林轉換為二元樹的步驟

6.6.2　決定唯一的二元樹

　　每一棵二元樹皆有唯一的一對中序與前序次序，也有唯一的中序與後序次序。換句話說，給予一對中序與前序或中序與後序即可決定一棵二元樹。然而，給予前序和後序次序，並不能決定唯一的二元樹，可能會產生兩棵不同的二元樹。

　　如給予中序次序是 FDHGIBEAC，而前序次序是 ABDFGHIEC。由前序次序知，A 是樹根，且由中序次序知 C 是 A 的右子點。

由前序知 B 是 FDHGIE 的父節點，並從中序次序知 E 是 B 的右子點。

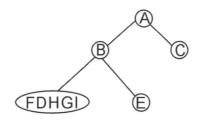

再由前序次序知 D 是 FHGI 的父節點，由中序知 F 是 D 的左子點，HGI 是 D 的右子點。

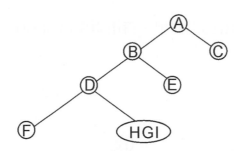

最後由前序次序知 G 是 HI 的父節點，並從中序次序知 H 是 G 的左子點，I 是 G 的右子點。

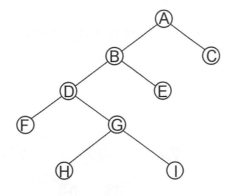

由中序與後序也可得到唯一二元樹：

中序：BCDAFEHIG

後序：DCBFIHGEA

由後序知 A 為樹根，再由中序得知其二元樹應為

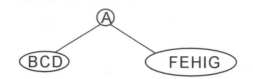

由後序知 B 為 CD 的樹根，再由中序得知 CD 節點為 B 節點的右節點，而 FEHIG 的樹根為 E。

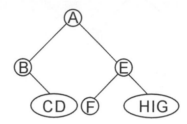

C 為 D 的樹根，G 為 HI 節點樹根，再由中序得知，D 節點為 C 的右節點，HI 節點應為 G 的左節點。

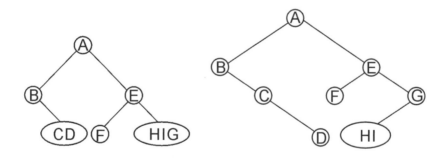

由後序追蹤得知 H 為 I 的樹根，而由中序追蹤知 I 在 H 節點的右邊，故二元樹為

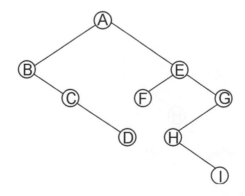

但是由前序和後序追蹤是無法得到其所對應的二元樹的（讀者可以想一想，動動腦喔！）

練 習 題

1. 將圖6-1的一般樹轉為一棵二元樹。

2. 已知有一棵二元樹，其中序追蹤為DBACE，前序追蹤為ABDCE，試畫出其所對應的二元樹。

類 似 題

1. 已知有一棵二元樹，其中序追蹤為dbeafc，而後序追蹤為debfca。
   試畫出其所對應的二元樹。

6.7　動動腦時間

1. [6.1, 6.2]試說明一般樹與二元樹有何不同？並解釋為何要將一般樹化為二元樹。

2. [6.1]下列有一棵二元樹

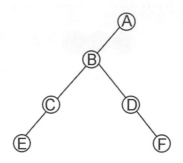

　　請列出所有的樹葉節點、非樹葉節點及每一節點的階層(level)。

3. [6.3, 6.5]將第2題的二元樹以下列幾種型式表示出來：

   (a) array
   (b) link
   (c) thread link

4. [6.1]有一棵樹，其形狀如下：

　　試求：

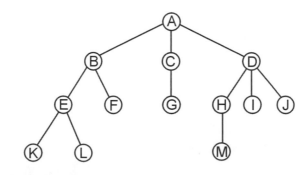

   (a) 節點B的分支度(degree)
   (b) 此棵樹的分支度
   (c) 此棵樹的階層數(level)
   (d) 節點I的兄弟節點(sibling)

5. [6.3]一棵 ternary tree（degree 為 3 的樹）可以用一維陣列來表示嗎？若不可以，請解釋之。若可以，請用下列的這棵 ternary tree 來說明，並敘述如何擷取每個節點。

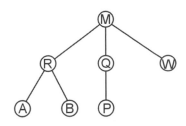

6. [6.4]將下列幾棵二元樹，寫出每一棵的 inorder、preorder、postorder 追蹤。

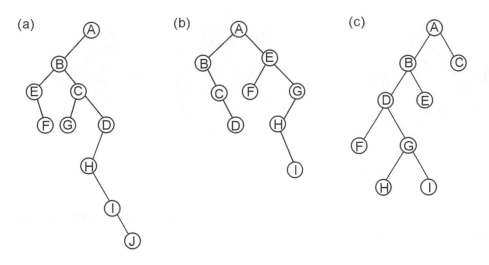

7. [6.4]試撰寫二元樹 postorder 追蹤之非遞迴的片段程式，並加以說明。

8. [6.5]試撰寫引線二元樹刪除某一節點的片段程式。

9. [6.3, 6.4, 6.5]試回答下列問題

(a) 略述二元樹在計算機上之表示方法，並估計其所需要的空間節點數目之關係。

(b) 依上答之表示法，如何做 inorder 追蹤。

(c) 以下圖的二元樹為例，解釋 (a)、(b) 之作法。

(d) 將下圖的二元樹，試繪出其所對應的引線二元樹。

(e) 加上引線後，有何用途？

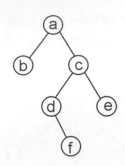

10. [6.5] 何謂引線二元線？爲什麼要使用引線二元樹？試說明一般二元樹與引線二元樹之優缺點。

11. [6.6] 將下列的一般樹化爲二元樹。

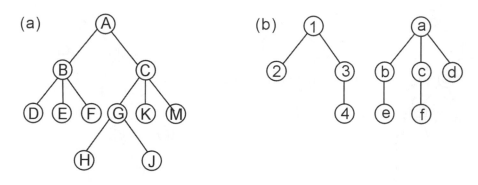

12. [6.6] 假設利用前序法追蹤，其順序爲 ABCDEFGH；中序法追蹤，其順序爲 CDBAFEHG，試繪出其所對應的二元樹。

二元搜尋樹

二元搜尋樹乃是二元樹加上一些限制條件所形成
的，二元搜尋樹常被用來建立一棵樹狀結構的程
式，它在執行效率上也頗受好評。

7.1　何謂二元搜尋樹

　　何謂二元搜尋樹（binary search tree）？定義如下：二元搜尋樹可以是空集點，假使不是空集合，則樹中的每一節點（node）均含有一鍵值（key value），而且具有下列特性：

1. 在左子樹的所有鍵值均小於樹根的鍵值。

2. 在右子樹的所有鍵值均大於樹根的鍵值。

3. 左子樹和右子樹亦是二元搜尋樹。

4. 每個鍵值都不一樣。

　　例如：下列二個圖形

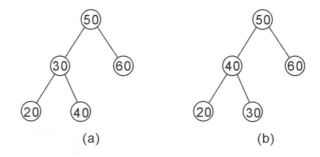

　　其中(a)為一棵二元搜尋樹，因為符合二元搜尋樹的定義，右子樹鍵值大於樹根的鍵值，而樹根的鍵值大於左子樹的鍵值，而且鍵值都不相同。而(b)圖形就不是一棵二元搜尋樹，因為鍵值30不應該在鍵值40的右邊。

練習題

1. 試問(a)，(b)哪一棵是二元搜尋樹。

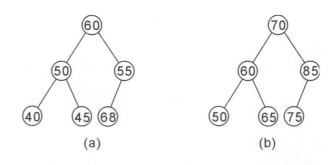

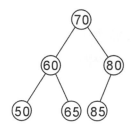

1. 試問它是一棵二元搜尋樹嗎？

若不是，應該如何修正呢？

7.2　二元搜尋樹的加入

　　二元搜尋樹的加入和刪除很簡單,因二元搜尋樹的特性是左子樹鍵值均小於樹根的鍵值,而右子樹的鍵值均大於樹根的鍵值。因此,加入某一鍵值只要逐一比較,依據鍵值的大小往右或往左,便可找到此鍵值欲加入的適當位置。假設有棵二元搜尋樹如下:

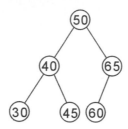

今欲加入48

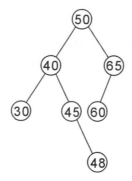

繼續加入90則為

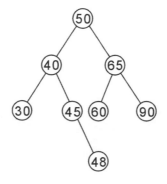

練習題

1. 將下列10個資料依序加入並建立一棵二元搜尋樹，資料如下：

   25，35，15，55，65，40，45，10，20，30

類似題

1. 將下列資料依序加入並建立一棵二元搜尋樹，資料如下：

   40，20，30，50，70，55，35，28，85，72

7.3 二元搜尋樹的刪除

刪除某一節點時，若刪除的是樹葉節點，則直接刪除之；假若刪除的不是樹葉節點，則在左子樹找一最大的節點或在右子樹找一最小的節點，取代將被刪除的節點，如

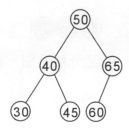

刪除 50，則可用下列二種方法之一：

（以右子樹最小的節點取代）   （以左子樹最大的節點取代）

若取代的節點有右子樹或左子樹時，則必須加以調整其子節點，如

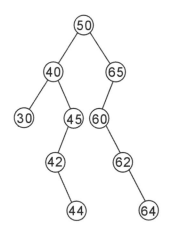

今欲刪除50，若以右子樹中最小節點取代刪除節點的話，則60將取代50，但60節點有右子樹（一定不會有左子樹，爲什麼？），此時必須將其右子樹重新放在60節點之父節點(65)的左邊鏈結。最後的情形如下：

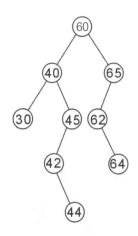

反之，若以左子樹的最大節點來取代刪除節點的話，則45將取代50，但45有左子樹（一定不會有右子樹，爲什麼？），此時必須將其左子樹重新放在45節點之父節點(40)的右邊鏈結上。最後的情形如下：

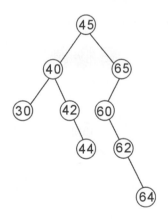

將某一鍵值加入到二元搜尋樹，其規則是一定的，小的一定往左，大的一定往右；但在刪除上就有二種選擇了，實際的作法您可以交互使用，以避免最後結果變爲一棵傾斜的二元搜尋樹。有興趣的讀者可以好好將後面的程式實作(bst.c)研究一番。

練習題

1. 有一棵二元搜尋樹如下：

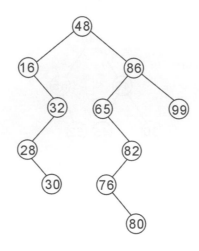

試回答下列問題：

(a) 加入 78 後的二元搜尋樹為何？
(b) 承 1，若刪除 48，則又會是如何？

類似題

1. 有一棵二元搜尋樹如下：

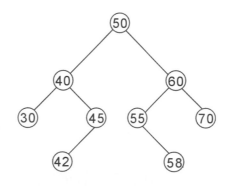

試回答下列問題：

(a) 加入 20 及 80 後的二元搜尋樹為何？
(b) 承 1，刪除 60 後的二元搜尋樹為何？

程式實作

```cpp
/* file name: bst.cpp */
/* 利用二元搜尋樹處理資料─載入、儲存、新增、刪除、修改、輸出 */

#include <iostream>
#include <stdlib.h>
#include <string.h>
#include <iomanip>
using namespace std;

/* 定義student結構 */
struct student {
    char name[20];  /* 學生姓名 */
    int score;  /* 學生成績 */
    struct student *llink;  /* 左子鏈結 */
    struct student *rlink;  /* 右子鏈結 */
};

class Bst {
private:
    struct student *root, *ptr;
public:
    void load_f(void);        /* 載入函數 */
    void save_f(void);        /* 儲存函數 */
    void insert_f(void);      /* 新增函數 */
    void delete_f(void);      /* 刪除函數 */
    void modify_f(void);      /* 修改函數 */
    void show_f(void);        /* 輸出函數 */
    void access(char [], int);  /* 將資料加入二元搜尋樹 */
    void removing(char []);   /* 將資料從二元搜尋樹中移除 */
    struct student *replace(struct student *);  /* 尋找替代節點 */
    void connect(struct student *, char);  /* 調整鏈結 */
    void inorder(struct student *);  /* 資料以中序法輸出 */
    void preorder(struct student *, FILE *); /* 資料以前序法寫入檔案 */
    struct student *search(char []);  /* 搜尋節點 */
    struct student *search_re_r(struct student *); /* 搜尋右子樹替代節點 */
    struct student *search_re_l(struct student *); /* 搜尋左子樹替代節點 */
    struct student *search_p(struct student *);  /* 搜尋父節點 */
};

int main()
{
    Bst obj;
    char option;
    obj.load_f();  /* 載入檔案 */
    while(1)
```

```cpp
        {
            puts(«»);
            puts("*********************");
            puts("        <1> insert");
            puts("        <2> delete");
            puts("        <3> modify");
            puts("        <4> show");
            puts("        <5> quit");
            puts("*********************");
            cout << "Enter your choice: ";
            option = getchar();
            while (getchar() != ‹\n›) continue;
            cout << «\n\n»;
            switch(option)
            {
                case ‹1›:
                    obj.insert_f();
                    break;
                case ‹2›:
                    obj.delete_f();
                    break;
                case ‹3›:
                    obj.modify_f();
                    break;
                case ‹4›:
                    obj.show_f();
                    break;
                case ‹5›:
                    obj.save_f();    /* 儲存檔案 */
                    exit(0);
                default :
                    puts(«Wrong option!»);
            }
        }
    system(«PAUSE»);
    return 0;
}

/* 載入函數，將資料檔dfile.dat載入到程式中 */
void Bst::load_f(void)
{
    FILE *fptr;
    char name[20];
    int score;
    cout << "File loading...";
    if((fptr = fopen("bst.dat", "r")) == NULL)  /* 開啟檔案 */
    {
```

```
        puts(«failed!»);
        puts("bst.dat not found!");
        return;
    }
    while(fscanf(fptr, «%s %d», name, &score) != EOF)  /* 讀取檔案資料 */
        if(strcmp(name, «») != 0)
            access(name, score);
    puts(«OK!»);
    fclose(fptr);   /* 關閉檔案 */
}


/* 儲存檔案，將二元搜尋樹中的資料儲存至資料檔dfile.dat中 */
void Bst::save_f(void)
{
    FILE *fptr;
    cout << "File saving...";
    if((fptr = fopen("bst.dat","w"))== NULL) /* 開啓檔案 */
    {
        puts(«failed!»);
        return;
    }
    preorder(root, fptr);   /* 以前序法寫入 */
    puts(«OK!»);
    fclose(fptr);   /* 關閉檔案 */
}


/* 新增函數，新增一筆新的資料 */
void Bst::insert_f(void)
{
    char name[20], temp[4];
    int score;
    puts("=====INSERT DATA=====");
    cout << "Enter student name: ";
    cin >> name;
    while (getchar() != ‹\n›) continue;
    cout <<"Enter student score: ";
    cin >> temp;
    while (getchar() != ‹\n›) continue;
    score = atoi(temp);
    access(name, score);
}


/* 刪除函數，將資料從二元搜尋樹中刪除 */
void Bst::delete_f(void)
{
    char name[20];
    if(root == NULL)
```

```
        {
            puts("No student record!");
            return;
        }
    puts("=====DELETE DATA=====");
    cout << "Enter student name: ";
    cin >> name;
    while (getchar() != ‹\n›) continue;
    removing(name);
}

/* 修改資料，修改學生成績 */
void Bst::modify_f(void)
{
    struct student *node;
    char name[20], temp[4];
    if(root == NULL)   /* 判斷根節點是否為NULL */
    {
        puts("No student record!");
        return;
    }
    puts("=====MODIFY DATA===== ");
    cout << "Enter student name: ";
    cin >> name;
    while (getchar() != ‹\n›) continue;
    if((node = search(name)) == NULL)
        cout << «Student « << name << « not found!\n»;
    else
    {
        /* 列出原資料狀況 */
        cout << «Original student name: « << node->name << «\n»;
        cout << «Original student score: « << node->score << «\n»;
        cout << "Enter new score: ";
        cin >> temp;
        while (getchar() != ‹\n›) continue;
        node->score = atoi(temp);
        cout << "Data of student " << name << " modified\n";
    }
}

/* 輸出函數，將資料輸出至螢幕 */
void Bst::show_f(void)
{
    if(root == NULL)   /* 判斷根節點是否為NULL */
    {
        puts("No student record!");
```

```
        return;
    }
    puts("=====SHOW DATA=====");
    inorder(root);   /* 以中序法輸出資料 */
}


/* 處理二元搜尋樹，將新增資料加入至二元搜尋樹中 */
void Bst::access(char name[], int score)
{
    struct student *node, *prev;
    if(search(name) != NULL)   /* 資料已存在則顯示錯誤 */
    {
        cout << «Student « << name << « has existed!\n»;
        return;
    }
    ptr = (struct student *) malloc(sizeof(struct student));
    strcpy(ptr->name, name);
    ptr->score = score;
    ptr->llink = ptr->rlink = NULL;
    if(root == NULL)   /* 當根節點為NULL的狀況 */
        root = ptr;
    else   /* 當根節點不為NULL的狀況 */
    {
        node = root;
        while(node != NULL)   /* 搜尋資料插入點 */
        {
            prev = node;
            if(strcmp(ptr->name, node->name) < 0)
                node = node->llink;
            else
                node = node->rlink;
        }
        if(strcmp(ptr->name, prev->name) < 0)
            prev->llink = ptr;
        else
            prev->rlink = ptr;
    }
}


/* 將資料從二元搜尋樹中移除 */
void Bst::removing(char name[])
{
    struct student *del_node;
    if((del_node = search(name)) == NULL)   /* 找不到資料則顯示錯誤 */
    {
        cout << «Student « << name << « not found!\n»;
```

```
        return;
    }
    /* 節點不爲樹葉節點的狀況 */
    if(del_node->llink != NULL || del_node->rlink != NULL)
        del_node = replace(del_node);
    else   /* 節點爲樹葉節點的狀況 */
        if(del_node == root)
            root = NULL;
        else
            connect(del_node, ‹n›);
    free(del_node);   /* 釋放記憶體 */
    cout << "Data of student " << name << " deleted!\n";
}

/* 尋找刪除非樹葉節點的替代節點 */
struct student * Bst::replace(struct student *node)
{
    struct student *re_node;
    /* 當右子樹找不到替代節點，會搜尋左子樹是否存在替代節點 */
    if((re_node = search_re_r(node->rlink)) == NULL)
        re_node = search_re_l(node->llink);
    if(re_node->rlink != NULL)   /* 當替代節點有右子樹存在的狀況 */
        connect(re_node, ‹r›);
    else
        if(re_node->llink != NULL)   /* 當替代節點有左子樹存在的狀況 */
            connect(re_node, ‹l›);
        else   /* 當替代節點爲樹葉節點的狀況 */
            connect(re_node, ‹n›);
    strcpy(node->name, re_node->name);
    node->score = re_node->score;
    return re_node;
}

/* 調整二元搜尋樹的鏈結，link爲r表示處理右鏈結，爲l表處理左鏈結，
   爲m則將鏈結指向NULL */
void Bst::connect(struct student *node, char link)
{
    struct student *parent;
    parent = search_p(node);   /* 搜尋父節點 */
    /* 節點爲父節點左子樹的狀況 */
    if(strcmp(node->name, parent->name) < 0)
        if(link == ‹r›)   /* link爲r */
            parent->llink = node->rlink;
        else   /* link爲m */
            parent->llink = NULL;
    else   /* 節點爲父節點右子樹的狀況 */
```

```
                if(link == ‹l›)   /* link為l */
                    parent->rlink = node->llink;
                else   /* link為m */
                    parent->rlink = NULL;
}


/* 以中序法輸出資料，採遞迴方式 */
void Bst::inorder(struct student *node)
{
    if(node != NULL)
    {
        inorder(node->llink);
        cout << left << setw(15) << node->name << node->score << «\n»;
        inorder(node->rlink);
    }
}


/* 以前序法將資料寫入檔案，採遞迴方式 */
void Bst::preorder(struct student *node, FILE *fptr)
{
    if(node != NULL)
    {
        fprintf(fptr, «%s %d\n», node->name, node->score);
        preorder(node->llink, fptr);
        preorder(node->rlink, fptr);
    }
}


/* 搜尋target所在節點 */
struct student * Bst::search(char target[])
{
    struct student *node;
    node = root;
    while(node != NULL)
    {
        if(strcmp(target, node->name) == 0)
            return node;
        else
        /* target小於目前節點，往左搜尋 */
            if(strcmp(target, node->name) < 0)
                node = node->llink;
            else   /* target大於目前節點，往右搜尋 */
                node = node->rlink;
    }
    return node;
}
```

```
/* 搜尋右子樹替代節點 */
struct student * Bst::search_re_r(struct student *node)
{
    struct student *re_node;
    re_node = node;
    while(re_node != NULL && re_node->llink != NULL)
        re_node = re_node->llink;
    return re_node;
}
/* 搜尋左子樹替代節點 */
struct student * Bst::search_re_l(struct student *node)
{
    struct student *re_node;
    re_node = node;
    while(re_node != NULL && re_node->rlink != NULL)
        re_node = re_node->rlink;
    return re_node;
}
/* 搜尋node的父節點 */
struct student * Bst::search_p(struct student *node)
{
    struct student *parent;
    parent = root;
    while(parent != NULL)
    {
        if(strcmp(node->name, parent->name) < 0)
            if(strcmp(node->name, parent->llink->name) == 0)
                return parent;
            else
                parent = parent->llink;
            else
                if(strcmp(node->name, parent->rlink->name) == 0)
                    return parent;
                else
                    parent = parent->rlink;
    }
    return NULL;
}
```

輸出結果

```
File loading...OK!

* * * * * * * * * * * * * * * * * * * *
        <1> insert
```

```
        <2> delete
        <3> modify
        <4> show
        <5> quit
********************
Enter your choice: 4


=====SHOW DATA=====
Danny           90
Kay             34
Tom             79

********************
        <1> insert
        <2> delete
        <3> modify
        <4> show
        <5> quit
********************
Enter your choice: 1


=====INSERT DATA=====
Enter student name: Jennifer
Enter student score: 93

********************
        <1> insert
        <2> delete
        <3> modify
        <4> show
        <5> quit
********************
Enter your choice: 4


=====SHOW DATA=====
Danny           90
Jennifer        93
Kay             34
Tom             79

********************
        <1> insert
        <2> delete
        <3> modify
```

```
        <4> show
        <5> quit
    *******************
Enter your choice: 2


=====DELETE DATA=====
Enter student name: Tom
Data of student Tom deleted!

*******************
        <1> insert
        <2> delete
        <3> modify
        <4> show
        <5> quit
*******************
Enter your choice: 4


=====SHOW DATA=====
Danny           90
Jennifer        93
Kay             34

*******************
        <1> insert
        <2> delete
        <3> modify
        <4> show
        <5> quit
*******************
Enter your choice: 3


=====MODIFY DATA=====
Enter student name: Danny
Original student name: Danny
Original student score: 90
Enter new score: 92
Data of student Danny modified

*******************
        <1> insert
        <2> delete
        <3> modify
        <4> show
```

```
        <5> quit
********************
Enter your choice: 4


=====SHOW DATA=====
Danny           92
Jennifer        93
Kay             34

********************
        <1> insert
        <2> delete
        <3> modify
        <4> show
        <5> quit
********************
Enter your choice: 5



File saving...OK!
```

7.4 動動腦時間

1. [7.1]試問下列哪一棵是二元搜尋樹？

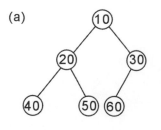

(a)

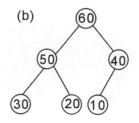

(b)

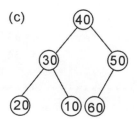

(c)

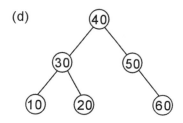

(d)

2. [7.1]試回答下列問題：

(a) 將下表所列的資料，繪出其所對應的二元搜尋樹。

輸入順序	姓名	成績
1	Lin	81
2	Lee	70
3	Wang	58
4	Chen	77
5	Fan	63
6	Li	90
7	Yu	95
8	Pan	85

(b) 試以 C++ 語言宣告每一節點的資料型態。

3. [6.2, 7.1]試申述二元樹與二元搜尋樹之差異。

4. [7.1]試將下列資料：

60，50，80，40，55，70，90，45及58

依序加入並建立一棵二元搜尋樹。

5. [7.2]有一棵二元搜尋樹如下：

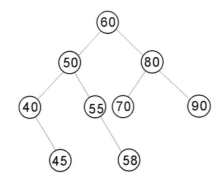

試依序刪除50，80，60，並畫出其所對應的二元搜尋樹。

Memo

堆積

堆積(Heap)和二元搜尋樹大致上雷同，但有一點點
差異。Heap在分類上大致可分為max-heap、min-
heap、min-max heap及Deap，這些在本章均有詳盡
的討論。Heap也可用在排序上，此稱為Heap sort
（堆積排序），詳見第13章。

8.1 何謂堆積

何謂堆積（Heap）？定義如下：堆積是一棵二元樹，其樹根的鍵值大於子樹的鍵值，而且必須符合第六章6.2節所談的完整二元樹。不管左子樹和右子樹的大小順序，此乃與二元搜尋樹最大的差異。如下圖：

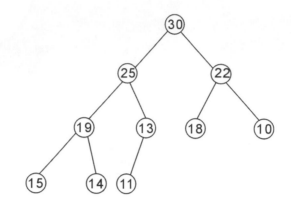

它是一棵 Heap，而不是二元搜尋樹。為了行文方便，底下將以 Heap 表示堆積。

Heap 可用於排序上，簡稱 Heap Sort，在一堆雜亂無章的資料中，利用 Heap sort 將它由小至大或由大至小排序皆可。首先將一堆資料利用完整二元樹將其建立起來，再將它調整為 Heap，之後視題意用堆疊（由小至大）或佇列（由大至小）輔助之。

在調整的過程中有二種方式：一是由上而下，從樹根開始與其子節點相比，若前者大則不用交換；反之，則要交換，以符合父節點大於子節點，如

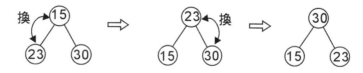

此種方法也可以讓子節點先比，找出最大者再與其父節點比，此種方法至多只要做一次對調即可，如下圖23和30中30較大，因此15和30對調。

由於這種方式較快，故若以由上而下調整時，皆以此種方式進行之。

順便告訴讀者，一棵Heap不是唯一，因爲只要父節點大於子節點即可。所以左子節點和右子節點就不必顧慮了。需在此提醒讀者的是，當中間有某些節點互換時，需要再往上相比較，直到父節點大於子節點爲止。

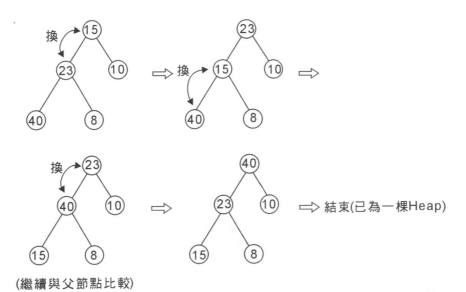

(繼續與父節點比較)

第二種方法爲由下而上，先算出此棵樹的節點數目，假設n，再取其$\lfloor n/2 \rfloor$，從此節點$\lfloor n/2 \rfloor$，開始與它的最大子節點相比，若最大子節點的鍵值大於父節點之鍵值，則相互對調，一直做到樹根止。記得，相互對調後要往下繼續比較，看看是否還要對調喔！調整的方法如下：

step 1 先將每一節點按完整二元樹的順序加以編號如下圖：

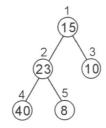

step 2 故從第2節點開始與其較大的子節點相比。由於40比23大，故調換之。

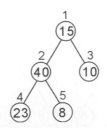

step 3 接下來將第 1 個節點與其較大子節點比，我們發現 40 大於 15，故調換之，如下圖：

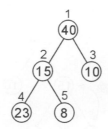

step 4 雖然皆已調換完成，但我們發現第 2 節點小於第 4 節點（15 < 23），故需繼續對調，如下圖：

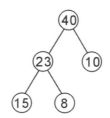

此時已是一棵 Heap。

8.1.1 Heap 的加入

承以上的那一棵 Heap，加入 30 及 50。

首先按照完整二元樹的特性將 30 加進來，如下圖

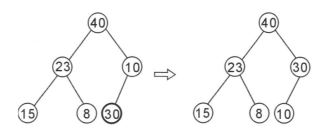

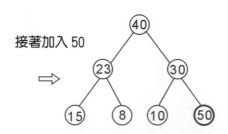

因爲加入 50 後不是一棵 Heap，所以要加以調整之。

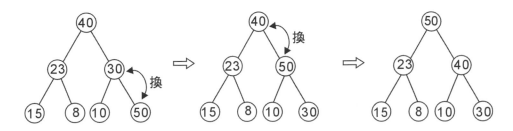

由於原先已是一棵 Heap，所以，只要將加入的那一個節點往上調整即可。

8.1.2 Heap 的刪除

Heap 的刪除則將完整二元樹的最後一節點取代被刪除的節點，然後判斷是否爲一棵 Heap，若否，則再依上述的方法加以調整之。

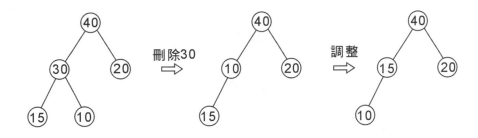

再刪除 40，則將 10 取代之。

再舉一例，有一棵 Heap 如下：

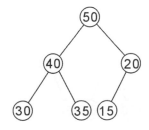

今欲將40刪除，則以15取代40（因為15在完整二元樹中是最後一個節點）

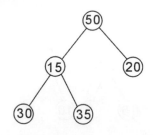

此時將15和其所屬的最大子節點比較，亦即15和35（因為它大於30）比較，直接將15和35交換。

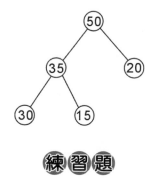

練習題

1. 試將下列二元樹調整為一棵 Heap。

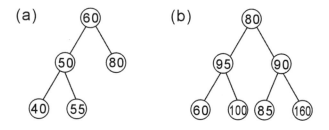

2. 假設有一棵 Heap 如下：

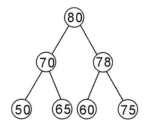

試問加入90後的 Heap 為何？

3. 今有一棵Heap如下：

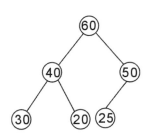

試畫出依序刪除40及60後的Heap。

....

類 似 題

1. 將下列二元樹調整為一棵Heap。

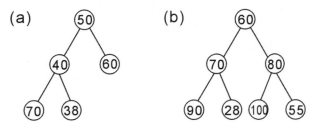

2. 有一棵Heap如下：

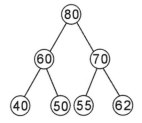

試問加入85後的Heap。

3. 有一棵Heap如下：

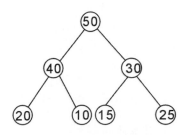

試問刪除50後的Heap。

....

程式實作

```cpp
// Name : Heaptree.cpp
// 利用堆積樹(HEAP TREE)處理會員進出資料─新增、刪除、輸出

#include <iostream>
#include <stdlib.h>
#define MAX 100   // 設定上限

using namespace std;

class heaptree {
  private:
    int heap_tree[MAX];      // 堆積樹陣列
    int last_index;           // 最後一筆資料的INDEX
  public:
    heaptree();
    void insert_f(void);     // 插入函數
    void delete_f(void);     // 刪除函數
    void display_f(void);    // 輸出函數
    void create(int id_number);          // 建立資料於堆積樹
    void removes(int index_temp);  // 從堆積樹中刪除資料
    void show(char op);                   // 印出資料於螢幕
    void adjust_u(int temp[], int index);   // 從下而上調整資料
    void adjust_d(int temp[], int index1, int index2);  // 從上而下調整資料
    void exchange(int *id1, int *id2);          // 交換資料
    int search(int id_number);     // 搜尋資料
};

heaptree::heaptree()
{
    last_index = 0;
}


void heaptree::insert_f(void)
{
    int id_number;
    if(last_index >= MAX) {   // 資料數超過上限，顯示錯誤訊息
      cout << " Login members are more than " << MAX << "!!\n";
      cout << " Please wait for a minute!!\n";
    }
    else {
      cout << " Please enter login ID number: ";
      cin >> id_number;
      create(id_number);   // 建立堆積
      cout << " Login successfully!!\n";
    }
```

```cpp
}

void heaptree::delete_f(void)
{
  int id_number, del_index;
  if(last_index < 1) {   // 無資料存在，顯示錯誤訊息
    cout << " No member to logout!!\n";
    cout << " Please check again!!\n";
  }
  else {
    cout << " Please enter logout ID number: ";
    cin >> id_number;
    del_index = search(id_number);   // 尋找欲刪除資料
    if(del_index == 0)   // 沒找到資料，顯示錯誤訊息
      cout << " ID number not found!!\n";
    else {
      removes(del_index);   // 刪除資料，並調整堆積樹
      cout << " ID number " << id_number << " logout!!\n";
    }
  }
}

void heaptree::display_f(void)
{
  char option;

  if(last_index < 1)   // 無資料存在，顯示錯誤訊息
    cout << " No member to show!!\n";
  else {
    cout << " ***************************\n";
    cout << "          <1> increase\n";   // 選擇第一項爲由小到大排列
    cout << "          <2> decrease\n";   // 選擇第二項爲由大到小排列
    cout << " ***************************\n";
    do {
      cout << " Please enter your option: ";
      cin>>option;
      cin.get();
      cout << "\n";
    } while(option != '1' && option != '2');
    show(option);
  }
}

void heaptree::create(int id_number)   // ID_NUMBER爲新增資料
{
  heap_tree[++last_index] = id_number;   // 將資料新增於最後
```

```
    adjust_u(heap_tree, last_index);      // 調整新增資料
}


void heaptree::removes(int index_temp)    // INDEX_TEMP為欲刪除資料之INDEX
{
    // 以最後一筆資料代替刪除資料
    heap_tree[index_temp] = heap_tree[last_index];
    heap_tree[last_index--] = 0;
    if(last_index > 1) {  // 當資料筆數大於1筆，則做調整
        // 當替代資料大於其PARENT NODE，則往上調整
        if(heap_tree[index_temp] > heap_tree[index_temp / 2] && index_temp > 1)
            adjust_u(heap_tree, index_temp);
        else // 替代資料小於其CHILDEN NODE，則往下調整
            adjust_d(heap_tree, index_temp, last_index-1);
    }
}


void heaptree::show(char op)
{
    int heap_temp[MAX+1];
    int c_index;
    // 將堆積樹資料複製到另一個陣列作排序工作
    for(c_index = 1; c_index <= last_index; c_index++)
        heap_temp[c_index] = heap_tree[c_index];
    // 將陣列調整為由小到大排列
    for(c_index = last_index-1; c_index > 0; c_index--) {
        exchange(&heap_temp[1], &heap_temp[c_index+1]);
        adjust_d(heap_temp, 1, c_index);
    }
    cout << "\n          ID number\n";
    cout << " =====================\n";
    // 選擇第一種方式輸出，以遞增方式輸出--使用堆疊
    // 選擇第二種方式輸出，以遞減方式輸出--使用佇列
    switch(op) {
    case '1':
        for(c_index = 1; c_index <= last_index; c_index++) {
            cout.width(14);
            cout << heap_temp[c_index] << "\n";
        }
        break;
    case '2':
        for(c_index = last_index; c_index > 0; c_index--) {
            cout.width(14);
            cout << heap_temp[c_index] << "\n";
        }
        break;
```

```cpp
  }
  cout << " =====================\n";
  cout << " Total member: " << last_index << "\n";
}


void heaptree::adjust_u(int temp[], int index) // INDEX為目前資料在陣列之INDEX
{
  while(index > 1) { // 將資料往上調整至根為止
    if(temp[index] <= temp[index/2])  // 資料調整完畢就跳出，否則交換資料
      break;
    else
      exchange(&temp[index], &temp[index/2]);
    index /= 2;
  }
}


// INDEX1為目前資料在陣列之INDEX，INDEX2為最後一筆資料在陣列之INDEX
void heaptree::adjust_d(int temp[], int index1, int index2)
{
  // ID_NUMBER記錄目前資料，INDEX_TEMP則是目前資料之CHILDEN NODE的INDEX
  int id_number, index_temp;
  id_number = temp[index1];
  index_temp = index1 * 2;
  // 當比較資料之INDEX不大於最後一筆資料之INDEX，則繼續比較
  while(index_temp <= index2) {
    if((index_temp < index2) && (temp[index_temp] < temp[index_temp+1]))
      index_temp++;  // INDEX_TEMP記錄目前資料之CHILDEN NODE中較大者
    if(id_number >= temp[index_temp])  // 比較完畢則跳出，否則交換資料
      break;
    else {
      temp[index_temp/2] = temp[index_temp];
      index_temp *= 2;
    }
  }
  temp[index_temp/2] = id_number;
}


void heaptree::exchange(int *id1, int *id2)  // 交換傳來之ID1及ID2儲存之資料
{
  int id_number;
  id_number = *id1;
  *id1 = *id2;
  *id2 = id_number;
}


int heaptree::search(int id_number)  // 尋找陣列中ID_NUMBER所在
```

```
{
    int c_index;
    for(c_index = 1; c_index <= MAX; c_index++)
        if(id_number == heap_tree[c_index])
            return c_index;    // 找到則回傳資料在陣列中之INDEX
    return 0;    // 沒找到則回傳0
}

int main()
{
    heaptree obj;
    char option;
    do {
        cout << "\n ***************************\n";
        cout << "            <1> login\n";
        cout << "            <2> logout\n";
        cout << "            <3> show\n";
        cout << "            <4> quit\n";
        cout << " ***************************\n";
        cout << " Please enter your choice: ";
        cin>>option;
        cin.get();
        cout << "\n";
        switch(option) {
            case '1': obj.insert_f();
                break;
            case '2': obj.delete_f();
                break;
            case '3': obj.display_f();
                break;
            case '4': system("PAUSE");
                return 0;
            default : cout << "\n Option error!!\n";
        }
    } while(option != '4');
}
```

▌輸出結果

```
***************************
        <1> login
        <2> logout
        <3> show
        <4> quit
***************************
Please enter your choice: 1
```

```
Please enter login ID number: 999
Login successfully!!

***************************
        <1> login
        <2> logout
        <3> show
        <4> quit
***************************
Please enter your choice: 1

Please enter login ID number: 998
Login successfully!!

***************************
        <1> login
        <2> logout
        <3> show
        <4> quit
***************************
Please enter your choice: 1

Please enter login ID number: 1002
Login successfully!!

***************************
        <1> login
        <2> logout
        <3> show
        <4> quit
***************************
Please enter your choice: 3

***************************
        <1> increase
        <2> decrease
***************************
Please enter your option: 1


        ID number
=====================
            998
            999
           1002
=====================
```

```
Total member: 3

***************************
        <1> login
        <2> logout
        <3> show
        <4> quit
***************************
Please enter your choice: 3

***************************
        <1> increase
        <2> decrease
***************************
Please enter your option: 2


        ID number
=====================
        1002
         999
         998
=====================
Total member: 3


***************************
        <1> login
        <2> logout
        <3> show
        <4> quit
***************************
Please enter your choice: 2

Please enter logout ID number: 999
ID number 999 logout!!

***************************
        <1> login
        <2> logout
        <3> show
        <4> quit
***************************
Please enter your choice: 3

***************************
        <1> increase
        <2> decrease
```

```
**************************
Please enter your option: 1


        ID number
=====================
        998
        1002
=====================
Total member: 2

**************************
        <1> login
        <2> logout
        <3> show
        <4> quit
**************************
Please enter your choice: 1

Please enter login ID number: 995
Login successfully!!

**************************
        <1> login
        <2> logout
        <3> show
        <4> quit
**************************
Please enter your choice: 1

Please enter login ID number: 994
Login successfully!!

**************************
        <1> login
        <2> logout
        <3> show
        <4> quit
**************************
Please enter your choice: 3

**************************
        <1> increase
        <2> decrease
**************************
Please enter your option: 2
```

```
        ID number
====================
          1002
           998
           995
           994
====================
Total member: 4

* * * * * * * * * * * * * * * * * * * * * * * * * *
        <1> login
        <2> logout
        <3> show
        <4> quit
* * * * * * * * * * * * * * * * * * * * * * * * * *
Please enter your choice: 4
```

程式解說

1. 上例是使用陣列來儲存 Heap 的資料，共包括有 Heap 的新增、刪除、輸出資料三個功能，其中成員變數 last_index 記錄了目前 Heap 最後一筆資料的 index 值。

2. 新增節點

    (a) insert_f() 函數會要求輸入新增節點的值（若是陣列還有空間），再呼叫 create() 函數來建立新節點。

    (b) create() 函數的步驟是先將資料加入於 Heap 的最後一個節點後，再由下往上調整，使其符合 Heap 的定義。

    (c) 某節點的父節點之 index 值，為該節點的 index 值除以 2，呼叫 adjust_u() 函數，此節點會不斷往上調整，直至該節點所儲存的資料小於父節點為止。

3. 刪除節點

    (a) delete_f() 函數會要求輸入欲刪除資料，以 search() 函數尋找到該資料所在節點後，呼叫 remove() 函數將資料從 Heap 陣列中移除。

    (b) remove() 函數會先將欲刪除資料與最後一個節點的資料交換，使用 heap_tree[last_index--] = 0 敘述將最後一筆資料的值儲存為 0，並將 last_index 減 1。

    (c) 最後必須調整之前與最後一筆資料交換的節點，若該節點所儲存的值小於父節點，則呼叫 adjust_u() 往上調整；否則呼叫 adjust_d() 往下調整至符合 Heap 的定義為止。

4. 輸出節點：輸出節點時，可選擇由小到大排列，或由大到小排列資料。

   (a) 首先必須先產生另一陣列來儲存 Heap 陣列的值，以此新產生的 Heap 陣列來儲存資料。

   (b) 首先將最後一個節點的資料與第一個節點的資料交換，此時最後一個節點會儲存 Heap 中最大的值，該值將不會被更動（因為代表最後一個節點 index 值的 c_index 會不斷遞減），而第一個節點必須往下調整至符合 Heap，如此反覆進行至 c_index 值等於 0。此時，此陣列內資料的排列會呈由小到大排列。（此部分可參考第 13 章之堆積排序）

8.2 何謂 min-heap

上述介紹的 Heap，我們稱之為 max-heap，在 max-heap 樹中的鍵值，一律是上大於下，節點內的鍵值一律大於其子節點。事實上，Heap 除了 max-heap 外，還可細分為 min-heap、min-max heap、deap 等，其中 min-heap 的觀念十分簡單，其節點鍵值一律小於子節點，恰與 max-heap 相反，如下圖即為一棵 min-heap 的例子。

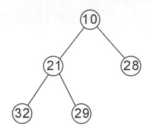

由於其加入與刪除的方法與 max-heap 十分類似，在此就不重複說明了。

練習題

1. 請將下列二元樹調整為一棵 min-heap。

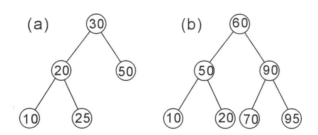

2. 有一棵 min-heap 如下：

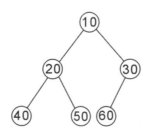

(a) 加入 5 後的 min-heap。

(b) 承 (a) 的 min-heap，刪除 20 後的 min-heap。

類似題

1. 請將下列二元樹調整為 min-heap。

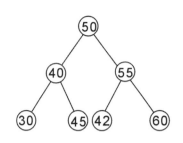
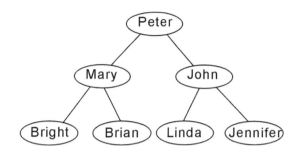

2. 有一棵 min-heap 如下：

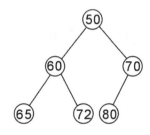

(a) 加入 20 後的 min-heap。

(b) 承 (a)，刪除 20 後的 min-heap。

8.3　min-max heap

min-max heap 包含了 min-heap 與 max-heap 兩種 Heap 的特徵，如下圖即為一棵 min-max-heap：

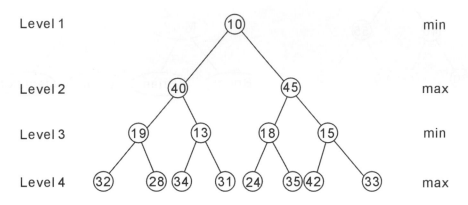

何謂min-max heap：

為了方便解說，我們就直接以上圖為例，來定義min-max heap，必須符合下列三項定義：

1. min-max heap 是以一層 min-heap，一層 max-heap 交互構成的，如 Level 1 中各節點的鍵值一律小於子節點（10小於40、45），Level 2 中各節點的鍵值一律大於子節點（40大於19、13；45大於18、15），而 Level 3 的節點鍵值又小於子節點（19小於32、28；13小於34、31；18小於24、35；15小於42、33）。

2. 樹中為 min-heap 的部分，仍需符合min-heap 的特性，如上圖中 Level 1 的節點鍵值，會小於 Level 為3的子樹（10小於19、13、18、15）。

3. 樹中為 max-heap 的部分，仍需符合 max-heap 的特性，如上圖中的 Level 2 的節點鍵值，會大於 Level 為4之子樹（40大於32、28、34、31；45大於24、35、42、33）。

※8.3.1 min-max heap 的加入

min-max heap的加入與max-heap的原理差不多，但是加入後，要調整至符合上述 min-max heap 的定義，假設已存在一棵 min-max heap 如下：

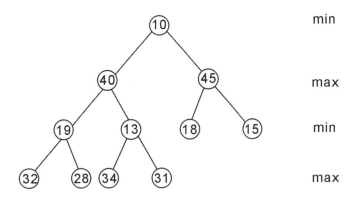

若加入5，步驟如下：

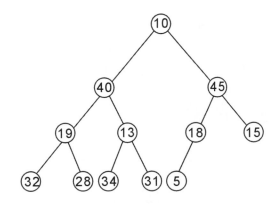

加入後18>5，不符合第一項定義，將5與18交換。

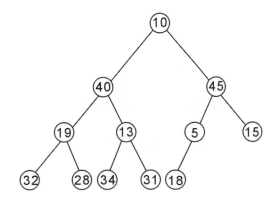

交換後，由於 10>5，不符合第二項定義，將 5 與 10 對調。

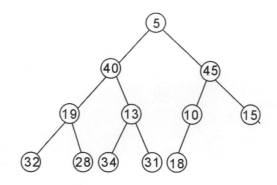

此時已符合 min-max heap 的定義，不須再做調整。

若再加入 50，其加入步驟如下：

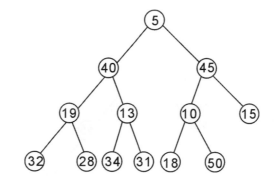

加入後 45<50，不符合第三項定義，將 45 與 50 交換。

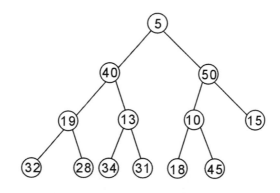

此時已符合 min-max heap 的定義，加入動作結束。

8.3.2　min-max heap 的刪除

若刪除 min-max heap 的最後一個節點，則直接刪除即可；否則，先將刪除節點鍵值與樹中的最後一個節點對調，再做調整動作，亦即以最後一個節點取代被刪除節點。假設已存在一棵 min-max heap 如下：

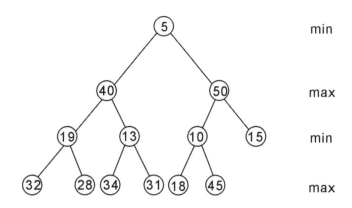

若刪除 45，則直接刪除。

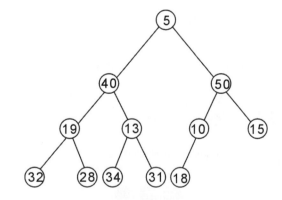

若刪除 40，則需以最後一個節點的鍵值 18 取代 40。

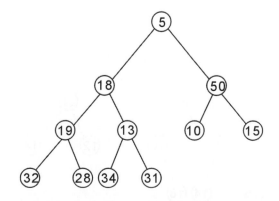

交換後 18<19，不符合第一項定義，將 18 與 19 交換。

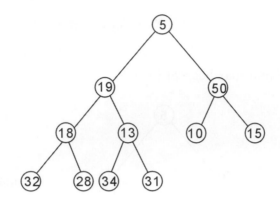

交換後，由於 19 小於 32、28、34、31，不符合第三項定義，必須將 19 與最大的鍵值 34 交換。

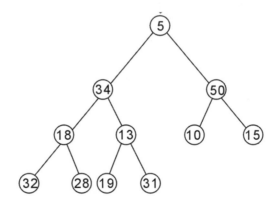

符合 min-max heap 的定義，刪除動作結束。

1.　有一棵 min-max heap 如下：

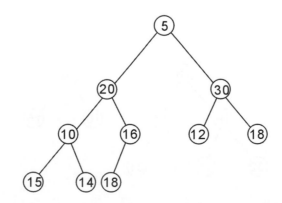

(a) 請依序加入 27 和 2，並劃出其對應的 min-max heap。

(b) 承 (a)，依序刪除 30，10 後的 min-max heap。

類似題

1. 有一棵 min-max heap 如下：

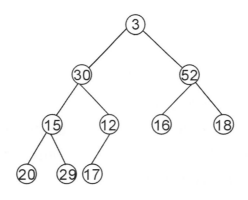

(a) 依序加入 10 和 8，並分別畫出其所對應的 min-max heap。

(b) 承 (a)，依序刪除 3 和 30 後的 min-max heap。

8.4　deap

何謂 deap：

　　deap 同樣也具備 max-heap 與 min-heap 的特徵，其定義如下：

1. deap 的樹根不儲存任何資料，為一空節點。

2. 樹根的左子樹，為一棵 min-heap；右子樹則為 max-heap。

3. min-heap 與 max-heap 存在一對應，假設左子樹中有一節點為 i，則在右子樹中必存在一節點 j 與 i 對應，則 i 必須小於等於 j。如下圖中的 5 與 35 對應，5 小於 35；12 與 30 對應，12 小於 30。那麼 25 與右子樹中的哪一個節點對應呢？當在右子樹中找不到對應節點時，該節點會與右子樹中對應於其父節點的節點相對應，所以 25 會與右子樹中鍵值為 32 的節點對應，25 小於 32。

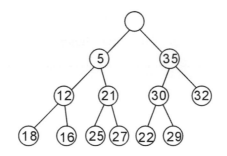

8.4.1　deap 的加入

　　deap 的加入動作與其他 Heap 一樣，將新的鍵值加入於整棵樹的最後，再調整符合 deap 的定義，底下舉例說明 deap 的加入與加入後的調整方法。假設已存在一 deap 如下：

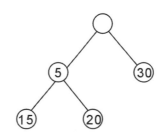

　　若加入 25，加入後右子樹仍為一棵 max-heap，且左子樹對應節點 15 小於等於它所對應的右子樹節點 25，符合 deap 的定義，加入的結果如下：

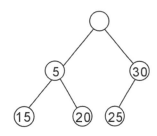

　　加入 17，加入後的圖形如下所示：

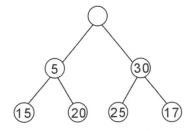

　　此時右子樹仍為 max-heap，但 17 小於其左子樹的對應節點 20，故將 17 與 20 交換。

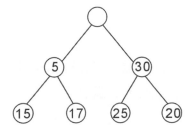

　　加入 40，如下所示：

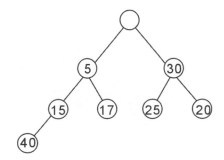

　　加入後左子樹雖為min-heap，但40大於其對應節點25（與節點40的父節點對應之右子樹節點），不符合deap的定義，故將40與25交換，如下所示：

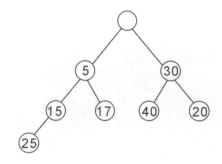

　　交換後樹中的右子樹不是一棵max-heap，重新將其調整為max-heap即可。

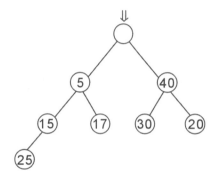

8.4.2　deap 的刪除

　　deap的刪除動作與其他Heap一樣，當遇到刪除節點非最後一個節點時，要以最後一個節點的鍵值取代刪除節點，並調整至符合deap的定義，假設存在一deap如下：

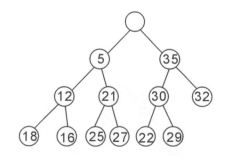

若刪除29，則直接刪除即可，結果如下圖所示：

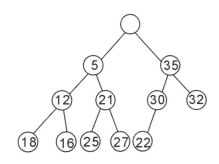

　　刪除21，此時以最後一個節點22取代之，再將最後一個節點刪除，檢查左子樹仍為一棵min-heap，且節點鍵值22小於其對應節點32，不需做任何調整。刪除結果如下：

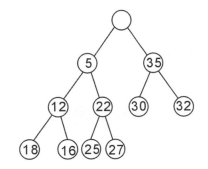

　　刪除12，以最後一個節點27取代。

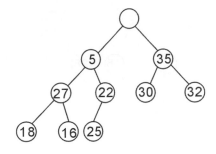

　　左子樹不符合min-heap的定義，將27子節點中鍵值較小者16交換。

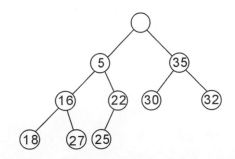

　　最後16與其對應的30比較；16小於30，並且27也小於它所對應max-heap那邊的30，故不需再做調整。

<h2 align="center">練 習 題</h2>

1. 有一棵deap如下：

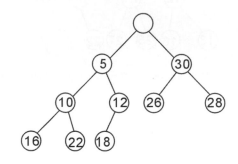

    (a) 依序加入2和55。

    (b) 承(a)，依序刪除55及10。

<h2 align="center">類 似 題</h2>

1. 有一棵deap如下：

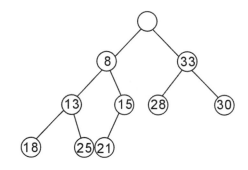

    (a) 依序加入6和60。

    (b) 承(a)，依序刪除60和8。

8.5　動動腦時間

1. [8.1]將下一棵二元樹調整為一棵max-heap。

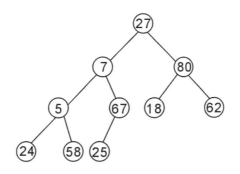

2. [8.1.1, 8.1.2]有一棵heap如下：

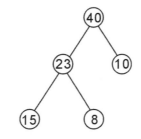

試回答下列問題：

(a) 依序加入60和20之後的heap為何？

(b) 承(a)所建立的heap依序刪除60、23。

3. [8.2]試將下列資料建立一棵min-heap。

20，30，10，50，60，40，45，5，15，25。

4. [8.3]將下列的二元樹，調整為min-max heap。

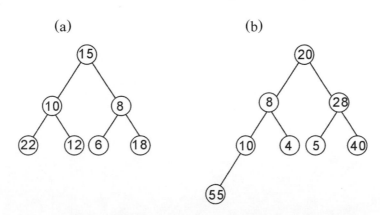

5. [8.3.1, 8.3.2]將第4題的(b)之最後結果加入2，之後的結果再刪除40。

6. [8.4]有一棵樹，其樹根不存放資料，情形如下：

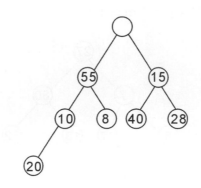

(a) 請將它調整為一deap。

(b) 將(a)的結果加入5。

(c) 承(b)刪除55。

Chapter
9

高度平衡二元搜尋樹

高度平衡二元搜尋樹乃是二元搜尋樹的改良型。由
於二元搜尋樹有可能會形成左斜樹或右斜樹,這樣
的情形在搜尋某一鍵值效率不佳,因此高度平衡二
元搜尋樹乃對左、右子樹之間的高度有所限制。因
此,其搜尋的效率比二元搜尋樹來得佳。

9.1　何謂高度平衡二元搜尋樹

高度平衡二元搜尋樹（height balanced binary search tree）在 1962 年由 Adelson-Velskii 和 Landis 所提出，因此又稱為 AVL-tree。AVL-tree 定義如下：一棵空樹（empty tree）是高度平衡二元搜尋樹。假使 T 不是空的二元搜尋樹，TL 和 TR 分別是此二元搜尋樹的左子樹和右子樹，若符合下列兩個條件，則稱 T 為高度平衡二元搜尋樹：(1)TL 和 TR 亦是高度平衡二元搜尋樹，(2)|hL-hR| < 1，其中 hL 及 hR 分別是 TL 和 TR 的高度。

在一棵二元搜尋樹中有一節點 p，其左子樹 (TL) 和右子樹 (TR) 的高度分別是 hL 和 hR，而 BF(p) 表示 p 節點的平衡因子（balanced factor）。平衡因子之計算為 hL-hR。在一棵 AVL-tree 裡，每一節點的平衡因子為 -1 或零或 1，即 |BF(p)| < 1。

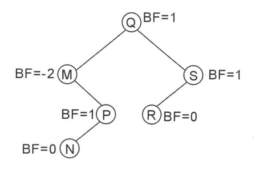

▶圖 9-1　一棵二元搜尋樹及其平衡因子

圖 9-1 不是一棵 AVL-tree，因為 M 節點的平衡因子是 -2。每一節點之平衡因子計算如下：Q 節點的左子樹階層為 3，而右子樹階層為 2，故 Q 的平衡因子為 3-2=1。M 節點的左子樹階層為 0，而右子樹為 2，故平衡因子為 0-2=-2。其餘節點的平衡因子如圖 9-1 所示。

練習題

1. 試問下列哪一棵是 AVL-tree，為什麼？

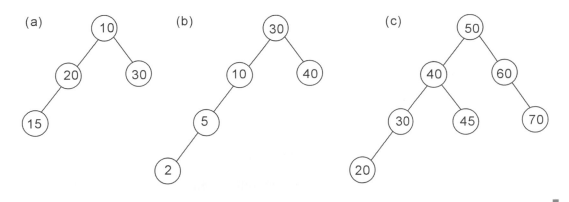

類似題

1. 試問下列哪一棵是 AVL-tree，並計算每一節點的平衡因子（BF）。

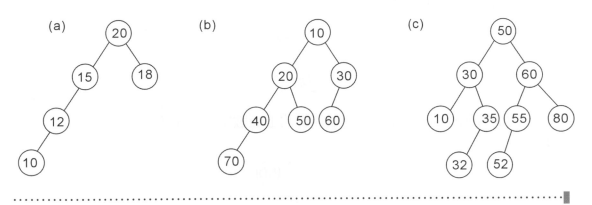

9.2　AVL-tree 的加入

高度平衡二元搜尋樹可能會因為加入或刪除某節點而形成不平衡狀態，此時須視不平衡狀態是哪一類型，之後，再加以調整之。

通常不平衡的狀態可分為LL、RR、LR與RL四大類型。如何判斷它是屬於哪一類型呢？

利用加入的節點A與它最接近平衡因子絕對值大於1(|BF|>1)的節點B，若A在B的左邊的左邊，則為LL型；若A在B節點的右邊的右邊，則為RR型；若A在B節點的左邊的右邊，則為LR型；若A在B節點的右邊的左邊，則稱為RL型。我們將對上述四大類型一一加以討論之。

一、LL型

加入前的 AVL-tree 如下：

加入 30 後的 AVL-tree 如下：每個節點的上面數字表示平衡因子。

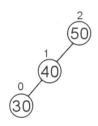

此時50節點的 |BF|>1，因此不為一棵 AVL-tree，其調整的方法乃將40往上提，50放在40的右方，如下圖所示：

進階的範例：有一棵 AVL-tree 如下：

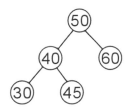

加入 20 後，將不是一棵 AVL-tree，因為節點 50 的 BF 為 2，而且是屬於 LL 型，因為 20 位於 50 的左邊的左邊。

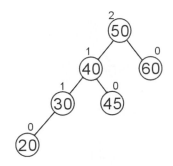

注意，左邊的左邊的左邊，或左邊的左邊的右邊皆稱為 LL 型。所以若加入 35，它還是屬於 LL 型。往後其他類型的判斷方式皆相同，故不再贅述。

調整過程中只要考慮 50、40 和 30 這三個節點即可，將 40 往上提，並且將原先 40 的右鏈結所指向的節點 45 指定給節點 50 的左鏈結。

最後調整的結果如下：

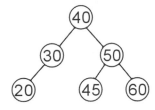

二、RR 型

RR 型與 LL 型大同小異，如加入前的 AVL-tree 為：

加入 70 後的 AVL-tree 為：

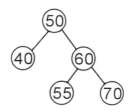

此時有一節點 50，其 |BF|>1，因此不為 AVL-tree，其型態為 RR 型，調整的方法乃將 60 往上提，50 放在 60 的左方，如下圖所示：

進階的範例：有一棵 AVL-tree 如下：

今加入 80 後，將變成不是一棵 AVL-tree，因為節點 50 的 BF 為 -2，

調整的過程中，只需考慮 50、60 和 70 節點即可，將 60 往上提，並且將原先 60 左鏈結所指向的節點 55 指定給 50 的右鏈結。

最後調整的結果如下：

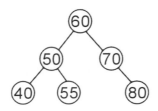

三、LR型

假設有一棵 AVL-tree 如下：

今加入 45，則將變為不是一棵 AVL-tree，它是屬於 LR 型，因為加入的節點 45 位於節點 50(|BF|>1) 的左邊的右邊。

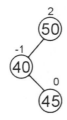

調整的方式將 45 往上提，比 45 小的放在左邊，比 45 大的放在右邊，結果如下所示：

進階範例：假設有一棵 AVL-tree 如下：

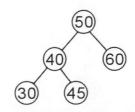

今加入 42，將使原先的 AVL-tree 變成不是 AVL-tree，如下所示：

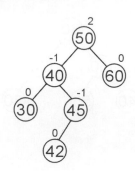

它還是屬於 LR 型，因為加入的節點 42 位於節點 50(|BF|>1) 的左邊的右邊。所以若加入的是 48，它也是屬於 LR 型。

調整方式如前所述，將 45 往上提，並將 42 放在 40 的右鏈結上。

最後結果如下：

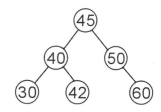

四、RL 型

基本上 RL 型和 LR 型大致上類似。有一棵 AVL-tree 如下：

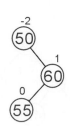

今加入節點 55 後，將變成不是一棵 AVL-tree，它是 RL 型，因為加入的節點 55，位於節點 50(|BF|>1) 的右邊的左邊。

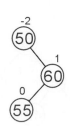

調整的方式將55往上提，並將小於55的節點放在左邊，大於55的節點放在右邊，如下圖所示：

進階範例：假設有一棵AVL-tree如下：

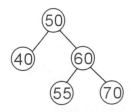

今加入52，將使原先的AVL-tree變成不是一棵AVL-tree。

它還是屬於RL型，因為加入的節點52位於節點50(|BF|>1)的右邊的左邊。所以若加入58，它也是屬於RL型。

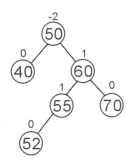

調整方式將55往上提後，將52放在50節點的右鏈結上。

結果如下：

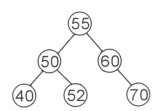

請讀者看一個範例，利用上述各種調整方式，使其再平衡（rebalanced）。假設原來的AVL-tree是空的。

1. 加入 Mary，加入後 AVL-tree 變為

，符合 AVL-tree 的定義。

2. 加入 May，加入後 AVL-tree 為

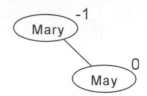

，亦符合 AVL-tree 的定義，不需做調整。

3. 加入 Mike，加入後 AVL-tree 如下所示，因其不符合 AVL-tree 的定義，故利用 RR 的調整方式，使之再平衡。

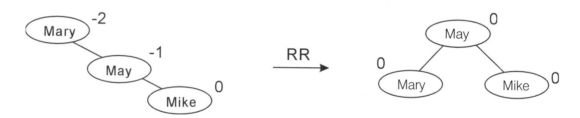

4. 加入 Devin，加入後的 AVL-tree 如下所示，此 AVL-tree 符合定義，不需做調整。

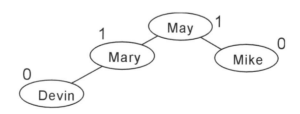

5. 加入 Bob，加入後 AVL-tree 如下所示，其不符合 AVL-tree 的定義，由於它是屬
   LL 型，因此利用 LL 型的調整方式來解決。

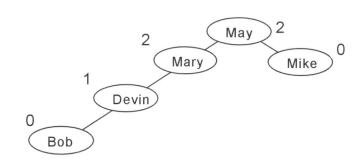

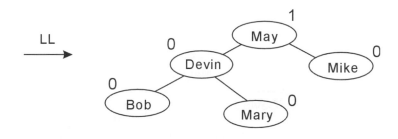

6. 加入 Jack，加入後 AVL-tree 如下所示，因其不符合 AVL-tree 的定義，而且 Jack
   加在 May 節點的左子樹的右子樹，因此利用 LR 的調整方式使之再平衡。

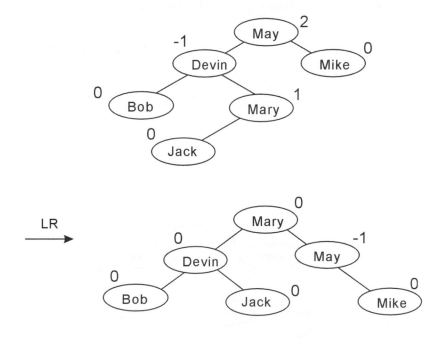

7. 加入Helen，加入後的AVL-tree如下所示，由於各節點的BF(平衡因子)絕對值皆小於2，故其符合AVL-tree的定義，不需做調整。

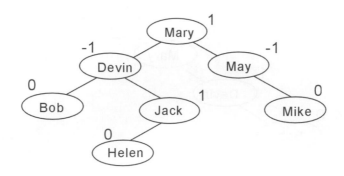

8. 加入Joe，加入後AVL-tree如下所示，由於其也是符合AVL-tree，所以不需做調整。

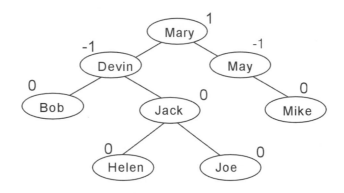

9. 加入Ivy，加入後的AVL-tree如下所示，此時有兩個節點的BF的絕對值大於1，如Mary和Devin，根據定義，選與加入節點Ivy最靠近的節點Devin，由此知此為RL型，因此利用RL型調整方式來使之平衡。要注意的是被調整的部分，是局部的，而不是整棵AVL-tree的調整喔！

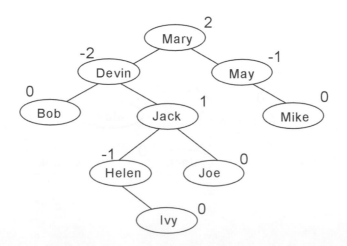

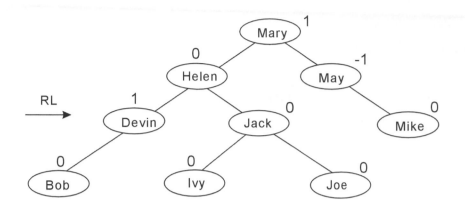

10. 加入 John，加入後的 AVL-tree 如下所示，因其不符合 AVL-tree 的定義，由 John 加入的方式知利用 LR 的調整方式，來使之平衡。

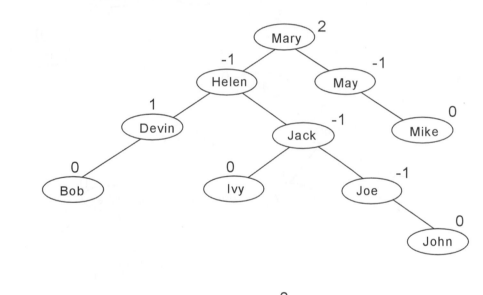

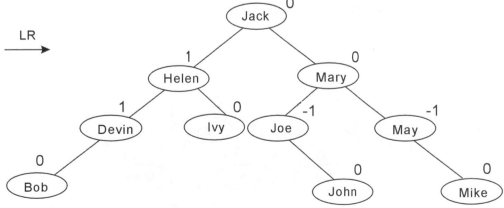

11. 加入 Peter 後的 AVL-tree 如下所示,因其不符合 AVL-tree 的定義,由 RR 的調整
方式可以使之再平衡。

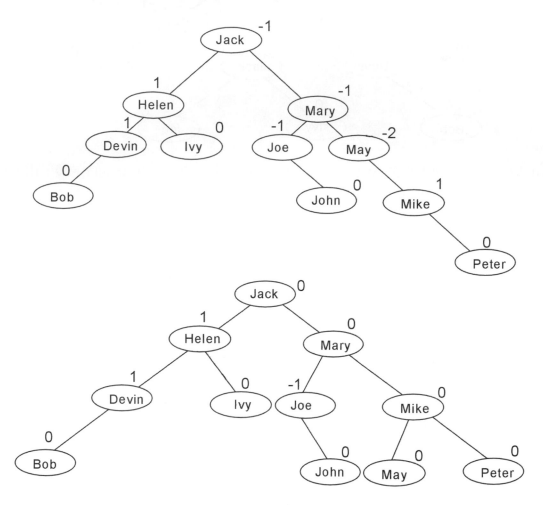

12. 加入 Tom 後的 AVL-tree 如下所示,因符合 AVL-tree 的定義,所以不需要再做調整。

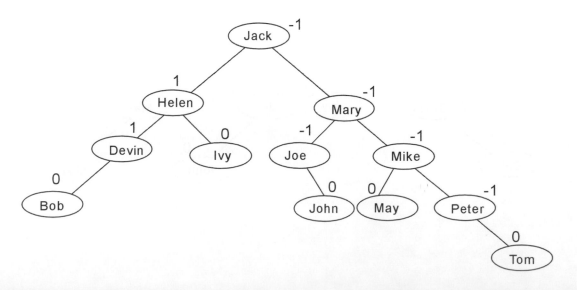

1. 試將下列鍵值：

   50, 30, 10, 70, 90, 60, 55, 58

   依序加入 AVL-tree 中，若不是 AVL-tree 則說明其不平衡型態，並加以調整之。

2. 有一棵 AVL-tree 如下：

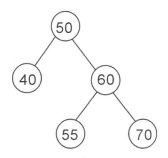

   今加入 58，試問它是否為一棵 AVL-tree，若否，請問它是屬於哪一類型，又應如何調整之。

1. 將下列鍵值

   50, 60, 55, 70, 80, 58

   依序加入 AVL-tree 中，若不是 AVL-tree，則說明其不平衡型態，並加以調整之。

2. 有一棵 AVL-tree 如下：

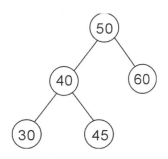

   今加入 48 後，試問它是否為一棵 AVL-tree，若否，請問它是屬於哪一類型，又應如何調整之。

9.3　AVL-tree 的刪除

AVL-tree 的刪除與二元搜尋樹的刪除相同，當刪除的動作完成後，再計算平衡因子，做適當的調整，直到平衡因子的絕對值皆小於等於 1。

假設存在一棵 AVL-tree 如下：

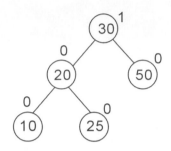

若欲刪除 50，因為它為一樹葉節點，故直接刪除之。

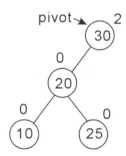

從樹根尋找 pivot 點（遇到第一個 BF 值的絕對值大於 1 的節點）為 30，當 pivot 節點的 BF 值大於等於 0 時往左子樹、小於 0 往右子樹找下一個節點，由於節點 30 的 BF 值為 2 大於等於 0，故往 pivot 節點的左子樹找到節點 20，其 BF 值大於等於 0，找到此可知調整型態為 LL 型，不需再往下搜尋。調整結果如下：

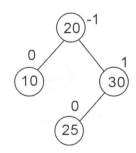

　　了解 AVL-tree 的刪除及其調整方法後，我們再來看一個例子。有一棵 AVL-tree 如下：

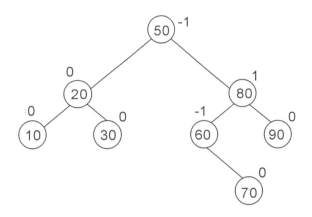

若欲刪除 80，可找到替代節點 90（右子樹中最小的節點），如下圖所示：

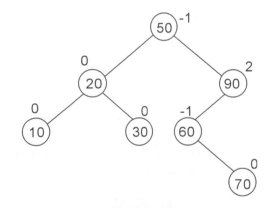

　　從樹根尋找 pivot 節點，它是 90 那個節點，其 BF 值為 2 大於 0，往其左子樹尋找下一節點的 BF 值為 -1 小於 0，由此可知調整型態為 LR 型，結果如下：

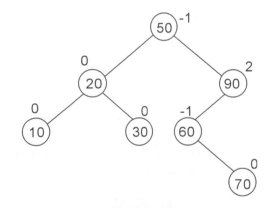

由以上範例，可以找出調整的原則如下：

當 pivot->bf>=0

　　pivot->llink->bf>=0 => LL 型

　　pivot->llink->bf<0　=>　LR 型

　當 pivot->bf<0

　　pivot->rlink->bf>=0　=>　RL 型

　　pivot->rlink->bf<0　=>　RR 型

　　對 AVL-tree 的加入和刪除，想進一步了解的話，請好好 K 一下程式實作 (avltree.c)。

練習題

1.　有一棵 AVL-tree 如下：

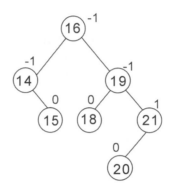

　　今刪除 16 鍵值後，若以 15 取代的話，試問最後 AVL-tree 為何？

類似題

1.　有一棵 AVL-tree 如下：

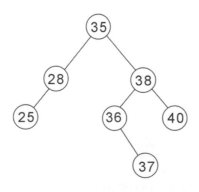

　　今刪除 35 鍵值後，若以 28 取代之，試問最後的 AVL-tree 為何？

程式實作

```cpp
// Name : Avltree.cpp
// 利用AVL-TREE 處理資料--新增、刪除、修改、輸出

#include <iostream>
#include <fstream>
#include <string.h>
#include <stdlib.h>

using namespace std;

typedef struct student {
    char name[20];      // 姓名
    int score;          // 分數
    int bf;             // 節點BF值
    struct student *llink, *rlink;  // 節點子鏈結
} Node_type;

class Avltree {
    private:
        Node_type *ptr;
        Node_type *root;
        Node_type *current;
        Node_type *prev;
        Node_type *pivot;
        Node_type *pivot_prev;
        ifstream fin;
        ofstream fout;
    public:
        Avltree();              // CONSTRUCTOR
        void insert_f(void);    // 插入函數
        void delete_f(void);    // 刪除函數
        void modify_f(void);    // 修改函數
        void list_f(void);      // 輸出函數
        void sort_f(char name_t[20], char score_t[4]);  // 插入檔案後排序
        void inorder(Node_type *trees);     // 輸出使用中序追蹤
        void preorder(Node_type *trees);    // 存檔使用前序追蹤
        void bf_count(Node_type *trees);    // 計算節點BF值
        int height_count(Node_type *trees); // 計算節點高度
        Node_type *pivot_find(void);    // 找出pivot所在節點
        int type_find(void);    // 找出改善方法
        void type_ll(void);     // 使用LL型態
        void type_rr(void);     // 使用RR型態
        void type_lr(void);     // 使用LR型態
        void type_rl(void);     // 使用RL型態
};
```

```cpp
Avltree::Avltree()
{
   root = NULL;
   prev = NULL;
   pivot_prev = NULL;
}


void Avltree::insert_f(void)
{
   char name_t[20], score_t[4];
   cout << " Please enter student name: ";
   cin.getline(name_t, 21);
   cout << " Please enter student score: ";
   cin.getline(score_t, 5);
   sort_f(name_t, score_t);    // 呼叫SORT_F函數作排序及平衡
}


void Avltree::sort_f(char name_t[20], char score_t[4])
{
   int op;
   current = root;
   while((current != NULL) && (strcmp(name_t, current->name) != 0)) {
      if(strcmp(name_t, current->name) < 0) { // 插入資料小於目前位置，則往左移
         prev = current;
         current = current->llink;
      }
      else {   // 若大於目前位置，則往右移
         prev = current;
         current = current->rlink;
      }
   }
   // 找到插入位置，無重覆資料存在
   if(current == NULL || strcmp(name_t, current->name) != 0) {
      ptr = new Node_type;   // 配置記憶體
      strcpy(ptr->name, name_t);
      ptr->score = atoi(score_t);
      ptr->llink = NULL;
      ptr->rlink = NULL;
      if(root == NULL) root = ptr;    // ROOT不存在，則將ROOT指向插入資料
      else if(strcmp(ptr->name, prev->name) < 0)
         prev->llink = ptr;
      else
         prev->rlink = ptr;
      bf_count(root);
      pivot = pivot_find();
```

```cpp
        if(pivot != NULL) {   // PIVOT存在，則須改善爲AVL-TREE
          op = type_find();
          switch(op) {
            case 11: type_ll();
                  break;
            case 22: type_rr();
                  break;
            case 12: type_lr();
                  break;
            case 21: type_rl();
                  break;
          }
        }
        bf_count(root);   // 重新計算每個節點的BF值
    }
    else    // 欲插入資料KEY已存在，則顯示錯誤
        cout << " Student " << name_t << " has existed\n";
}

void Avltree::delete_f(void)
{
    Node_type *clear;
    char name_t[20];
    int op;
    // 若根不存在，則顯示錯誤
    if(root == NULL)
        cout << " No student record\n";
    else {
        cout << " Please enter student name to delete: ";
        cin.getline(name_t, 21);
        current = root;
        while(current != NULL && strcmp(name_t, current->name) != 0) {
            // 若刪除資料鍵值小於目前所在資料，則往左子樹
            if(strcmp(name_t, current->name) < 0) {
                prev = current;
                current = current->llink;
            }
            // 否則則往右子樹
            else {
                prev = current;
                current = current->rlink;
            }
        }
// 找不到刪除資料，則顯示錯誤
        if(current == NULL) {
            cout << " student " << name_t << " not found\n";
```

```
                     return;
            }
// 找到欲刪除資料的狀況
if(strcmp(name_t, current->name) == 0) {
    // 當欲刪除資料底下無左右子樹存在的狀況
    if(current->llink == NULL && current->rlink == NULL) {
        clear = current;
        if(strcmp(name_t, root->name) == 0)   // 欲刪除資料爲根
            root = NULL;
        else {
            // 若不爲根，則判斷其爲左子樹或右子樹
            if(strcmp(name_t, prev->name) < 0)
                prev->llink = NULL;
            else
                prev->rlink = NULL;
        }
        delete clear;   // 釋放記憶體
    }
    else {
        // 以左子樹最大點代替刪除資料
        if(current->llink != NULL) {
            clear = current->llink;
            while(clear->rlink != NULL) {
                prev = clear;
                clear = clear->rlink;
            }
            strcpy(current->name, clear->name);
            current->score = clear->score;
            if(current->llink == clear)
                current->llink = clear->llink;
            else
                prev->rlink = clear->llink;
        }
        // 以右子樹最小點代替刪除資料
         else {
            clear = current->rlink;
            while(clear->llink != NULL) {
                prev = clear;
                clear = clear->llink;
            }
            strcpy(current->name, clear->name);
            current->score = clear->score;
            if(current->rlink == clear)
                current->rlink = clear->rlink;
            else
                prev->llink = clear->rlink;
```

```
         }
         delete clear;    // 釋放記憶體
      }
      bf_count(root);
      if(root != NULL) {      // 若根不存在，則無需作平衡改善
         pivot = pivot_find();       // 尋找PIVOT所在節點
         if(pivot != NULL) {
            op = type_find();
            switch(op) {
               case 11: type_ll();
                     break;
               case 22: type_rr();
                     break;
               case 12: type_lr();
                     break;
               case 21: type_rl();
                     break;
            }
         }
         bf_count(root);
      }
      cout << " Student data deleted\n";
   }
 }
}

void Avltree::modify_f(void)
{
   char name_t[20], score_t[4];
   cout << " Please enter student name to update: ";
   cin.getline(name_t, 21);
   current = root;
   // 尋找欲更改資料所在節點
   while((current != NULL) && (strcmp(name_t, current->name) != 0)) {
      if(strcmp(name_t, current->name) < 0)
         current = current->llink;
      else
         current = current->rlink;
   }
   // 若找到欲更改資料，則列出原資料，並要求輸入新的資料
   if(current != NULL) {
      cout << " ****************************\n";
      cout << "  Student name : " << current->name << "\n";
      cout << "  Student score: " << current->score << "\n";
      cout << " ****************************\n";
      cout << " Please enter new score: ";
```

```cpp
      cin.getline(score_t, 5);
      current->score = atoi(score_t);
      cout << " Data update successfully\n";
   }
   // 沒有找到資料則顯示錯誤
   else
      cout << " Student " << name_t << " not found\n";
}

void Avltree::list_f(void)
{
   if(root == NULL)
      cout << " No student record\n";
   else {
      cout << " *****************************\n";
      cout << "    Name                    Score\n";
      cout << "    --------------------------\n";
      inorder(root);    // 使用中序法輸出資料
      cout << " *****************************\n";
   }
}

void Avltree::inorder(Node_type *trees)   // 中序使用遞迴
{
   if(trees != NULL) {
      inorder(trees->llink);
      cout << "    ";
      cout.setf(ios::left, ios::adjustfield);
      cout.width(20);
      cout << trees->name << " ";
      cout.setf(ios::right, ios::adjustfield);
      cout.width(3);
      cout << trees->score << "\n";
      inorder(trees->rlink);
   }
}

void Avltree::preorder(Node_type *trees) // 前序採遞迴法
{
   if(trees != NULL) {
      fout << trees->name << " " << trees->score << "\n";
      preorder(trees->llink);
      preorder(trees->rlink);
   }
}
```

```
void Avltree::bf_count(Node_type *trees)   // 計算BF值，使用後序法逐一計算
{
   if(trees != NULL) {
      bf_count(trees->llink);
      bf_count(trees->rlink);
      // BF值計算方式為左子樹高減去右子樹高
      trees->bf = height_count(trees->llink) - height_count(trees->rlink);
   }
}


int Avltree::height_count(Node_type *trees)
{
   if(trees == NULL)
      return 0;
   else    if(trees->llink == NULL && trees->rlink == NULL)
      return 1;
   else
      return 1 + (height_count(trees->llink) > height_count(trees->rlink)?
               height_count(trees->llink) : height_count(trees->rlink));
}


Node_type *Avltree::pivot_find(void)
{
   current = root;
   pivot = NULL;
   while(current != ptr) {
       // 當BF值的絕對值小於等於1，則將PIVOT指向此節點
      if(current->bf < -1 || current->bf > 1) {
         pivot = current;
         if(pivot != root)
            pivot_prev = prev;
      }
      if(strcmp(ptr->name, current->name) < 0) {
         prev = current;
         current = current->llink;
      }
      else {
         prev = current;
         current = current->rlink;
      }
   }
   return pivot;
}


int Avltree::type_find(void)
{
```

```
    int i, op_r = 0;

    current = pivot;
    for(i = 0; i < 2; i++) {
        if(strcmp(ptr->name, current->name) < 0) {
            current = current->llink;
            if(op_r == 0) op_r+=10;
            else op_r++;
        }
        else {
            current = current->rlink;
            if(op_r == 0) op_r+=20;
            else op_r+=2;
        }
    }
    // 傳回值11、22、12、21分別代表LL、RR、LR、RL型態
    return op_r;
}

void Avltree::type_ll(void)   // LL型態
{
    Node_type *pivot_next, *temp;
    pivot_next = pivot->llink;
    temp = pivot_next->rlink;
    pivot_next->rlink = pivot;
    pivot->llink = temp;
    if(pivot == root)
        root = pivot_next;
    else if(pivot_prev->llink == pivot)
        pivot_prev->llink = pivot_next;
    else
        pivot_prev->rlink = pivot_next;
}

void Avltree::type_rr(void)   // RR型態
{
    Node_type *pivot_next, *temp;
    pivot_next = pivot->rlink;
    temp = pivot_next->llink;
    pivot_next->llink = pivot;
    pivot->rlink = temp;
    if(pivot == root)
        root = pivot_next;
    else if(pivot_prev->llink == pivot)
        pivot_prev->llink = pivot_next;
    else
```

```cpp
      pivot_prev->rlink = pivot_next;
}

void Avltree::type_lr(void)   // LR型態
{
  Node_type *pivot_next, *temp;
  pivot_next = pivot->llink;
  temp = pivot_next->rlink;
  pivot->llink = temp->rlink;
  pivot_next->rlink = temp->llink;
  temp->llink = pivot_next;
  temp->rlink = pivot;
  if(pivot == root)
    root = temp;
  else if(pivot_prev->llink == pivot)
    pivot_prev->llink = temp;
  else
    pivot_prev->rlink = temp;
}

void Avltree::type_rl(void)   // RL型態
{
  Node_type *pivot_next, *temp;
  pivot_next = pivot->rlink;
  temp = pivot_next->llink;
  pivot->rlink = temp->llink;
  pivot_next->llink = temp->rlink;
  temp->rlink = pivot_next;
  temp->llink = pivot;
  if(pivot == root)
    root = temp;
  else if(pivot_prev->llink == pivot)
    pivot_prev->llink = temp;
  else
    pivot_prev->rlink = temp;
}

int main()
{
  Avltree objavl;
  char option;
  cout << endl;
  do {
      cout << " *****************************\n";
      cout << "          <1> insert\n";
      cout << "          <2> delete\n";
```

```
         cout << "          <3> modify\n";
         cout << "          <4> list\n";
         cout << "          <5> exit\n";
         cout << " *****************************\n";
         cout << "  Please input your choice: ";
         cin>>option;
         cin.get();
         switch(option) {
            case '1': objavl.insert_f();
                 break;
            case '2': objavl.delete_f();
                 break;
            case '3': objavl.modify_f();
                 break;
            case '4': objavl.list_f();
                 break;
            case '5': system("PAUSE");
                 return 0;
         }
   } while(option != '5');
}
```

輸出結果

```
*****************************
        <1> insert
        <2> delete
        <3> modify
        <4> list
        <5> exit
*****************************
 Please input your choice: 1
Please enter student name: Tom
Please enter student score: 98
*****************************
        <1> insert
        <2> delete
        <3> modify
        <4> list
        <5> exit
*****************************
 Please input your choice: 1
Please enter student name: Sam
Please enter student score: 87
*****************************
        <1> insert
```

```
                <2> delete
                <3> modify
                <4> list
                <5> exit
****************************
 Please input your choice: 1
Please enter student name: Simon
Please enter student score: 84
****************************
                <1> insert
                <2> delete
                <3> modify
                <4> list
                <5> exit
****************************
 Please input your choice: 4
****************************
   Name                Score
   --------------------------
   Sam                 87
   Simon               84
   Tom                 98
****************************
****************************
                <1> insert
                <2> delete
                <3> modify
                <4> list
                <5> exit
****************************
 Please input your choice: 2
Please enter student name to delete: Simon
Student data deleted
****************************
                <1> insert
                <2> delete
                <3> modify
                <4> list
                <5> exit
****************************
 Please input your choice: 4
****************************
   Name                Score
   --------------------------
   Sam                 87
   Tom                 98
****************************
```

```
****************************
        <1> insert
        <2> delete
        <3> modify
        <4> list
        <5> exit
****************************
 Please input your choice: 1
Please enter student name: Masour
Please enter student score: 93
****************************
        <1> insert
        <2> delete
        <3> modify
        <4> list
        <5> exit
****************************
 Please input your choice: 4
****************************
   Name                Score
  ---------------------------

   Masour               93
   Sam                  87
   Tom                  98
****************************
****************************
        <1> insert
        <2> delete
        <3> modify
        <4> list
        <5> exit
****************************
 Please input your choice: 1
Please enter student name: Peter
Please enter student score: 78
****************************
        <1> insert
        <2> delete
        <3> modify
        <4> list
        <5> exit
****************************
 Please input your choice: 4
****************************
   Name                Score
  ---------------------------

   Masour               93
```

```
       Peter                 78
       Sam                   87
       Tom                   98
****************************
****************************
           <1> insert
           <2> delete
           <3> modify
           <4> list
           <5> exit
****************************
 Please input your choice: 3
Please enter student name to update: Sam
****************************
 Student name : Sam
 Student score: 87
****************************
Please enter new score: 88
Data update successfully
****************************
           <1> insert
           <2> delete
           <3> modify
           <4> list
           <5> exit
****************************
 Please input your choice: 4
****************************
   Name                 Score
   -------------------------
   Masour                93
   Peter                 78
   Sam                   88
   Tom                   98
****************************
****************************
           <1> insert
           <2> delete
           <3> modify
           <4> list
           <5> exit
****************************
 Please input your choice: 5
```

程式解說

此程式的重點在於四種調整的方式LL、RR、LR和RL，分別以type_ll()、type_rr()、type_lr()和type_rl()四個函數處理之，我們將以type_ll()加以剖析，其餘的大同小異，盼讀者依此分析之。

我們以一實際的範例加以說明之，假設有一AVL-tree如下：

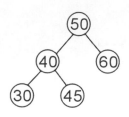

加入20後，將變成不是一棵AVL-tree

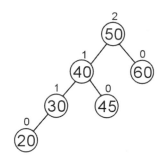

而且它是屬於LL型的調整方式，因此呼叫type_ll()函數，在執行此函數前，我們已呼叫了pivot_find()函數找到pivot，此範例pivot為指向節點50，經由下列兩個敘述

```
pivot_next=pivot->llink;
temp=pivot_next->rlink;
```

執行後，分別將pivot_next和temp指標指向適當的節點

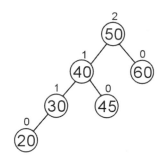

將這些指標指向適當的節點後，接下來的敘述是做調整的動作，經由

`pivot_next->rlink=pivot;`

圖形如下：

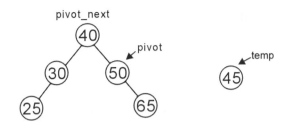

接下來將 temp 放在 pivot 的左鏈結上，經由下一敘述完成之。

`pivot->llink=temp;`

圖形如下：

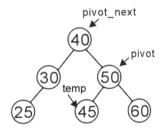

此時大功便告成了。

9.4 動動腦時間

1. [9.2]試將下列鍵值

   50, 60, 70, 40, 45, 80, 90

   依序加入 AVL-tree中，若不是 AVL-tree則寫出其不平衡型態，並加以調整之。

2. [9.3]有一棵 AVL tree如下：

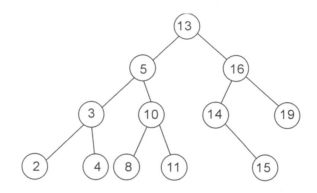

   若刪除16時，以19取代的話，試問最後的 AVL-tree為何？

3. [9.2]試依序加入下列的鍵值到 AVL-tree中，開始時 AVL-tree是空的，加入後若不是 AVL-tree，則寫出其屬於哪一類型的調整方式，並加以調整之。加入的鍵值依序如下：Jan, Feb, March, April, May, June, July, Aug, Sep, Oct, Dec。

4. [9.3]將第3題建立好的 AVL-tree，依序刪除 Jan, Feb和 March，寫出其對應的 AVL-tree（將取用右子樹中的最小的節點來取代被刪除的節點）。

5. [9.2, 9.3]試分析 avltree.c程式中 type_rl()函數的處理情形，並畫圖輔助說明之。

2-3tree 與 2-4tree

前幾章所談及的樹狀結構，基本上每一個節點均只
有一個鍵值而已，從本章的 **2-3 tree** 與 **2-3-4 tree**，
到下一章的 **B-tree**，每一個節點將可放多個鍵值，
而且還有一些限制，由於每一節點可放多個鍵值，
因此在搜尋的效率上也會有所改善。

10.1　2-3 tree

何謂2-3 Tree呢？一棵2-3 Tree可以是空集合，若不是空集合，則必須符合下列幾項定義：

1.　2-3 Tree中的節點可以存放一筆或兩筆資料。

2.　若節點中存放了一筆資料Ldata，其必須存在兩個子點節－左子節點與中子節點。而且

　　(1)　左子節點所存放的資料必須小於Ldata；
　　(2)　中子節點存放的資料必須大於Ldata。

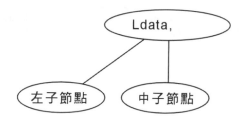

3.　若節點中存放了兩筆資料Ldata與Rdata，則會存在三個子節點－左子節點、中子節點與右子節點。而且

　　(1)　Ldata<Rdata；
　　(2)　左子節點所存放的資料必須小於Ldata；
　　(3)　中子節點所存放的資料必須大於Ldata，小於Rdata；
　　(4)　右子節點所存放的資料必須大於Rdata。

4.　樹中的所有樹葉節點必須為同一階度（Level）。

10.1.1 2-3 Tree 的加入

從 2-3 Tree 的開始搜尋，假使加入的資料其鍵值在 2-3 Tree 中找不到，則加入 2-3 Tree 中，假設加入的節點

1. 該節點只有一筆資料，則直接加入；

2. 該節點已存在兩筆資料，加入後不符合 2-3 tree 的定義，因此必須將此節點一分為二，並將中間的鍵值，往上提到父節點。

請看下例之說明：

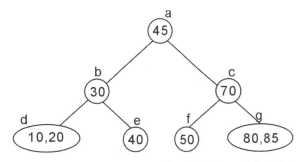

▶圖 10-1 一棵 2-3 Tree，英文字母表示節點的編

(1) 加入 60 於圖 10-1，依搜尋結果將 60 加入於 f 節點中，由於 f 節點的鍵值數只有一個，則直接加入即可。

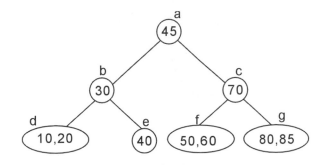

(2) 承 (1) 加入 90，由於 g 節點已有兩個鍵值 80 與 85，因此必須將 g 節點劃分為 g, h 兩個節點，然後將 85 加入其父節點 c 中，因為 85 介於 80 和 90 之間。

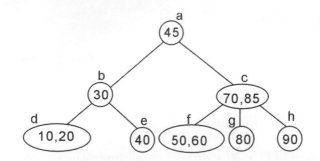

(3) 承(2)加入55，以同樣的方法將f劃分為f, i並將55加入c節點，由於c節點已有兩個鍵值，若再加入一鍵值勢必也要劃分c節點為二，其為c, j，並將70加入其父節點a。

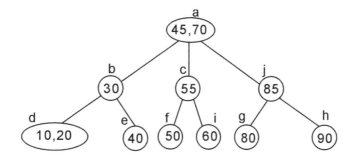

(4) 承(3)加入15

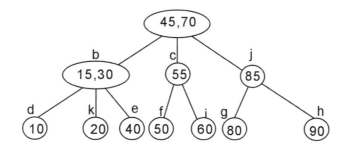

(5) 承(4)加入25

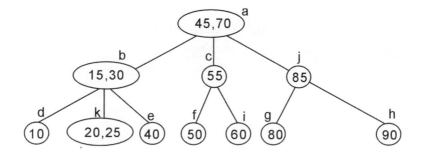

(6) 承(5)再加入17以同樣方法，其結果如下所示：

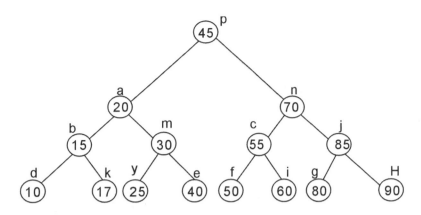

10.1.2　2-3 Tree 的刪除

2-3 Tree 的刪除分成兩部分：一為刪除的鍵值是在樹葉節點上（leaf node），二為刪除的鍵值是在非樹葉節點（non-leaf node）。我們以圖10-2來說明。

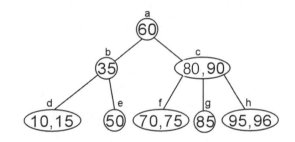

▶圖10-2　一棵2-3 Tree，英文字母表示節點的編號

1. 若刪除的鍵值是在樹葉節點上

(1) 今欲刪除圖10-2中節點d的鍵值10，則可直接刪除之，因為刪除後還有一個鍵值，故還符合2-3 Tree的定義。

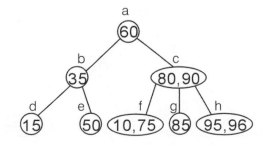

(2) 假設我們要刪除的是圖10-2中節點g的鍵值85，此時不可直接刪除之，我們必須向左或右兄弟節點借一個鍵值（前提下，它們有一個以上的鍵值），一般而言我都先向右邊的節點借，若右邊節點沒有，再向左邊節點借，這不是絕對的順序。ok，若我們向右邊的節點h借，則需借一個最小的鍵值95（為什麼？），然後以g節點之父節點c中的鍵值90（挑介於85和95之間的鍵值）取代刪除的85，並將95往上提到c節點上。最後結果如下圖所示：

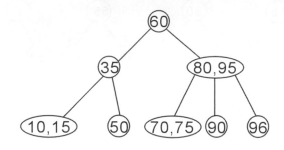

承上圖若繼續刪除90，則右兄弟節點沒有多餘的鍵值，而左兄弟節點有一個以上的鍵值，因此向左兄弟節點借一個最大值75，往上提至父節點，並將父節點的80（因為它介於75和90之間）取代90，最後結果如下圖所示：

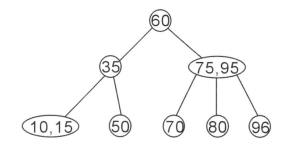

承上圖，繼續刪除80的話，則因為它的左右兄弟節點皆無一個以上的鍵值，此時必須挑左或右兄弟與其父節點的某一鍵值合併，如挑右兄弟節點和父節點合併結果如下圖所示：

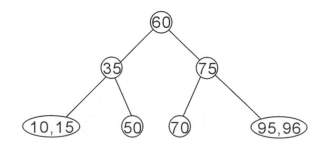

若挑左兄弟節點和父節點合併，則結果如下：

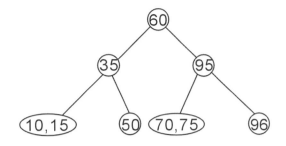

2. 刪除的鍵值在非樹葉節點上

若此時欲刪除的圖 10-2 中 a 節點的鍵值 60，則可以找此節點之右子樹中最小的鍵值來取代，或找左子樹中最大的鍵值來取代之，若以右子樹中最小的鍵值來取代的話，則 f 節點的 70 將取代 60，如下圖所示：

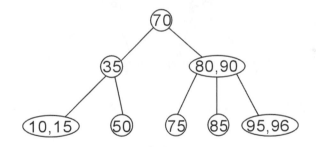

就好比您是刪除 70 一樣，由於 f 節點有一個以上的鍵值，故可直接刪除之。

承上圖，再刪除 70 鍵值，此時再以右子樹中最小的鍵值 75 來取代之，但由於此節點剩下一個鍵值故需和右兄弟節點及父節點合併，結果如下圖所示：

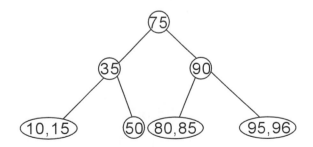

承上圖，再刪除90，則以右子樹中的95取代之，如下圖所示：

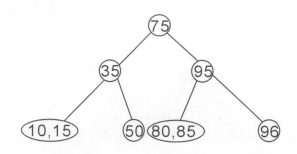

承上圖，再刪除95，則此時需以左子樹中最大的鍵值85取代之，情形如下圖所示：

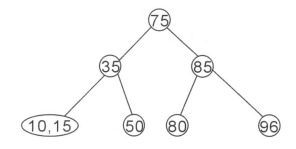

承上圖，若再刪除75，①若以右子樹中的80取代的話後，情形如下圖所示：

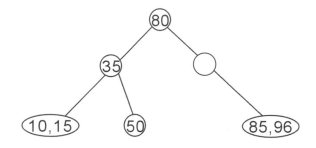

則此不符合2-3 tree的定義，因為有一節點沒有鍵值，故需再調整之，最後如下圖所示：

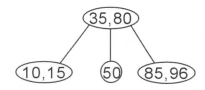

②若以左子樹中的 50 取代的話，則結果如下圖所示：

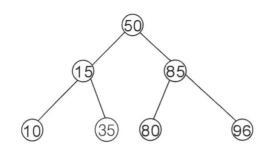

這好比在刪除 50 的樹葉節點一般，其實我們可以在刪除非樹葉節點的鍵值時，隨機的挑選以右子樹的最小值或左子樹的最大值交換的應用。

1. 有一棵 2-3 Tree 如下：

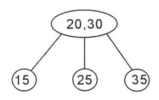

試回答下列問題：

(a) 依序加入 28, 22 後的 2-3 Tree。

(b) 承 (a)，刪除 35 鍵值後的 2-3 Tree。

2. 有一棵 2-3 Tree 如下：

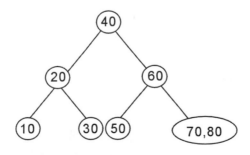

試依序刪除 50, 70，並寫出其對應的 2-3 Tree。

類 似 題

1. 有一棵 2-3 tree 如下：

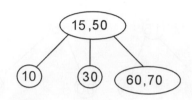

    (a) 依序加入 80 和 35

    (b) 將原先的 2-3 tree 依序刪除 30 和 15

10.2　2-3-4 Tree

2-3-4 Tree 為 2-3 Tree 觀念的擴充。一棵 2-3-4 Tree 必須符合下列定義：

1. 2-3-4 Tree 中的節點可以存放一筆、兩筆或三筆資料。

2. 若節點中存放了一筆資料 Ldata，其必須存在兩個子節點－左子節點與左中子節點，而且

   (1) 左子節點所存放的資料必須小於 Ldata；
   (2) 左中子節點存放的資料必須大於 Ldata。

3. 若節點中存放了兩筆資料 Ldata 與 Mdata，則會存在三個子節點－左子節點、左中子節點與右中子節點。而且，

   (1) Ldata<Mdata；
   (2) 左子節點所存放的資料必須小於 Ldata；
   (3) 左中子節點所存放的資料必須大於 Ldata，小於 Mdata；
   (4) 右中子節點所存放的資料必須大於 Mdata。

4. 若節點中存放了三筆資料 Ldata、Mdata 與 Rdata，則會存在四個子節點－左子節點、左中子節點、右中子節點與右子節點。而且，

   (1) Ldata < Mdata < Rdata；
   (2) 左子節點所存放的資料必須小於 Ldata；
   (3) 左中子節點所存放的資料必須大於 Ldata，小於 Mdata；

(4) 右中子節點所存放的資料必須大於 Mdata，小於 Rdata；

(5) 右子節點所存放的資料必須大於 Rdata。

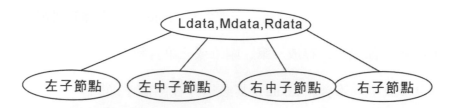

5. 樹中的所有樹葉節點必須為同一階度（Level）。

▨▧10.2.1　2-3-4 Tree 的加入

2-3-4 Tree 的加入與 2-3 Tree 十分類似，因此我們以一個簡單的例子來說明之。假設存在一 2-3-4 Tree，如下圖所示：

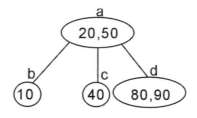

若欲加入 60，依搜尋的結果將 60 加入 d 節點，由於加入後 d 節點的鍵值數為3，符合 2-3-4 Tree 的定義，加入動作完畢，其結果如下圖：

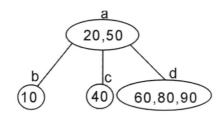

承上圖，再加入 70 於 d 節點，加入後 d 節點的鍵值數為 4，不符合 2-3-4 Tree 的定義，必須將 d 節點劃分為 d、e 兩個節點，將 60、70、80、90 中第二（4/2=2）大的值 70 存放至其父節點 a 中，80、90 存放至 e 節點。

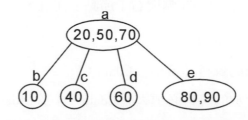

若繼續加入95和75，2-3-4 Tree會變得如何呢？

承上圖，再加入95，則為

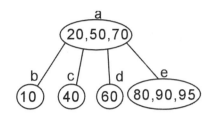

因為皆符合2-3-4 Tree的定義，故不需加以調整之，最後再加入75，則上圖會變成

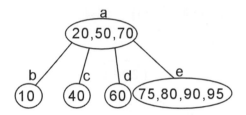

由於e節點不符合2-3-4 Tree的定義，故需加以調整之，將80提至父節點a中，並將e分為二，如下所示：

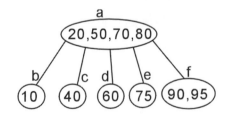

但此時a亦是不符合2-3-4 Tree的定義，故繼續調整之，最後的結果如下圖所示：

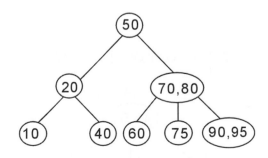

▒10.2.2　2-3-4 Tree 的刪除

2-3-4 Tree的刪除同樣可分為刪除樹葉節點與非樹葉節點兩種情況，刪除非樹葉節點的方法與2-3 Tree一樣，尋找一樹葉節點的鍵值來取代，此動作與2-3 Tree相同，在此就不再贅述，底下介紹2-3-4 Tree刪除樹葉節點的方法，以下圖為例：

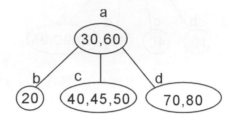

若刪除70，由於刪除後d節點仍存在一個鍵值，故可直接將70刪除。

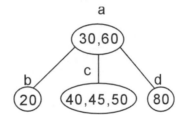

刪除20，此時b節點的鍵值數為0，與2-3 Tree一樣，先向其左、右兄弟節點求救，發現其右兄弟節點c還存在三個鍵值，此時將b的父節點a的鍵值30（大於20，但小於c節點的所有鍵值）搬移至b節點，再將c節點的鍵值40搬移至其父節點a中，結果如下：

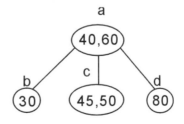

刪除30，刪除後不符合2-3-4 Tree定義，向其右兄弟節點c求救，調整後如下：

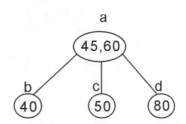

再來看另一種情形，假設存在 2-3-4 Tree，如圖 10-3 所示：

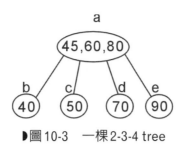

▶圖 10-3　一棵 2-3-4 tree

如欲刪除 50，因為 c 節點刪除後的鍵值數為 0，且其左、右兄弟節點皆僅存在一個資料鍵值，此時選擇將父節點 a 中的鍵值 40（大於 30，且要小於 50）與 b、c 節點合併於 b' 節點，再將 c 節點刪除，結果如下：

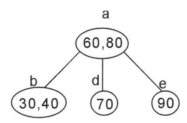

當然也可以將圖 10-3 中 a 節點的 60 與 d 節點合併，結果為

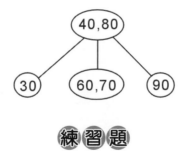

練習題

1. 有一棵 2-3-4 Tree 如下：

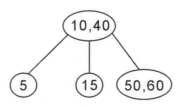

試依序加入 20, 70 及 80，其所對應的 2-3-4 Tree 為何？

2. 將第 1 題的 2-3-4 Tree 依序刪除 15, 5, 60，並畫出其所對應的 2-3-4 Tree。

類 似 題

1. 有一棵 2-3-4 Tree 如下：

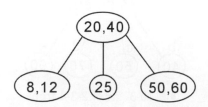

   依序加入 6, 18, 70 及 80，並畫出其所對應的 2-3-4 Tree。

2. 將上題原先的 2-3-4 Tree，依序刪除 25, 50，請畫出其所對應的 2-3-4 Tree。

10.3　動動腦時間

1. [10.1] 有一棵 2-3 Tree 如下：

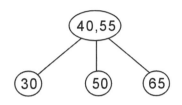

試回答下列問題：

(a) 依序加入 20,35 後的 2-3 Tree。

(b) 承 (a)，刪除 20 後的 2-3 Tree。

2. [10.1] 有一棵 2-3 Tree 如下所示：

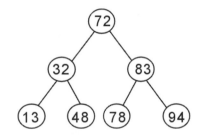

試問刪除 78 後的 2-3 Tree 為何？

3. [10.2] 有一棵 2-3-4 Tree 如下：

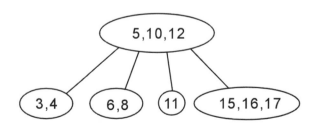

加入 18 後的 2-3-4 Tree 為何？

4. [10.2]有一棵2-3-4 Tree如下：

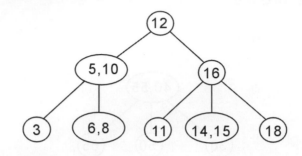

依序刪除12及14的2-3-4 Tree各為何？

B-tree

B-tree是我們論及樹狀結構的最後一章,前面論及的 2-3 tree 和 2-3-4 tree 可說是 B-tree 的一部分而已,若您對 2-3 tree 和 2-3-4 tree 的加入與刪除皆已了解,則 B-tree 就可迎刃而解。B-tree 的功能非常強大,有許多資料庫系統皆採用 B-tree 來儲存與刪除其資料。在未論及 B-tree 之前,讓我們先談談 m-way 的搜尋樹。

11.1　m-way 搜尋樹

　　何謂 m-way 搜尋樹(m-way search tree)？一棵 m-way 搜尋樹，所有節點的分支度（dgree）均小於或等於 m。若 T 為空樹，則 T 亦稱為 m-way 搜尋樹；倘若 T 不是空樹，則必須具備下列的性質：

1. 節點的型態是 n, A_0, (K_1, A_1), (K_2, A_2),...,(K_n, A_n) 其中 Ai 是子樹的指標 $0 \leq i \leq n < m$；n 為節點上的鍵值數，Ki 是鍵值 $1 \leq i \leq n$ 及 $1 \leq n < m$。

2. 節點中的鍵值是由小至大排列的，因此 $K_i < K_{i+1}$，$1 \leq i < n$。

3. 子樹 Ai 的所有鍵值均小於鍵值 K_{i+1} 但大於 K_i，$0 < i < n$。

4. 子樹 An 的所有鍵值均大於 K_n，而且子樹 A_0 的所有鍵值小於 K_1。

5. Ai 指到的子樹，$0 \leq i \leq n$ 亦是 m-way 搜尋樹。

　　例如有一 3-way 的搜尋樹，其中有 12 個鍵值分別為 12, 17, 23, 25, 28, 32, 38, 45, 48, 55, 60, 70。

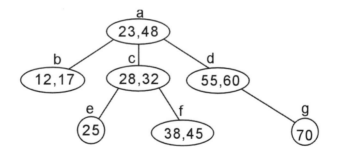

▶圖 11-1　3-way 的搜尋樹

節點	格式
a	2,b,(23,c),(48,d)
b	2,0,(12,0),(17,0)
c	2,e,(28,0),(32,f)
d	2,0,(55,0),(60,g)
e	1,0,(25,0)
f	2,0,(38,0),(45,0)
g	1,0,(70,0)

上表為圖 11-1 中每個節點之 3-way 的搜尋樹表示法。

由於 3-way 搜尋樹，每個節點的型態是 n, A0,(K1, A1), (K2, A2), ..., (Kn, An)，因此 a 節點的格式為

2, b, (23, c), (48, d)

表示 a 節點有 2 個鍵值，在 b 節點中的所有鍵值均小於 23，在 c 節點中的每個鍵值大小介於 23 與 48 之間，最後 d 節點的所有鍵值均大於 48。同理 c 有 2 個鍵值，在 e 節點中的所有鍵值均小於 28，而在 f 節點中所有鍵值均大於 32。

假使我們要搜尋鍵值 45，則需要三次的磁碟讀取，分別是節點 a、節點 c 及節點 f。

11.1.1 m-way 搜尋樹的加入

為了簡化起見，筆者設定一個 m 為 3 的搜尋樹，此為 3-way 搜尋樹。請依序將下列的鍵值 5,7,12,6,8,4,3,10 加入到搜尋樹，其中 x 表示目前無鍵值存在。

1. 加入 5

5,x

2. 加入 7

5,7

3. 加入 12

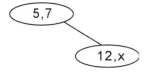

4. 加入 6

5.　加入 8

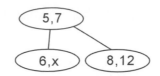

6.　加入 4

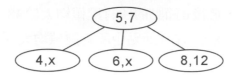

7.　加入 3

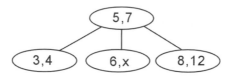

8.　加入 10

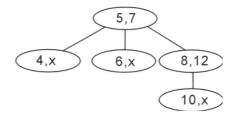

11.1.2　m-way 搜尋樹的刪除

　　而在刪除方法上，則與二元搜尋樹極為相同，若刪除非樹葉節點上的鍵值，則以左子樹中最大的鍵值，或右子樹中的最小鍵值取代之。如有一棵 3-way 的搜尋樹如下：

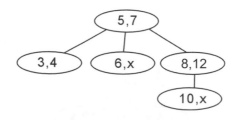

(1) 刪除 3 則直接刪除之：

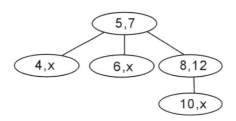

(2) 刪除 8：

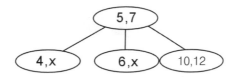

(3) 刪除 12：

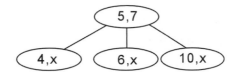

(4) 刪除 7：

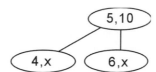

(5) 刪除 10：

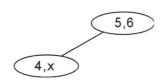

練習題

1. 試將下列鍵值

   28,48,23,30,33,31,26,58

   依序加入到3-way搜尋樹。

2. 將上題所建立的3-way搜尋樹依序刪除26,33及48。

類似題

1. 試將下列鍵值

   40,60,30,80,70,75,100,55

   依序加入到3-way的搜尋樹。

2. 承上題,依序刪除55,60,與80。

11.2 B-tree

一棵order為m的B-tree是一m-way搜尋樹。若是空樹,也算B-tree,假若高度 > 1必須滿足以下的特性:

1. 樹根至少有二個子節點(children),亦即節點內至少有一鍵值(key value)。

2. 除了樹根外,所有節點至少有個子節點,至多 $\lceil m/2 \rceil$ 有m個子節點。此表示至少應有 $\lceil m/2 \rceil$ - 1個鍵值,至多有m-1個鍵值($\lceil m/2 \rceil$ 表示大於m/2的最小正整數)。

3. 所有的樹葉節點皆在同一階層。

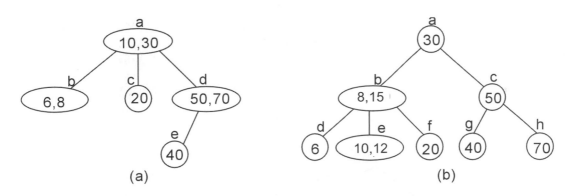

▶圖11-2 (a)為3-way搜尋樹,(b)為order為3的B-tree

在圖11-2中(a)不屬於B-tree of order 3,因為樹葉節點不在同一階層上;而(b)是屬於B-tree of order 3,因為所有的樹葉節點皆在同一階層。

B-tree of order 3表示除了樹葉節點外,每一節點的分支度(degree)不是等於2就是等於3,因此,B-tree of order 3就是著名的2-3 tree。假使m=4,則是2-3-4 tree。

其實二元搜尋樹(binary search tree)是m-way搜尋樹的一種,只是其m=2而已,每一節點只有一個資料值與兩個子樹的指標。B-tree是一種平衡的m-way搜尋樹;而前面所講的AVL-tree則是一種平衡的二元搜尋樹。

11.2.1　B-tree 的加入

從 B-tree 中開始搜尋，假使加入的鍵值 x 在 B-tree 中找不到，則加入 B-tree 中。假設加入 P 節點，若

1. 該節點少於 m-1 個鍵值，則直接加入。
2. 該節點的鍵值已等於 m-1，則將此節點分為二，因為一棵 order 為 m 的 B-tree，最多只能有 m-1 個鍵值。

B-tree 的加入和前一章的 2-3 tree 與 2-3-4 tree 的加入原理是一樣的，當某一節點含有最大的鍵值數後，再加入一個鍵值，則會將此節點分割為 2，並將某一鍵值 $K\lceil m/2 \rceil$ 往上提至父節點中。

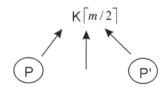

請看下例之說明（此處的 B-tree 為 order 5）

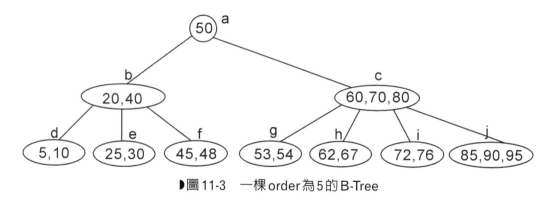

▶圖 11-3　一棵 order 為 5 的 B-Tree

(1) 加入 88 於圖 11-3，由於 j 節點的鍵值少於 m-1 個即 4 個，則直接加入即可。

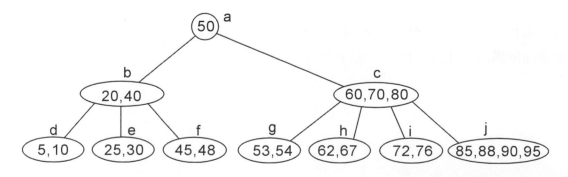

(2) 承(1)加入98，由於j節點已有m-1個鍵值（即4個），因此必須將j節點劃分為二，j、k，然後選出k$\lceil m/2 \rceil$=k₃=90，並組(90, k)加入c節點。

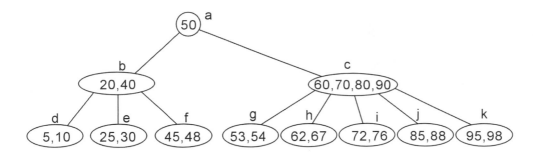

(3) 承 (2) 加入91

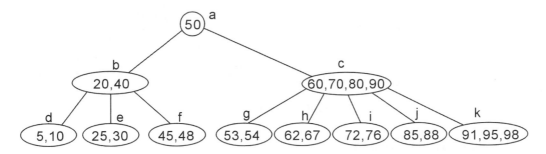

(4) 承 (3) 加入93

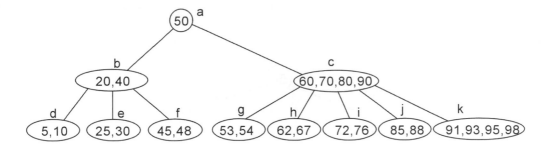

(5) 承 (4) 加入99，以同樣的方法將k劃分為k、l並組成 (95, l)加入c節點，由於c節點已有m - 1個鍵值，若再加入一鍵值勢必也要劃分c節點為2，其為c、m，並將 (80, m) 加入其父節點a。

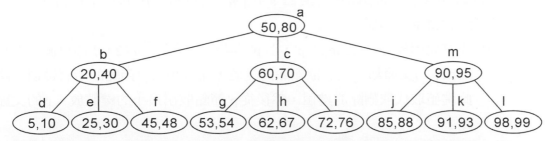

從以上的範例，您是否感覺到 B-tree of order 5 的加入原理和 2-3 tree 與 2-3-4 tree 是相似的。

▓▓11.2.2　B-tree的刪除

B-tree的刪除與 2-3 tree 和 2-3-4 tree 的刪除基本上原理是相同的。此處也分成兩部分：一為刪除的的節點是樹葉節點（leaf node）；二為刪除的節點為非樹葉節點（non-leaf node）。我們以 B-tree of order 5 如圖 11-4 來說明。

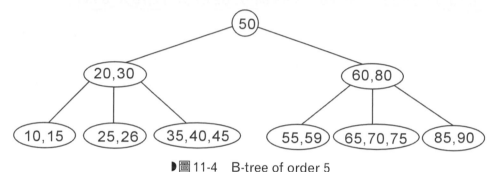

▶圖 11-4　　B-tree of order 5

1. **若刪除的節點是樹葉節點**

    (1) 刪除鍵值 X 後，若 p 節點還大於或等於 $\lceil m/2 \rceil$-1 個鍵值，則直接刪除之，因為尚符合 B-tree的定義，此處的 m 為 5。如將圖 11-4 刪除 70，結果為下圖所示：

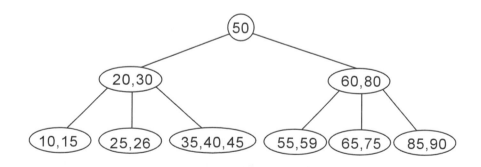

    (2) 刪除鍵值 X 後，若 p 節點的鍵值少於 $\lceil m/2 \rceil$-1 個，由於其不符合 B-tree的定義，因此必須調整

    (a) 找右兄弟節點（sibling）p'，若 p'節點尚有大於 $\lceil m/2 \rceil$-1 個鍵值，則將取出 p 的父節點中大於欲刪除的鍵值，而且小於 p'節點的所有鍵值，將此鍵值取代欲刪除的鍵值，然後從 p'節點取出最小的鍵值放入 p 的父節點。

如欲將圖11-4中的鍵值26刪除，結果如下圖所示：

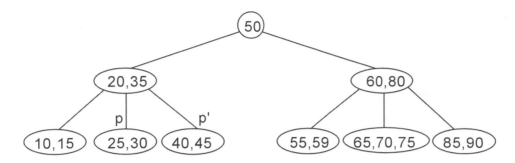

(b) 承(a)，若欲刪除85，此時p節點右邊找不到有一節點含有大於$\lceil m/2 \rceil$ -1個鍵值時，則找其左兄弟節點，還好左兄弟節點q'，其鍵值個數大於 $\lceil m/2 \rceil$ -1，則從p的父節點取出大於q'節點而且小於欲刪除鍵值之鍵值（亦即80）放入p，然後從q'中取出最大的鍵值（亦即75）放入p的父節點。結果如下圖所示：

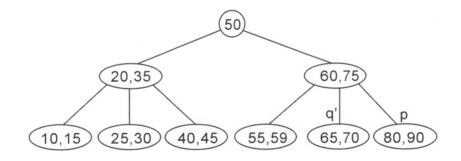

(c) 假若p節點的左、右兄弟節點的鍵值個數沒有大於$\lceil m/2 \rceil$ -1個，若P節點有右兄弟節點p_r，則將節點p_r與p節點所對應到其父節點p_f中k_i的鍵值（此處的k_i大於p中所有的鍵值，並且小於p_r中所有鍵值）合併至p節點中（即p、p_r與k_i三個節點合併）。若p節點沒有右兄弟節點，則將其左兄弟節點p_l與p節點所對應到p_f中的鍵值k_i（此處的k_i大於p_l中所有鍵值，但小於p中所有鍵值）合併至p_l節點中（即p、k_i、p_l三個節點合併）。當然啦，先左或先右節點合併並不是絕對的順序。

(d) 假若上述的 (c) 合併後，若鍵值大於m-1個時，則必須將其中間的節點往上提至父節點，直到完全符合B-tree的定義為止。請看下列範例，首先有一棵B-tree of order 5如圖11-5所示。

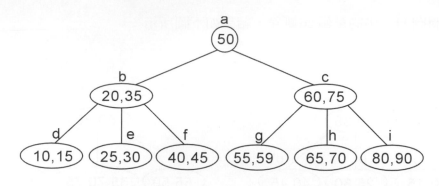

▶圖 11-5　B-tree of order 5

(3) 先從圖 11-5 刪除 59，刪除後並不滿足 B-tree 的定義（每個節點的鍵值個數至少要有 $\lceil m/2 \rceil -1=2$ 個），且 g 節點的右節點 h 的鍵值個數沒有大於 $\lceil m/2 \rceil -1$，因此將 h 與 c 節點中 k_i 的鍵值 60 合併至 g 節點中，並刪除 h 節點，結果如下圖所示：

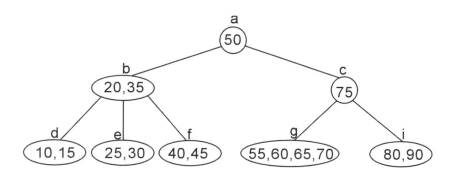

(4) 由於合併後 c 節點僅存放一個鍵值，不符合 B-tree 的定義（B-tree of order 5 除了根節點外，其餘的節點至少需存放兩個鍵值），此時其兄弟節點 b 也沒有大於 $\lceil m/2 \rceil -1$ 的鍵值數，故將 a、b、c 三個節點合併於節點 a，結果如下圖所示：

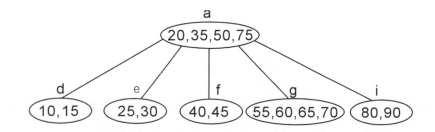

2. 若刪除的節點為非樹葉節點

假若非樹葉節點 p 的型態為 $n, A_0, (K_1, A_1), (K_2, A_2), ..., (K_n, A_n)$ 其中 $K_i = x$，$1 \leq i \leq n$。刪除 K_i 時找尋 A_i 的節點 p'，此 p' 必須是樹葉節點，在 p' 中找一個最小值 y，將 y 值代替 K_i 值。

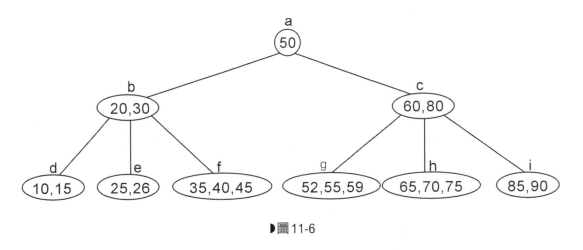

▶圖 11-6

若刪除圖 11-6 的鍵值 50，找到 p' 節點為 g，從中取出最小值 52，並代替 50。

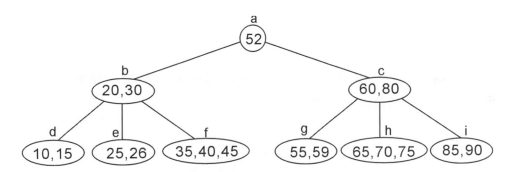

若再刪除 52，由於從 p' 節點（即 g）找到鍵值 55 代替 52 後，此時其鍵值數少於 $\lceil m/2 \rceil - 1$ 個鍵值，此時就好比刪除樹葉點 g 的情形，可向其兄弟節點 h 借一鍵值 65，其結果如下所示：

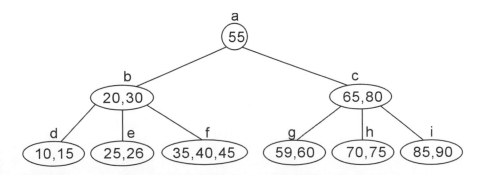

承上圖，若繼續刪除 55，找到 p' 節點 g，將最小值 59 代替 55，其圖形如下：

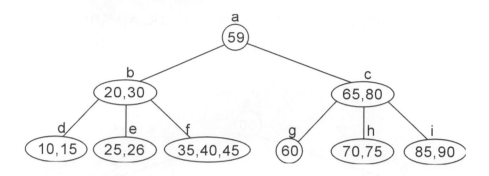

由於 g 節點其鍵值數少於 $\lceil m/2 \rceil$ -1 個鍵值，且其兄弟節點 h 也沒有大於 $\lceil m/2 \rceil$ -1 個鍵值，故將 g、h 與 c 的鍵值 65 合併於 g 節點，結果如下圖：

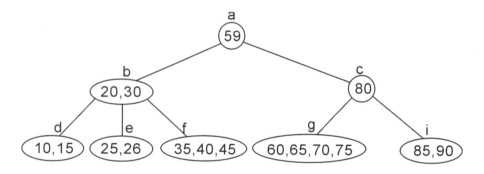

此時 c 節點的鍵值數也少於 $\lceil m/2 \rceil$ -1，且其兄弟節點的鍵值數不大於 $\lceil m/2 \rceil$ -1，故將 b、c 與 a 節點合併，結果如下：

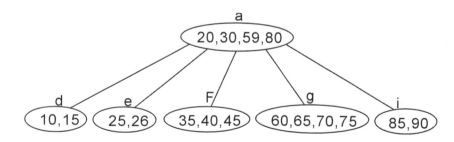

練習題

1. 有一棵 B-tree of order 5 如下：

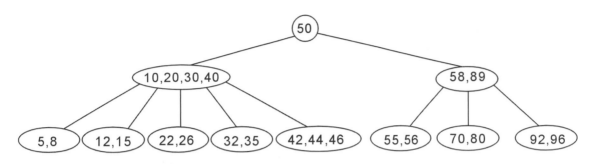

試問依序加入 45, 48 後的 B-tree of order 5 為何？

2. 將第 1 題練習題的那棵 B-tree of order 5 依序刪除 46 和 50，之後的 B-tree 為何？

類似題

1. 有一棵 B-tree of order 5 如下所示：

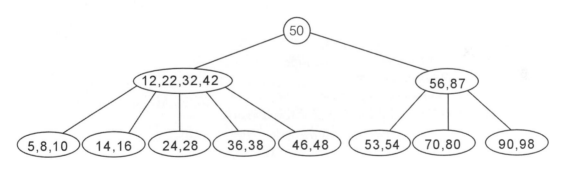

試問依序加入 2, 7 後的 B-tree of order 5 為何？

2. 將第 1 題類似題的那棵 B-tree of order 5 依序刪除 5, 10 和 50，之後的 B-tree 為何？

程式實作

```cpp
// 利用B-TREE來處理資料--新增、刪除、修改、查詢、輸出
#include <iostream>
#include <stdlib.h>
#include <string.h>
#include <curses.h>
#include <ctype.h>

#define MAX 2      // 每一節點內至多可放資料筆數
#define MIN 1      // 每一節點內至少需放資料筆數

using namespace std;

typedef struct student {      // 資料結構
    int count;                      // 節點資料數
    int id[MAX+1];                  // ID號碼--鍵值
    char name[MAX+1][11];      // 姓名
    int score[MAX+1];          // 分數
    struct student *link[MAX+1];      // 子鏈結
} Node_type;

class Btree {
private:
    Node_type *root;
public:
    void init_f();  // 初始化函數
    void insert_f(void);  // 新增函數
    // 將新增資料加入B-tree中
    Node_type *access(int, char *, int, Node_type *);
    // 從根節點往下逐一尋找插入點，將資料新增的函數
    int topdown(int, char *, int, Node_type *, int *,
                char *, int *, Node_type **);
    // 將資料置於某特定節點中
    void putdata(int, char *, int, Node_type *, Node_type *, int);
    // 將一節點劃分為二
    void broken(int, char *, int, Node_type *, Node_type *,
                int, int *, char *, int *, Node_type **);
    void update_f(void);  // 修改函數
    void delete_f(void);  // 刪除函數
    Node_type *removing(int, Node_type *);  // 將資料從B-tree中刪除
    int deldata(int, Node_type *);  // 刪除資料函數
    void move(Node_type *, int);  // 將節點中的資料逐一往左移
    void replace(Node_type *, int);  // 尋找替代節點
    void restore(Node_type *, int);  // 資料刪除後的調整工作
    void getleft(Node_type *, int);  // 向左兄弟節點借一筆資料
    void getright(Node_type *, int);  // 向右兄弟節點借一筆資料
```

```cpp
    void combine(Node_type *, int);   // 節點合併
    void list_f(void);   // 輸出函數
    void show(Node_type *);   // 以遞迴方式依序將資料輸出
    void query_f(void);   // 查詢函數
    void save(Node_type *);   // 儲存函數
    void quit(void);   // 結束函數
    Node_type * search(int, Node_type *, int *); // 依鍵值搜尋某特定節點函數
    int search_node(int, Node_type *, int *);// 依鍵值搜尋節點中某特定資料函數
};


void Btree::init_f()
{
    root = NULL;
}


// 新增一筆資料，並調整為B-tree
void Btree::insert_f(void)
{
    int position, insert_id, insert_score; // position記錄資料在節點中新增的位置
    Node_type *node;
    char ans, insert_name[11];
    cout << "\n  ---- INSERT ----\n";
    cout << "  Please enter detail data\n";
    cout << "  ID number: ";
    cin >> insert_id;
    // 找尋新增資料是否已存在，若存在，則顯示錯誤
    node = search(insert_id, root, &position);
    if(node != NULL)
        cout << " ID number has existed!!";
    else {
        cout << "  Name: ";   // 要求輸入其他詳細資料
        cin >> insert_name;
        cout << "  Score: ";
        cin >> insert_score;
        cout << "  Are you sure? (Y/N): ";
        while(getchar()!='\n') continue;
        ans = getchar();
        while(getchar()!='\n') continue;
        cout << "\n";
        ans = toupper(ans);
        if(ans == 'Y')
            root = access(insert_id, insert_name, insert_score, root);
    }
}


// 將新增資料加入B-TREE，node指加入節點，傳回值為root所在
```

```cpp
Node_type *Btree::access(int app_id, char *app_name, int app_score, Node_type *node)
{
    int x_id, x_score, pushup;   // pushup判斷節點是否需劃分而往上新增一節點
    char x_name[11];
    Node_type *xr, *p;
    pushup = topdown(app_id, app_name, app_score, node,
                     &x_id, x_name, &x_score, &xr);
    if(pushup) { // 若pushup為1，則配置一個新節點，將資料放入
        p = new Node_type;
        p->link[0] = NULL;
        p->link[1] = NULL;
        p->link[2] = NULL;
        p->count = 1;
        p->id[1] = x_id;
        strcpy(p->name[1], x_name);
        p->score[1] = x_score;
        p->link[0] = root;
        p->link[1] = xr;
        return p;
    }
    return node;
}


// 從樹根往下尋找資料加入節點，將資料新增於B-tree中，參數p為目前所在節點，
// xr記錄資料所對應的子鏈結
int Btree::topdown(int new_id, char *new_name, int new_score, Node_type *p,
                   int *x_id, char *x_name, int *x_score, Node_type **xr)
{
    int k;

    if(p == NULL) { // p為NULL表示新增第一筆資料
        *x_id = new_id;
        strcpy(x_name, new_name);
        *x_score = new_score;
        *xr = NULL;
        return 1;
    }
    else {
        if(search_node(new_id, p, &k)){ //找尋新增資料鍵值是否重覆，若重覆則顯示錯誤
            cout << "  Data error, ID number has existed!!\n";
            quit();
            return 0;
        }
        // 繼續往下找尋新增節點
        if(topdown(new_id, new_name, new_score, p->link[k],
                   x_id, x_name, x_score, xr))
```

```
        {
            // 若新增節點有足夠的空間存放資料，則將資料直接加入該節點
            if(p->count < MAX) {
                putdata(*x_id, x_name, *x_score, *xr, p, k);
                return 0;
            }
            else { // 若無足夠空間，則須劃分節點
                broken(*x_id, x_name, *x_score, *xr, p, k, x_id,
                       x_name, x_score, xr);
                return 1;
            }
        }
        else
            return 0;
    }
}

// 將新增資料直接加入於節點中，xr為新增資料對應的子鏈結所在，p為資料加入的節點
void Btree::putdata(int x_id, char *x_name, int x_score, Node_type *xr,
                    Node_type *p, int k)
{
    int i;

    // 將節點中的資料逐一右移，以空出新增資料加入的位置
    for(i = p->count; i > k; i--) {
        p->id[i+1] = p->id[i];
        strcpy(p->name[i+1], p->name[i]);
        p->score[i+1] = p->score[i];
        p->link[i+1] = p->link[i];
    }
    p->id[k+1] = x_id;
    strcpy(p->name[k+1], x_name);
    p->score[k+1] = x_score;
    p->link[k+1] = xr;
    p->count++;
}

// 將節點一分為二，yr為劃分後新增加的節點
void Btree::broken(int x_id,char *x_name,int x_score,Node_type *xr,Node_type *p,
        int k, int *y_id, char *y_name, int *y_score, Node_type **yr)
{
    int i;
    int median;   // median記錄從何處劃分節點

    if(k <= MIN)
        median = MIN;
```

```cpp
    else
        median = MIN + 1;
    *yr = (Node_type *) malloc(sizeof(Node_type));
    // 將資料從劃分處開始搬移至新節點中
    for(i = median + 1; i <= MAX; i++) {
        (*yr)->id[i-median] = p->id[i];
        strcpy((*yr)->name[i-median], p->name[i]);
        (*yr)->score[i-median] = p->score[i];
        (*yr)->link[i-median] = p->link[i];
    }
    (*yr)->count = MAX - median;
    p->count = median;
    if(k <= MIN)
        putdata(x_id, x_name, x_score, xr, p, k);
    else
        putdata(x_id, x_name, x_score, xr, *yr, k - median);
    *y_id = p->id[p->count];
    strcpy(y_name, p->name[p->count]);
    *y_score = p->score[p->count];
    (*yr)->link[0] = p->link[p->count];
    p->count--;
}

// 修改資料函數
void Btree::update_f(void)
{
    int update_id, update_score, position;
    char ans, update_name[11];
    Node_type *node;

    cout << "\n  ---- UPDATE ----\n";
    cout << "  Please enter ID number: ";
    cin >> update_id;
    node = search(update_id, root, &position);   // 找尋欲修改資料所在節點位置
    if(node != NULL) {
        cout << "  Original name: " << node->name[position] << "\n";
        cout << "  Please enter new name: ";
        cin >> update_name;
        cout << "  Original score: " << node->score[position] << "\n";
        cout << "  Please enter new score: ";
        cin >> update_score;
        cout << "  Are you sure? (Y/N): ";
        while(getchar()!='\n') continue;
        ans = getchar();
        while(getchar()!='\n') continue;
        cout << "\n";
```

```
        ans = toupper(ans);
        if(ans == ‹Y›) {
            node->score[position] = update_score;
            strcpy(node->name[position], update_name);
        }
    }
    else
        cout << «  ID number not found!!\n»;
}


// 刪除資料函數
void Btree::delete_f(void)
{
    int del_id, position;   // position記錄刪除資料在節點中的位置
    char ans;
    Node_type *node;

    cout << «\n  ---- DELETE ----\n»;
    cout << «  Please enter ID number: «;
    cin >> del_id;
    node = search(del_id, root, &position);
    if(node != NULL) {
        cout << «  Are you sure? (Y/N): «;
        while(getchar()!=›\n›) continue;
        ans = getchar();
        while(getchar()!=›\n›) continue;
        cout << «\n»;
        ans = toupper(ans);
        if(ans == ‹Y›)
            root = removing(del_id, root);
    }
    else
        cout << «  ID number not found!!\n»;
}


// 將資料從B-tree中刪除，若刪除後節點內資料筆數為0，則一併刪除該節點
Node_type *Btree::removing(int del_id, Node_type *node)
{
    Node_type *p;

    if(!deldata(del_id, node));
    else if(node->count == 0) {
        p = node;
        node = node->link[0];
        free(p);
    }
```

```
        return node;
}

// 將資料從B-tree中移除，若刪除失敗則傳回0，否則傳回資料在節點中所在位置
int Btree::deldata(int del_id, Node_type *p)
{
    int k;
    int found;

    if(p == NULL)
        return 0;
    else {
        if((found = search_node(del_id, p, &k)) != 0) {
            if(p->link[k-1]) {
                replace(p, k);
                if(!(found = deldata(p->id[k], p->link[k])))
                    cout << « Key not found»;
            }
            else
                move(p,k);
        }
        else
            found = deldata(del_id, p->link[k]);
        if(p->link[k] != NULL) {
            if(p->link[k]->count < MIN)
                restore(p, k);
        }
        return found;
    }
}

// 將節點中的資料從k的位置逐一左移
void Btree::move(Node_type *p, int k)
{
    int i;

    for(i = k+1; i <= p->count; i++) {
        p->id[i-1] = p->id[i];
        strcpy(p->name[i-1], p->name[i]);
        p->score[i-1] = p->score[i];
        p->link[i-1] = p->link[i];
    }
    p->count--;
}

// 尋找刪除非樹葉時的替代資料
```

```
void Btree::replace(Node_type *p, int k)
{
    Node_type *q;

    for(q = p->link[k]; q->link[0]; q = q->link[0]);
    p->id[k] = q->id[1];
    strcpy(p->name[k], q->name[1]);
    p->score[k] = q->score[1];
}

// 資料刪除後，重新調整為B-tree
void Btree::restore(Node_type *p, int k)
{
    if(k == 0) {   // 刪除資料為節點中的第一筆資料
        if(p->link[1]->count > MIN)
            getright(p, 1);
        else
            combine(p, 1);
    }
    else if(k == p->count) { // 刪除資料為節點中的最後一筆資料
        if(p->link[k-1]->count > MIN)
            getleft(p, k);
        else
            combine(p, k);
    }
    else if(p->link[k-1]->count > MIN) // 刪除資料為節點中其他位置的資料
        getleft(p, k);
    else if(p->link[k+1]->count > MIN)
        getright(p, k+1);
    else
        combine(p, k);
}

// 向左兄弟節點借資料時，做資料右移的動作
void Btree::getleft(Node_type *p, int k)
{
    int c;
    Node_type *t;

    t = p->link[k];
    for(c = t->count; c > 0; c--) {
        t->id[c+1] = t->id[c];
        strcpy(t->name[c+1], t->name[c]);
        t->score[c+1] = t->score[c];
        t->link[c+1] = t->link[c];
    }
```

```
    t->link[1] = t->link[0];
    t->count++;
    t->id[1] = p->id[k];
    strcpy(t->name[1], p->name[k]);
    t->score[1] = p->score[k];
    t = p->link[k-1];
    p->id[k] = t->id[t->count];
    strcpy(p->name[k], t->name[t->count]);
    p->score[k] = t->score[t->count];
    p->link[k]->link[0] = t->link[t->count];
    t->count--;
}

// 向右兄弟節點借資料時，做左移的動作
void Btree::getright(Node_type *p, int k)
{
    int c;
    Node_type *t;

    t = p->link[k-1];
    t->count++;
    t->id[t->count] = p->id[k];
    strcpy(t->name[t->count], p->name[k]);
    t->score[t->count] = p->score[k];
    t->link[t->count] = p->link[k]->link[0];
    t = p->link[k];
    p->id[k] = t->id[1];
    strcpy(p->name[k], t->name[1]);
    p->score[k] = t->score[1];
    t->link[0] = t->link[1];
    t->count--;
    for(c = 1; c <= t->count; c++) {
        t->id[c] = t->id[c+1];
        strcpy(t->name[c], t->name[c+1]);
        t->score[c] = t->score[c+1];
        t->link[c] = t->link[c+1];
    }
}

// 將三個節點中的資料合併至一個節點中
void Btree::combine(Node_type *p, int k)
{
    int c;
    Node_type *l, *q;

    q = p->link[k];
```

```
    l = p->link[k-1];
    l->count++;
    l->id[l->count] = p->id[k];
    strcpy(l->name[l->count], p->name[k]);
    l->score[l->count] = p->score[k];
    l->link[l->count] = q->link[0];
    for(c = 1; c <= q->count; c++) {
        l->count++;
        l->id[l->count] = q->id[c];
        strcpy(l->name[l->count], q->name[c]);
        l->score[l->count] = q->score[c];
        l->link[l->count] = q->link[c];
    }
    for(c = k; c < p->count; c++) {
        p->id[c] = p->id[c+1];
        strcpy(p->name[c], p->name[c+1]);
        p->score[c] = p->score[c+1];
        p->link[c] = p->link[c+1];
    }
    p->count--;
    delete q;
}


// 資料輸出函數
void Btree::list_f(void)
{
    cout << "\n  ---- LIST ----\n";
    cout << "  ********************************\n";
    cout << "      ID      NAME        SCORE\n";
    cout << "  ==============================\n";
    show(root);
    cout << "  ********************************\n";
}

// 以遞迴方式輸出節點資料，輸出資料採中序法，nd為欲輸出資料的節點
void Btree::show(Node_type *nd)
{
    if (nd != NULL) {
        if(nd->count > 0) {
            if(nd->count == 1) {
                show(nd->link[0]);
                cout << "      ";
                cout.setf(ios::left, ios::adjustfield);
                cout.width(6);
                cout << nd->id[1] << " ";
                cout.width(10);
```

```
                    cout << nd->name[1] << " ";
                    cout.setf(ios::right, ios::adjustfield);
                    cout.width(4);
                    cout << nd->score[1] << "\n";
                    show(nd->link[1]);
            }
            else if(nd->count == 2) {
                    show(nd->link[0]);
                    cout << "      ";
                    cout.setf(ios::left, ios::adjustfield);
                    cout.width(6);
                    cout << nd->id[1] << " ";
                    cout.width(10);
                    cout << nd->name[1] << " ";
                    cout.setf(ios::right, ios::adjustfield);
                    cout.width(4);
                    cout << nd->score[1] << "\n";
                    show(nd->link[1]);
                    cout << "      ";
                    cout.setf(ios::left, ios::adjustfield);
                    cout.width(6);
                    cout << nd->id[2] << " ";
                    cout.width(10);
                    cout << nd->name[2] << " ";
                    cout.setf(ios::right, ios::adjustfield);
                    cout.width(4);
                    cout << nd->score[2] << "\n";
                    show(nd->link[2]);
            }
        }
    }
}

// 查詢某一特定資料
void Btree::query_f(void)
{
    int query_id, position;
    Node_type *quenode;

    cout << "\n  ---- QUERY ----\n";
    cout << "  Please enter ID number: ";
    cin >> query_id;
    while (getchar() != '\n') continue;
    quenode = search(query_id, root, &position);
    if(quenode != NULL) {
        cout << "  ID number: " << quenode->id[position] << "\n";
```

```cpp
        cout << "  Name: " << quenode->name[position] << "\n";
        cout << "  Score: " << quenode->score[position] << "\n";
    }

    else
        cout << "  ID number not found!!\n";
}


// 結束本系統
void Btree::quit(void)
{
    cout << "\n  Thanks for using, bye bye!!\n";
}

/* 搜尋某一鍵值在節點中的位置，target為搜尋鍵值，k記錄鍵值所在位置，傳回0表示
   搜尋失敗，傳回1表示搜尋成功 */
int Btree::search_node(int target, Node_type *p, int *k)
{
    if(target < p->id[1]) {
        *k = 0;
        return 0;
    }
    else {
        *k = p->count;
        while((target < p->id[*k]) && *k > 1)
            (*k)--;
        if(target == p->id[*k])
            return 1;
        else
            return 0;
    }
}


// 搜尋某一鍵值所在節點，target為搜尋鍵值，傳回值為target所在節點指標，若沒有找
// 到則傳回NULL
Node_type *Btree::search(int target, Node_type *node, int *targetpos)
{
    if(node == NULL)
        return NULL;
    else if(search_node(target, node, targetpos))
        return node;
    else
        return search(target, node->link[*targetpos], targetpos);
}


int main()
```

```cpp
{
    Btree obj;
    char choice, ans;

    obj.init_f();
    while(1) {
        do {
            cout << "\n";
            cout << "   *********************\n";
            cout << "            1.insert\n";
            cout << "            2.update\n";
            cout << "            3.delete\n";
            cout << "            4.list\n";
            cout << "            5.query\n";
            cout << "            6.quit\n";
            cout << "   *********************\n";
            cout << "  Please enter your choice(1..6): ";
            choice = getchar();
            while(getchar()!='\n') continue;
            cout << "\n";
            switch(choice) {
                case '1': obj.insert_f();
                    break;
                case '2': obj.update_f();
                    break;
                case '3': obj.delete_f();
                    break;
                case '4': obj.list_f();
                    break;
                case '5': obj.query_f();
                    break;
                case '6': cout << "  Are you sure? (Y/N): ";
                    ans = getchar();
                    while(getchar()!='\n') continue;
                    ans = toupper(ans);
                    if(ans == 'Y') {
                        obj.quit();
                        system("PAUSE");
                        return 0;
                    }
                    else
                        continue;
                default: cout << "  Choice error!!\n";
            }
        } while(choice != '6');
    }
}
```

輸出結果

```
********************
        1.insert
        2.update
        3.delete
        4.list
        5.query
        6.quit
********************
Please enter your choice(1..6): 1


---- INSERT ----
Please enter detail data
ID number: 888
Name: Jay
Score: 87
Are you sure? (Y/N): y


********************
        1.insert
        2.update
        3.delete
        4.list
        5.query
        6.quit
********************
Please enter your choice(1..6): 1


---- INSERT ----
Please enter detail data
ID number: 777
Name: Maria
Score: 73
Are you sure? (Y/N): y


********************
        1.insert
        2.update
        3.delete
        4.list
        5.query
        6.quit
```

```
*********************
Please enter your choice(1..6): 1



---- INSERT ----
Please enter detail data
ID number: 678
Name: Ken
Score: 89
Are you sure? (Y/N): y



*********************
        1.insert
        2.update
        3.delete
        4.list
        5.query
        6.quit
*********************
Please enter your choice(1..6): 4



---- LIST ----
******************************
    ID      NAME        SCORE

    ==============================

    678     Ken         89
    777     Maria       73
    888     Jay         87
******************************


*********************
        1.insert
        2.update
        3.delete
        4.list
        5.query
        6.quit
*********************
Please enter your choice(1..6): 5



---- QUERY ----
Please enter ID number: 777
ID number: 777
Name: Maria
```

```
Score: 73

* * * * * * * * * * * * * * * * * * * *
      1.insert
      2.update
      3.delete
      4.list
      5.query
      6.quit
* * * * * * * * * * * * * * * * * * * *
Please enter your choice(1..6): 4


---- LIST ----
* * * * * * * * * * * * * * * * * * * * * * * * * * * *
    ID       NAME        SCORE
  ===============================
    678      Ken            89
    777      Maria          73
    888      Jay            87
* * * * * * * * * * * * * * * * * * * * * * * * * * * *


* * * * * * * * * * * * * * * * * * * *
      1.insert
      2.update
      3.delete
      4.list
      5.query
      6.quit
* * * * * * * * * * * * * * * * * * * *
Please enter your choice(1..6): 2


---- UPDATE ----
Please enter ID number: 777
Original name: Maria
Please enter new name: Sandy
Original score: 73
Please enter new score: 88
Are you sure? (Y/N): y


* * * * * * * * * * * * * * * * * * * *
      1.insert
      2.update
      3.delete
      4.list
```

```
        5.query
        6.quit
*********************
Please enter your choice(1..6): 4


---- LIST ----
********************************
     ID       NAME        SCORE
   =============================
     678      Ken           89
     777      Sandy         88
     888      Jay           87
********************************

*********************
        1.insert
        2.update
        3.delete
        4.list
        5.query
        6.quit
*********************
Please enter your choice(1..6): 3


---- DELETE ----
Please enter ID number: 888
Are you sure? (Y/N): y


*********************
        1.insert
        2.update
        3.delete
        4.list
        5.query
        6.quit
*********************
Please enter your choice(1..6): 4


---- LIST ----
********************************
     ID       NAME        SCORE
   =============================
     678      Ken           89
```

```
     777     Sandy          88
*******************************

********************
     1.insert
     2.update
     3.delete
     4.list
     5.query
     6.quit
********************
Please enter your choice(1..6): 6

Are you sure? (Y/N): y

Thanks for using, bye bye!!
```

11.3 動動腦時間

1. [11.1]請將下列的鍵值

   55, 75, 15, 65, 70, 85, 105, 95, 80, 110

   試回答下列問題：

   (a) 依序加入並建立一棵3-way和4-way的搜尋樹。
   (b) 將(a)所建立的3-way搜尋樹依序刪除95,75及105。

2. [11.2.1]有一棵B-tree of order 5如下：

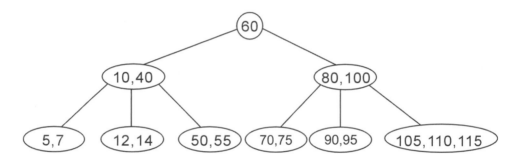

   試依序加入 120, 130, 2, 4, 8後的 B-tree of order 5。

3. [11.2.2]有一棵B-tree of order 5如下：

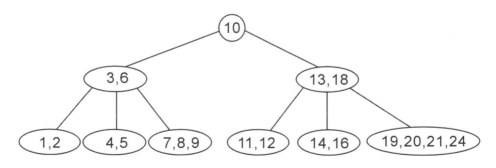

   試依序刪除 8, 18, 16, 4, 7後的 B-tree of order 5。

4. [11.2.1]有一些資料如下：

   1, 7, 6, 2, 11, 4, 8, 13, 10, 5, 19, 9, 18, 24, 3, 12, 14, 20, 21, 16

   依序加入一棵原先為空的 B-tree of order 5。

圖形結構

圖形結構在資料結構上是相當重要的。本章將論及圖形的追蹤、如何利用 **Prim's** 和 **Kruskal's** 演算法建立一具有最少成本的擴展樹（**minimum cost spanning tree**）、如何利用 **Dijkstra's** 演算法求出最短路徑，最後談到拓樸排序以及如何求出臨界路徑（**critical path**）。

　　圖學理論（graph theory）源於 1736 年瑞士的數學家 Leonhard Euler 為了解決古老的 Koenigsberg bridge（現在的 Kaliningrad）問題，如圖 12-1 之 (a)。若以圖 12-1 之 (b) 表示，圓圈代表城市，連線代表橋，則共有七座橋分別是 a、b、c、d、e、f、g 及四座城市 A、B、C、D。

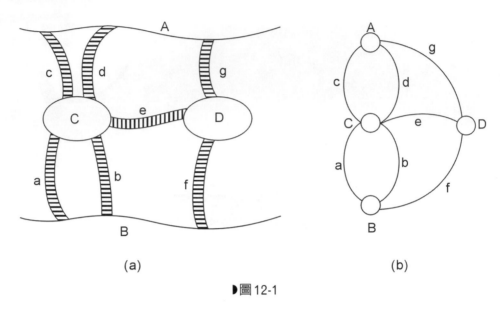

(a)　　　　　　　　　　　　　　　　　(b)

▶圖 12-1

　　當時有一有趣的問題是從某城市開始須走遍全部的橋，且每座橋只走一次，然後再回到原先起始的城市。試問，圖 12-1 之 (b) 可以嗎？ Euler 認為不可能。

　　假若稱 12-1 之 (b)，圓圈為頂點（vertex），連線為分支度（degree）如節點 A 的分支度為 3。假使上述問題能成立的話，必須每個頂點具備偶數的分支度方可，此稱為尤拉循環（Eulerian cycle）。因此圖 12-2 可以從某一座城市經過所有的橋後，再回原來的城市，因為每個頂點皆具有偶數的分支度。

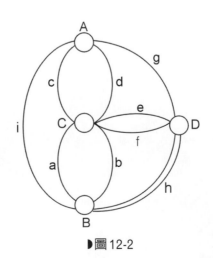

▶圖 12-2

12.1　圖形的一些專有名詞

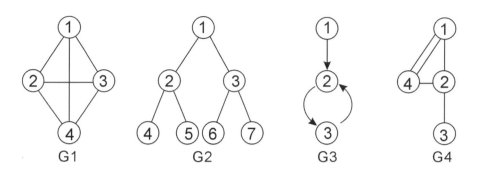

▶圖 12-3

1. 頂點（vertex）：圖 12-3 的圓圈稱之。

2. 邊（edge）：圖 12-3 每個頂點之間的連線稱之。

3. 無方向圖形（undirected graph）：在邊上沒有箭頭者稱之。如圖 12-3 中 G1 和 G2 為無方向圖形。

4. 有方向圖形（directed graph）：在邊上有箭頭者稱之。如圖 12-3 中 G3 為有方向圖形。

5. 圖形（graph）：是由所有頂點和所有邊組合而成的，以 G=(V, E) 表示。在無方向圖形中 (V_1, V_2) 和 (V_2, V_1) 代表相同的邊，但在有方向圖形中 $<V_2, V_1>$ 和 $<V_1, V_2>$ 是不一樣的邊。在有方向圖形 $<V_1, V_2>$ 中，V_1 表示邊的前端（head），而 V_2 表示邊的尾端（tail）。

   在圖 12-3 中，V(G1) = {1, 2, 3, 4}；E(G1) = { (1, 2),(1, 3),(1, 4),(2, 3),(2, 4),(3, 4) }；V(G2) = {1, 2, 3, 4, 5, 6, 7}；E(G2) = { (1, 2),(1, 3),(2, 4),(2, 5),(3, 6),(3, 7) }；V(G3) = {1, 2, 3}；E(G3) = { <1, 2>,<2, 3>,<3, 2> }。

   注意：有方向圖形與無方向圖形邊的表示方式不同。有方向圖形一般以 digraph 表示；而表示無方向圖形以 graph 表示，底下若只寫圖形，則表示其為無方向圖形。

6. 多重圖形（mutigraph）：假使兩個頂點間，有多條相同的邊，此稱之為多重圖形，而不是圖形。如圖 12-3 之 G4。

7. 完整圖形（complete graph）：在 n 個頂點的無方向圖形中，假使有 n(n-1)/2 個邊稱之。如圖 12-3 之 G1 是完整圖形，其餘皆不是（因為 G1 有 4(4-1)/2=6 個邊）。

8. 相鄰（adjacent）：在圖形的某一邊 (V_1, V_2) 中，我們稱頂點 V_1 與頂點 V_2 是相鄰的。但在有方向圖形中稱 $<V_1, V_2>$ 為 V_1 是 adjacent to V_2，或 V_2 是 adjacent from V_1。

9. 附著（incident）：我們稱頂點 V_1 和頂點 V_2 是相鄰，而邊 (V_1, V_2) 是附著在頂點 V_1 與頂點 V_2 上。我們可發現在 G3 中，附著在頂點 V_2 的邊有 <1,2,>、<2,3> 及 <3,2>。

10. 子圖（subgraph）：假使 V(G')⊆V(G) 及 (G')⊆E(G)，我們稱 G' 是 G 的子圖。如下圖(1)是圖 12-3 之 G1 的部分子圖，下圖之(2)是圖 12-3 之 G3 的部分子圖。

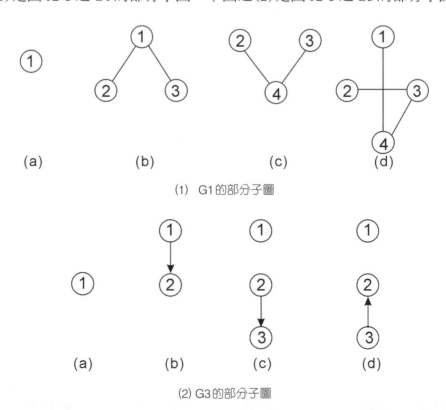

(1) G1 的部分子圖

(2) G3 的部分子圖

11. 路徑（path）：在圖形 G 中，從頂點 V_p 到頂點 V_q 的路徑是指一系列的頂點 V_p、V_{i1}、V_{i2}、.....、V_{in}、V_q，其中 $(V_p, V_{i1}), (V_{i1}, V_{i2}),....., (V_{in}, V_q)$ 是 E(G) 上的邊。假若 G' 是有方向圖形，則 $<V_p, V_{i1}>, <V_{i1}, V_{i2}>,....,<V_{in}, V_q>$ 是 E(G') 上的邊，故一個路徑是由一個邊或一個以上的邊所組成。

12. 長度（length）：一條路徑上的長度是指該路徑上所有邊的數目。

13. 簡單路徑（simple path）：除了頭尾頂點之外，其餘的頂點皆在不相同的路徑上。如圖 12-3，G1 的兩條路徑 1,2,4,3 和 1,3,4,2，其長度皆為 3，但前者是簡單路徑，而後者不是簡單路徑。

14. 循環（cycle）：是指一條簡單路徑上，頭尾頂點皆有相同者稱之，如 G1 的 1,2,3,1 或 G3 的 2,3,2。

15. 連通（connected）：在一個圖形 G 中，如果有一條路徑從 V_1 到 V_2，那麼我們說 V_1 與 V_2 是連通的。如果 V(G) 中的每一對不同的頂點 V_i, V_j 都有一條由 V_i 到 V_j 的路徑，則稱該圖形是連通的。圖 12-4 之 G5 不是連通的（因為 g1 與 g2 無法連接起來）。

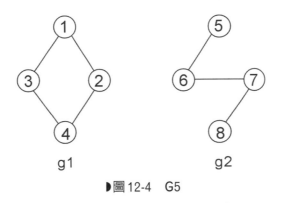

▶圖 12-4　G5

16. 連通單元（connected component）：或稱單元（component），是指該圖形中最大的連通子圖（maximum connected subgraph）如圖 12-4 之 G5 有兩個單元 g1 和 g2。

17. 緊密連通（strongly connected）：在一有方向圖形中，如果 V(G) 中的每一對不同頂點 V_i, V_j 各有一條從 V_i 到 V_j 及從 V_j 到 V_i 的有方向路徑者稱之。圖 12-3 的 G3 不是緊密連通，因為 G3 沒有 V_2 到 V_1 的路徑。

18. 緊密連通單元（strongly connected component）：是指一個緊密連通最大子圖。如圖 12-3 的 G3 有兩個緊密連通單元。

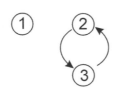

(1) 分支度（degree）：附著在頂點的邊數。如圖 12-3 之 G1 的頂點 1，其分支度為 3。若為有方向圖形，則其分支度為內分支度與外分支度之和。

(2) 內分支度（in-degree）：頂點 V 的內分支度是指以 V 為終點（即箭頭指向 V）的邊數，如圖 12-3 的 G3 中，頂點 2 的內支度為 2，而頂點 3 的內支度為 1。

(3) 外分支度（out-degree）：頂點 V 的外分支度是以 V 為起點的邊數，如圖 12-3 的 G3 中，頂點 2 的外分支度為 1。而頂點 1 和 3 的外分支度各為 1。

練 習 題

1. 有一方向圖形如下：

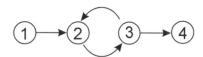

試問：

(a) 其子圖為何？

(b) 列出其緊密連通單元。

2. 有一方向圖形如下：

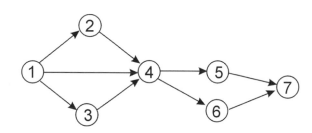

試問每一節點的內分支度和外分支度各為何？

類 似 題

1. 有一圖形如下：

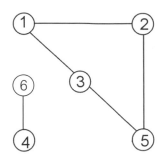

試回答下列問題：

(a) 上圖的子圖有哪些？

(b) 請列出其連通單元。

2. 有一方向圖形如下：

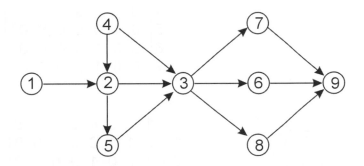

試問每一節點的內分支度和外分支度各為何？

12.2　圖形資料結構表示法

圖形的資料結構表示法常用的有下列二種：

1. **相鄰矩陣**（adjacent matrix）

相鄰矩陣乃是將圖形中的 n 個頂點（vertices），以一個 n×n 的二維矩陣來表示，其中每一元素 V_{ij}，若 $V_{ij} = 1$，表示圖形中 V_i 與 V_j 有一條邊為 (V_i, V_j)，假若是有方向圖形的話，表示有一條邊為 $<V_i, V_j>$。$V_{ij} = 0$ 表示頂點 i 與頂點 j 沒有邊存在。

圖 12-5 G1', G2', G3', G5' 是圖 12-3 G1, G2, G3 與圖 12-4 G5 以相鄰矩陣的表示方式。

$$
\begin{array}{c}
\begin{array}{cccc} & 1 & 2 & 3 & 4 \end{array}\\
\begin{array}{c} 1 \\ 2 \\ 3 \\ 4 \end{array}
\left[\begin{array}{cccc}
0 & 1 & 1 & 1 \\
1 & 0 & 1 & 1 \\
1 & 1 & 0 & 1 \\
1 & 1 & 1 & 0
\end{array}\right]\\
\text{G1'}
\end{array}
$$

$$
\begin{array}{c}
\begin{array}{ccccccc} & 1 & 2 & 3 & 4 & 5 & 6 & 7 \end{array}\\
\begin{array}{c} 1 \\ 2 \\ 3 \\ 4 \\ 5 \\ 6 \\ 7 \end{array}
\left[\begin{array}{ccccccc}
0 & 1 & 1 & 0 & 0 & 0 & 0 \\
1 & 0 & 0 & 1 & 1 & 0 & 0 \\
1 & 0 & 0 & 0 & 0 & 1 & 1 \\
0 & 1 & 0 & 0 & 0 & 0 & 0 \\
0 & 1 & 0 & 0 & 0 & 0 & 0 \\
0 & 0 & 1 & 0 & 0 & 0 & 0 \\
0 & 0 & 1 & 0 & 0 & 0 & 0
\end{array}\right]\\
\text{G2'}
\end{array}
$$

$$
\begin{array}{c}
\begin{array}{ccc} & 1 & 2 & 3 \end{array}\\
\begin{array}{c} 1 \\ 2 \\ 3 \end{array}
\left[\begin{array}{ccc}
0 & 1 & 0 \\
0 & 0 & 1 \\
0 & 1 & 0
\end{array}\right]\\
\text{G3'}
\end{array}
$$

$$
\begin{array}{c}
\begin{array}{cccccccc} & 1 & 2 & 3 & 4 & 5 & 6 & 7 & 8 \end{array}\\
\begin{array}{c} 1 \\ 2 \\ 3 \\ 4 \\ 5 \\ 6 \\ 7 \\ 8 \end{array}
\left[\begin{array}{cccccccc}
0 & 1 & 1 & 0 & 0 & 0 & 0 & 0 \\
1 & 0 & 0 & 1 & 0 & 0 & 0 & 0 \\
1 & 0 & 0 & 1 & 0 & 0 & 0 & 0 \\
0 & 1 & 1 & 0 & 0 & 0 & 0 & 0 \\
0 & 0 & 0 & 0 & 0 & 1 & 0 & 0 \\
0 & 0 & 0 & 0 & 1 & 0 & 1 & 0 \\
0 & 0 & 0 & 0 & 0 & 1 & 0 & 1 \\
0 & 0 & 0 & 0 & 0 & 0 & 1 & 0
\end{array}\right]\\
\text{G5'}
\end{array}
$$

▶圖 12-5　相鄰矩陣表示法

從圖 12-5 知，圖形 G1', G2', G5' 中，$V_{ij} = 1$ 表示頂點 V_i 到頂點 V_j 有一邊 (V_i, V_j)，同時也顯示有一條為 (V_j, V_i) 的邊。因此相鄰矩陣是對稱性的，而且對角線皆為零，所以圖形中只需要儲存上三角形或下三角形即可，所需儲存空間為 n(n-1)/2。

假若要求圖形中某一頂點相鄰邊的數目（即分支度），只要算算相鄰矩陣中某一列所有1之和或某一行所有1之和，如要求G1'中頂點2的相鄰邊數；可從第2列或第2行知其頂點2的相鄰邊數是3。

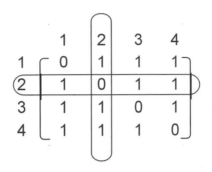

而在有方向圖形的相鄰矩陣中，列之和表示頂點的外分支度，行之和表示頂點的內分支度。如下圖G3'中，第2列所有1有1個，所以頂點2的外分支度為1。而第2行為2，故頂點2的內分支度為2，故G3'中頂點2的分支度為3，讀者可以和G3相對照。

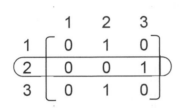 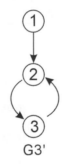

G3'

2. 相鄰串列（adjacent list）

相鄰串列乃是將圖形中的每個頂點皆形成串列首，而在每個串列首的節點，表示它們之間有邊存在。圖12-6 G1", G2", G3", G5"是圖12-3 G1, G2, G3及圖12-4 G5的相鄰串列表示方式。

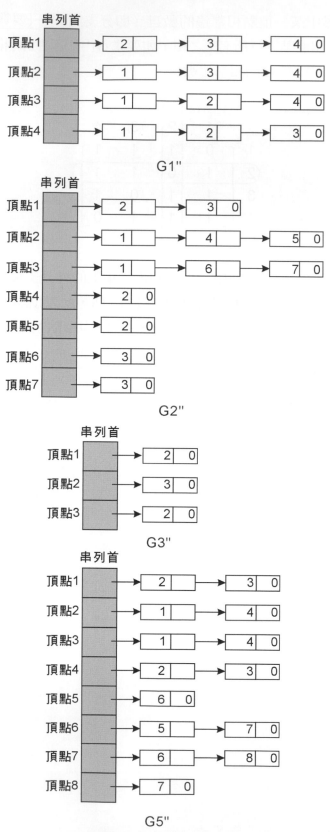

▶圖12-6 相鄰串列表示法

　　從圖12-6 G1"知此圖形有4個頂點（因為有4個串列首），頂點2有3個邊（因為頂點2的串列首後有3個節點，分別節點1、節點3和節點4），餘此類推。

　　我們也可以從相鄰串列中得知某一頂點的分支度，由此頂點串列首後有n個節點便可計算出來。如圖12-6 G2"中頂點2的分支度是3，因為頂點2之串列首後有3個節點分別是節點1、節點4和節點5。

　　在有方向圖形中，每個串列首後面的節點數，表示此頂點的外分支度數目。如圖12-6 G3"的頂點2其後有1個節點，因此我們知頂點2的外分支度為1。若要求內分支度的數目，則必須是把G3"變成相反的相鄰串列。步驟如下：

1. 先把圖12-5 G3'變為轉置矩陣（transpose matrix）

$$
\begin{array}{c@{}c}
 & \begin{array}{ccc} 1 & 2 & 3 \end{array} \\
\begin{array}{c} 1 \\ 2 \\ 3 \end{array} &
\left[\begin{array}{ccc}
0 & 1 & 0 \\
0 & 0 & 1 \\
0 & 1 & 0
\end{array} \right]
\end{array}
\Rightarrow
\begin{array}{c@{}c}
 & \begin{array}{ccc} 1 & 2 & 3 \end{array} \\
\begin{array}{c} 1 \\ 2 \\ 3 \end{array} &
\left[\begin{array}{ccc}
0 & 0 & 0 \\
1 & 0 & 1 \\
0 & 1 & 0
\end{array} \right]
\end{array}
$$

2. 再把轉置矩陣變為相鄰串列：

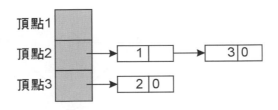

　　由此可知頂點1的內分支度0，頂點2的內分支度為2，而頂點3的內分支度為1。

練 習 題

1. 試將下一圖形以相鄰矩陣和相鄰串列表示之。

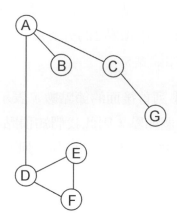

類 似 題

1. 試將下一圖形以相鄰矩陣和相鄰串列表示之。

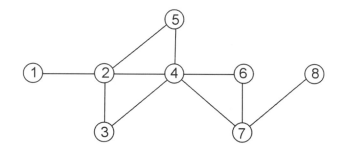

12.3 圖形追蹤

圖形的追蹤是從圖形的某一頂點開始，去拜訪圖形的其他頂點。圖形追蹤的目的在：(1) 判斷此圖形是不是連通；(2) 找出此圖形的連通單元；(3) 畫出此圖形的擴展樹（spanning tree）。讓我們先從圖形的追蹤談起。

圖形的追蹤有兩種方法：

1. **縱向優先搜尋（depth first search）**：

    圖形縱向優先搜尋的過程是：(1) 先拜訪起始點 V；(2) 然後選擇與 V 相鄰而未被拜訪的頂點 W，以 W 為起始點做縱向優先搜尋；(3) 假使有一頂點其相鄰的頂點皆被拜訪過時，就退回到最近曾拜訪過之頂點，其尚有未被拜訪過的相鄰頂點，繼續做縱向優先搜尋；(4) 假若從任何已走過的頂點，都無法再找到未被走過的相鄰頂點時，此時搜尋就結束了。

    其實縱向優先搜尋乃是以堆疊（stack）方式來操作。譬如有一個圖形如圖 12-7 所示。

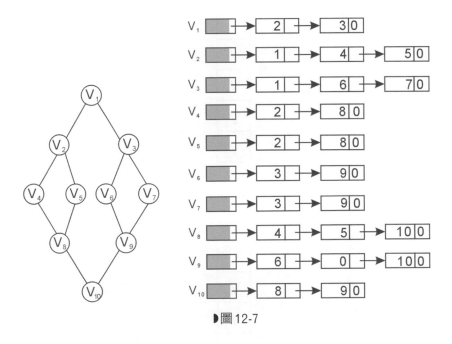

▶圖 12-7

(1) 先輸出 V_1(V_1 為起點)。

(2) 將 V_1 的相鄰頂點 V_2 及 V_3 放入堆疊中。

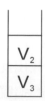

(3) 彈出堆疊的第一個頂點 V_2，然後將 V_2 的相鄰頂點 V_1、V_4 及 V_5 推入到堆疊。

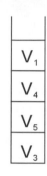

(4) 彈出 V_1，由於 V_1 已被輸出，故再彈出 V_4，將 V_4 的相鄰頂點 V_2 及 V_8 放入堆疊。

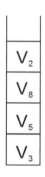

(5) 彈出 V_2，由於 V_2 已被輸出過，故再彈出 V_8，再將 V_8 的相鄰頂點 V_4、V_5 及 V_{10} 放入堆疊。

(6) 彈出 V_4，由於 V_4 已輸出過，故再彈出 V_5，然後將 V_5 的相鄰頂點 V_2 及 V_8 放入堆疊中。

(7) 彈出 V_2 及 V_8，由於此二頂點已被輸出過，故再彈出 V_{10}，再將 V_{10} 的相鄰點 V_8 及 V_9 放入堆疊。

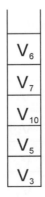

(8) 彈出 V_8，此頂點已被輸出，故再彈出 V_9，將 V_9 的相鄰頂點 V_6、V_7 及 V_{10} 放入堆疊。

(9) 彈出 V_6，再將 V_6 的相鄰頂點 V_3 及 V_9 放入堆疊。

V_3
V_9
V_7
V_{10}
V_5
V_3

(10)彈出 V_3，將 V_1、V_6 與 V_7 放入堆疊。

V_1
V_7
V_9
V_7
V_{10}
V_5
V_3

(11)彈出 V_1 及 V_6，此二頂點已被輸出，故再彈出 V_7，再將 V_3 及 V_9 放入堆疊。

V_3
V_9
V_9
V_7
V_{10}
V_5
V_3

(12)最後彈出 V_3、V_9、V_9、V_7、V_{10}、V_5、V_3，由於這些頂點皆已輸出過；此時堆疊是空的，表示搜尋已結束。

從上述的搜尋步驟可知其順序為：$V_1, V_2, V_4, V_8, V_5, V_{10}, V_9, V_6, V_3, V_7$。讀者需注意的是：此順序並不是唯一，而是根據頂點放入堆疊的順序而定。

2. 橫向優先搜尋（breadth first search）

橫向優先搜尋和縱向優先搜尋不同的是：橫向優先搜尋先拜訪完所有的相鄰頂點，再去找尋下一層的其他頂點。如圖 12-7 以橫向優先搜尋，其拜訪頂點的順序是 $V_1, V_2, V_3, V_4, V_5, V_6, V_7, V_8, V_9, V_{10}$。縱向優先搜尋是以堆疊來操作，而橫向優先搜尋則以佇列來運作。

(1) 先拜訪 V_1，並將相鄰的 V_2 及 V_3 也放入佇列。

V_2	V_3

(2) 拜訪 V_2，再將 V_2 的相鄰頂點 V_4 及 V_5 放入佇列。

V_3	V_4	V_5

（由於 V_1 已被拜訪過，故不放入佇列中。）

(3) 拜訪 V_3，並將 V_6 及 V_7 放入佇列。

V_4	V_5	V_6	V_7

（同理，V_1 也已拜訪過，故也不放入佇列。）

(4) 拜訪 V_4，並將 V_8 放入佇列（由於 V_2 已被拜訪過，故不放入佇列。）

V_5	V_6	V_7	V_8

以此類推，最後得知，以橫向優先搜尋的拜訪順序是：
$V_1, V_2, V_3, V_4, V_5, V_6, V_7, V_8, V_9, V_{10}$。

如果 G 是一個無方向圖形，若要判斷 G 是否為連通（connected），只要呼叫 DFS 或 BFS，視其有無被拜訪的節點，假若全部頂點皆被拜訪過，則此圖形是連通。

若 G 是一 n 個頂點的圖形，G = (V, E)。若 G 是一顆樹，則必須具備:(1) G 有 n-1 個邊，而且沒有循環；(2) G 是連通的。如圖 12-3 G2 共有 7 個頂點，有 6 個邊，沒有循環，而且是連通的。此樹稱為自由樹（free tree），此時若加上一邊時，則會形成循環。

假若一圖形有循環的現象，則稱此圖形為 cyclic；若沒有循環，則稱此圖形為 acyclic。

練習題

1. 試寫出圖形之縱向優先搜尋（DFS）和橫向優先搜尋(BFS)。

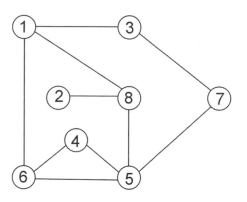

類似題

1. 試問下圖的 DFS 和 BFS 各為何？

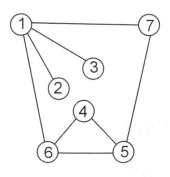

程式實作

```cpp
// Name : Dfs.cpp
// 圖形的追蹤: 相鄰串列與縱向優先搜尋法(DFS)

#include <iostream>
#include <fstream>
#include <stdio.h>
#include <stdlib.h>

#define   MAX_V   100 /*最大節點數*/
#define   TRUE   1
#define   FALSE   0

using namespace std;

// 定義資料結構
typedef struct node_tag {
   int vertex;
   struct node_tag *link;
} Node;

class G_dfs {
   private:
      Node *adjlist[MAX_V+1]; // 宣告相鄰串列
      int   visited[MAX_V+1];   // 記錄頂點是否已拜訪
      int   total_vertex;
   public:
      void build_adjlist();
      void show_adjlist();
      void dfs(int);
      Node *searchlast(Node *);
};

void G_dfs::build_adjlist()
{
   ifstream fin;
   Node *node,*lastnode;
   int vi,vj ,weight;
   fin.open("dfs.dat", ios::in);
   if ( !fin.good() ) {
      perror("dfs.dat");
      exit(0);
   }
   // 讀取節點總數
   fin >> total_vertex;
   for ( vi = 1; vi <= total_vertex; vi++) {
```

```cpp
      // 設定陣列及各串列啓始值
      visited[vi] = FALSE;
      adjlist[vi] = new Node;
      adjlist[vi]->vertex = vi;
      adjlist[vi]->link = NULL;
   }
   // 讀取節點資料
   for ( vi = 1; vi <= total_vertex; vi++ )
      for ( vj = 1; vj <= total_vertex; vj++ ) {
         fin >> weight;
         // 資料檔以相鄰矩陣格式儲存,以1代表相鄰
         // 0 代表不相鄰,將相鄰頂點鏈結在各串列後
         if ( weight != 0 ) {
            node = new Node;
            node->vertex = vj;
            node->link = NULL;
            lastnode = searchlast(adjlist[vi]);
            lastnode->link = node;
         }
      }
   fin.close();
}

// 顯示各相鄰串列之資料
void G_dfs::show_adjlist()
{
   int index;
   Node *ptr;

   cout << "Head     adjacency nodes\n";
   cout << "------------------------------\n";
   for (index = 1; index <= total_vertex; index++) {
      cout << "V" << adjlist[index]->vertex << " ";
      ptr = adjlist[index]->link;
      while ( ptr != NULL ) {
         cout << "--> V" << ptr->vertex << " ";
         ptr = ptr->link;
      }
      cout << "\n";
   }
}

// 圖形之蹤向優先搜尋
void G_dfs::dfs(int v)
{
   Node *ptr;
```

```cpp
   int w;

   cout << "V" << adjlist[v]->vertex << " ";
   visited[v] = TRUE;              // 設定v頂點為已拜訪過
   ptr = adjlist[v]->link;         // 拜訪相鄰頂點
   do {
      // 若頂點尚未走訪，則以此頂點為新啟始點繼續
      // 做蹤向優先搜尋法走訪，否則找與其相鄰的頂點
      // 直到所有相連接的節點都已走訪
      w = ptr->vertex;
      if ( !visited[w] )
        dfs(w);
      else
        ptr = ptr->link;
   } while ( ptr != NULL);
}


// 搜尋串列最後節點函數
Node *G_dfs::searchlast( Node *linklist )
{
   Node *ptr;

   ptr = linklist;
   while ( ptr->link != NULL )
     ptr = ptr->link;
   return ptr;
}


int main()
{
   G_dfs obj;

   obj.build_adjlist(); // 以相鄰串列表示圖形
   obj.show_adjlist();  // 顯示串列之資料
   cout << "\n------Depth First Search------\n";
   obj.dfs(1);       // 圖形之蹤向優先搜尋，以頂點1為啟始頂點

   system( "PAUSE" );
   return 0;

}
```

輸入檔 dfs.dat：

```
10
0  1  1  0  0  0  0  0  0  0
1  0  0  1  1  0  0  0  0  0
1  0  0  0  0  1  1  0  0  0
0  1  0  0  0  0  0  1  0  0
0  1  0  0  0  0  0  1  0  0
0  0  1  0  0  0  0  0  1  0
0  0  1  0  0  0  0  0  1  0
0  0  0  1  1  0  0  0  0  1
0  0  0  0  0  1  1  0  0  1
0  0  0  0  0  0  0  1  1  0
```

輸出成果

```
Head      adjacency nodes
-----------------------------
V1 --> V2 --> V3
V2 --> V1 --> V4 --> V5
V3 --> V1 --> V6 --> V7
V4 --> V2 --> V8
V5 --> V2 --> V8
V6 --> V3 --> V9
V7 --> V3 --> V9
V8 --> V4 --> V5 --> V10
V9 --> V6 --> V7 --> V10
V10 --> V8 --> V9

------Depth First Search------
V1 V2 V4 V8 V5 V10 V9 V6 V3 V7
```

12.4 擴展樹

擴展樹(spanning tree)是以最少的邊數,來連接圖形中所有的頂點。如下圖有一完整圖形

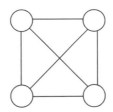

下列是其部分的擴展樹

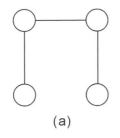 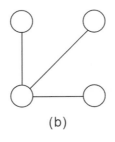 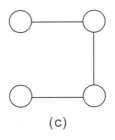

(a)   (b)   (c)

第三節曾提及圖形的追蹤,可用以畫出圖形的擴展樹。假若使用縱向優先搜尋的追蹤方式,則稱為縱向優先搜尋擴展樹。若使用橫向優先搜尋的追蹤方式,則稱為橫向優先搜尋擴展樹。因此我們可將圖12-7畫出其兩種不同追蹤方式所產生的擴展樹,如圖12-8(a)(b)所示。

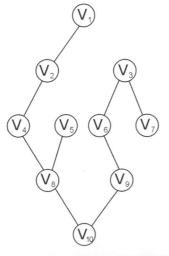 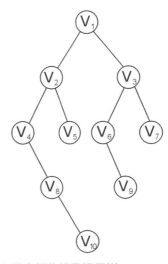

(a) 縱向優先搜尋擴展樹   (b) 橫向優先搜尋擴展樹

▶圖 12-8

　　若 G =(V, E) 是一圖形，而 S = (V, T) 是 G 的擴展樹。其中 T 是追蹤時所拜訪過的邊，而以 K 表示追蹤後所未被拜訪的邊。此時擴展樹具有下列幾點特性：

1.　E = T+K；
2.　V 中的任何兩個頂點 V_1 及 V_2，在 S 中有唯一的邊；
3.　加入 K 中任何一個邊於 S 中，會造成循環。

　　若圖形中每一個邊加上一些數值，此數值稱為比重（weight），而稱此圖形為比重圖形（weight graph）。假設此比重是成本（cost）或距離（distance），則稱此圖形為網路（network）。從擴展樹的定義，知一個圖形有許多不同的擴展樹，假若在網路中有一擴展樹具有最小成本時，則求最小成本擴展樹有兩種方法：

一、Prim's algorithm

　　有一網路，G = (V, E)，其中 V = {1, 2, 3, ..., n }，起初設定 U={1}，U 及 V 是兩個頂點的集合，然後從 V-U 集合中找一頂點 x，能與 U 集合中的某頂點形成最小的邊，把這一頂點 x 加入 U 集合，繼續此步驟，直到 U 集合等於 V 集合為止。

　　如有一網路，如圖 12-9：

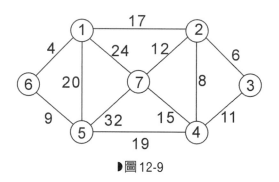

▶圖 12-9

　　若以 Prim's algorithm 來找最小成本擴展樹，其過程如下：

(1)　V= {1, 2, 3, 4, 5, 6, 7}，U = {1}。

(2)　從 V-U = {2, 3, 4, 5, 6, 7} 中找一頂點，與 U = {1} 頂點能形成最小成本的邊；發現是頂點 6，然後加此頂點於 U 中，U = {1, 6}。

(3) 此時 V-U = {2, 3, 4, 5, 7}，從這些頂點找一頂點，與 U = {1, 6} 頂點能形成最小成本的邊，答案是頂點5，因為其成本（或距離）為9；加此頂點於 U 中，U = {1, 5, 6}，V-U = {2, 3, 4, 7}。

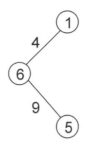

(4) 以同樣方法找到一頂點2，能與 V 中的頂點1形成最小的邊，加此頂點於 U 中，U = {1, 2, 5, 6}，V-U = {3, 4, 7}

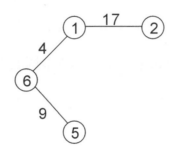

(5) 同樣方法將頂點3加入 U 中，U = {1, 2, 3, 5, 6}，V-U = {4, 7}。

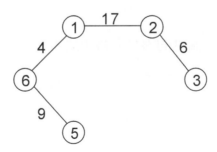

(6) 以同樣的方法將頂點4加入 U 中，U = {1, 2, 3, 4, 5, 6}，V-U = {7}。

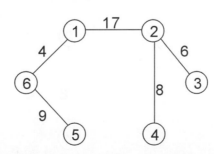

(7) 將頂點 7 加入 U 中，U = {1, 2, 3, 4, 5, 6, 7}，V-U = φ，V = U，此時的圖形就是最小成本擴展樹。

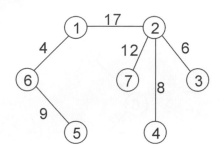

二、Kruskal's algorithm

有一網路 G = (V,E)，V={1, 2, 3, ..., n}，E 中每一邊皆有一成本，T = (v, φ) 表示開始時沒有邊。首先從 E 中找具有最小成本的邊；若此邊加入 T 中不會形成循環，則將此邊從 E 刪除並加入 T 中，直到 T 中含有 n-1 個邊為止。

圖 12-9 以 Kruskal's algorithm 來找出最小成本擴展樹，其過程如下：

(1) 在圖 12-9 中以頂點 1 到頂點 6 的邊具最小成本。

(2) 同樣方法頂點 2 到頂點 3 的邊具有最小成本。

(3) 以同樣的方法可知頂點 2 到頂點 4 的邊有最小成本。

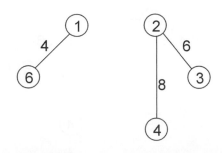

(4) 以同樣的方法知頂點 5 到頂點 6 的邊有最小成本。

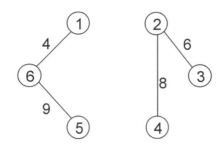

(5) 從其餘的邊中，知頂點 3 到頂點 4 具有最小成本，但此邊加入 T 後會形成循環，故不考慮，而以頂點 2 到頂點 7 邊加入 T 中。

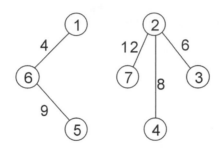

(6) 由於頂點 4 到頂點 7 的邊會使 T 形成循環，故不考慮，最後最小成本擴展樹如下：

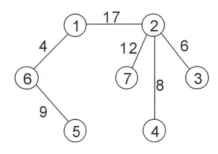

因此我們發現不論由 Prim's algorithm 或 Kruskal's algorithm 來求最小成本擴展樹，所得到的圖形是一樣的。

程式實作

```cpp
// Name : Kruskal.cpp
// 利用Kruskal's演算法求出最小成本擴展樹

#include <iostream>
#include <fstream>
#include <stdio.h>
#include <stdlib.h>

#define   MAX_V   100 /*最大節點數*/
#define   TRUE    1
#define   FALSE   0

using namespace std;

typedef  struct {
  int vertex1;
  int vertex2;
  int weight;
  int edge_deleted;
}  Edge;

typedef struct {
  int vertex[MAX_V];
  int edges;
} Graph;

class G_kruskal {
  private:
    Edge   E[MAX_V];
    Graph T;
    int total_vertex;
    int total_edge;
    int adjmatrix[MAX_V][MAX_V];  // store matrix weight
  public:
    void kruskal();
    void addEdge(Edge);
    void build_adjmatrix();
    void adjust();
    Edge mincostEdge();
    int  cyclicT(Edge e);
    void showEdge();
};

void G_kruskal::build_adjmatrix()
{
```

```
    ifstream fin;
    int vi,vj;
    fin.open("kruskal.dat", ios::in);
    if ( !fin.good() ) {
      perror("kruskal.dat");
      exit(0);
    }
// 讀取節點總數
    fin >> total_vertex;
    for (vi = 1; vi <= total_vertex; vi++)
      for ( vj = 1; vj <= total_vertex; vj++ )
        fin >> adjmatrix[vi][vj];
    fin.close();
}


void G_kruskal:: adjust()
{
    Edge e;
    int i, j, weight;
    total_edge = 0;
    for (i = 1; i <= total_vertex; i++)
      for ( j = i+1; j <= total_vertex; j++ ) {
        weight = adjmatrix[i][j];
        if ( weight != 0 ) {
          e.vertex1 = i;
          e.vertex2 = j;
          e.weight = weight;
          e.edge_deleted = FALSE;
          addEdge(e);
        }
      }
}


void G_kruskal::addEdge(Edge e)
{
    E[++total_edge] = e;
}


void G_kruskal::showEdge()
{
    int  i = 1;
    cout << "total vertex = " << total_vertex << "  ";
    cout << "total_edge = " << total_edge << "\n";
    while ( i <= total_edge ) {
      cout << "V" << E[i].vertex1 << "  <----->  V" << E[i].vertex2
          << "    weight= " << E[i].weight << "\n";
```

```cpp
        i++;
    }
}
Edge G_kruskal::mincostEdge()
{
    int i , min;
    long minweight = 10000000;

    for ( i = 1; i <= total_edge; i++ ) {
        if (!E[i].edge_deleted && E[i].weight < minweight) {
            minweight = E[i].weight;
            min = i;
        }
    }
    E[min].edge_deleted = TRUE;
    return E[min];
}


void G_kruskal::kruskal()
{
    Edge e;
    int i,loop = 1;

    // init T
    for ( i = 1; i <= total_vertex; i++ )
        T.vertex[i] = 0;
    T.edges = 0;
    cout << "\nMinimum cost spanning tree using Kruskal\n";
    cout << "-------------------------------------------\n";
    while ( T.edges != total_vertex - 1  ) {
        e = mincostEdge();
        if ( !cyclicT(e) ) {
            cout << loop++ << "th min edge : ";
            cout << "V" << e.vertex1 << "  <---->  V" << e.vertex2
                << "  weight= " << e.weight << "\n";
        }
    }
}


int G_kruskal::cyclicT(Edge e)
{
    int v1 = e.vertex1;
    int v2 = e.vertex2;

    T.vertex[v1]++;
    T.vertex[v2]++;
```

```
   T.edges++;
   if ( T.vertex[v1] >=2 && T.vertex[v2] >= 2 ) {
     if(v2 == 2)
       return FALSE;
     T.vertex[v1]--;
     T.vertex[v2]--;
     T.edges--;
     return TRUE;
   }
   else
     return FALSE;
}

int main()
{
   G_kruskal obj;

   obj.build_adjmatrix();
   obj.adjust();
   obj.showEdge();
   obj.kruskal();

   system("PAUSE");
   return 0;
}
```

輸入檔 kruskal.dat：

```
6
0    16    0    0    19    21
16    0    5    6    0    11
0    5    0    10    0    0
0    6    10    0    18    14
19    0    0    18    0    33
21    11    0    14    33    0
```

輸出結果

```
total vertex = 6  total_edge = 10
V1  <----->  V2    weight= 16
V1  <----->  V5    weight= 19
V1  <----->  V6    weight= 21
V2  <----->  V3    weight= 5
V2  <----->  V4    weight= 6
V2  <----->  V6    weight= 11
V3  <----->  V4    weight= 10
V4  <----->  V5    weight= 18
V4  <----->  V6    weight= 14
V5  <----->  V6    weight= 33
```

```
Minimum cost spanning tree using Kruskal
-------------------------------------------
1th min edge : V2  <---->  V3  weight= 5
2th min edge : V2  <---->  V4  weight= 6
3th min edge : V2  <---->  V6  weight= 11
4th min edge : V1  <---->  V2  weight= 16
5th min edge : V4  <---->  V5  weight= 18
```

練習題

1. 有一無方向比重圖形如下：

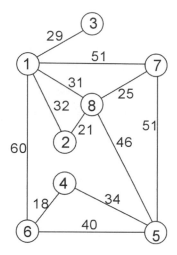

試以 Prim's 和 Kruskal's algorithms 求出最小成本擴展樹。

類似題

1. 有一圖形如下：

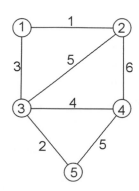

試以 Prim's algorithm 和 Kruskal's algorithm 求出 minimum cost spanning tree。

12.5 最短路徑

我們曾提及在圖形的每一邊上加比重，此比重可能是成本或距離，這時的圖形稱之為網路。而網路最基本的應用問題是：如何求出某一起始點 Vs 到某一終止點 Vt 的最短距離或最短路徑（shortest path）。

要找出某一頂點到其他節點的最短路徑，可以利用 Dijkstra's algorithm 求得。其過程如下：

步驟 1　D[I] = A[F, I]　(I = 1, N)
S = {F}
V = {1, 2, ..., N}

D 為 N 個位置的陣列，用來儲存某一頂點到其他頂點的最短距離，F 表示由某一起始點開始，A[F, I] 是表示 F 點到 I 點的距離，V 是網路中所有頂點的集合，S 也是頂點的集合。

步驟 2　從 V-S 集合中找一頂點 t，使得 D[t] 是最小值，並將 t 放入 S 集合，一直到 V-S 是空集合為止。

步驟 3　根據下面的公式調整 D 陣列中的值。

D[I] = min(D[I], D[t] + A[t, I])　((I, t)E)

此處 I 是指 t 的相鄰各頂點。
繼續回到步驟 2 執行。

圖 12-10 頂點表示城市，邊是表示兩城市之間所需花費的成本。

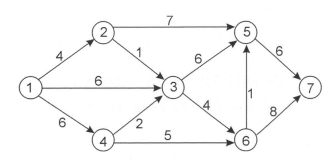

▶圖 12-10

1. F = 1；S = {1}，V = {1, 2, 3, 4, 5, 6, 7}

1	2	3	4	5	6	7
0	4	6	6	∞	∞	∞

    D陣列中D[1] = 0, D[2] = 4表示從頂點1到頂點2的距離為4，D[3] = 6表示從頂點1到頂點3的距離6，D[4] = 6表示頂點1到頂點4的距離為6，其餘的∞表示頂點1無法直接抵達此頂點。很清楚的看出D陣列中D[2] = 4最少，因此將頂點2加入到S集合中，S = {1, 2}，V-S = {3, 4, 5, 6, 7}，而且頂點2之相鄰頂點有3和5，所以

    D[3] = min(D[3], D[2]+A[2, 3]) = min(6, 4+1) = 5
    D[5] = min(D[5], D[2]+A[2, 5]) = min(∞, 4+7) = 11

    此時D陣列變為

1	2	3	4	5	6	7
0	4	5	6	11	∞	∞

2. 從V-S = {3, 4, 5, 6, 7}中找出D陣列的最小值是D[3] = 5，而頂點3的相鄰點為5、6

    ∴ S = {1, 2, 3}，V-S = {4, 5, 6, 7}
    D[5] = min(D[5], D[3]+A[3, 5]) = min(11, 5+6) = 11
    D[6] = min(D[6], D[3]+A[3, 6]) = min(∞, 5+4) = 9

    所以D陣列變為

1	2	3	4	5	6	7
0	4	5	6	11	9	∞

3. 從V-S = {4, 5, 6, 7}中挑出最小為D[4] = 6而4的相鄰點為3、6

    ∴ D[3] = min(D[3], D[4]+A[4, 3]) = min(5, 6+2) = 5
    D[6] = min(D[6], D[4]+A[4, 6]) = min(9, 6+5) = 9

    所以D陣列為

1	2	3	4	5	6	7
0	4	5	6	11	9	∞

4. 將4加入S集合中，從V-S = {5, 6, 7}中得知D[6] = 9為最小，而頂點6與頂點5、7相鄰

D[5] = min(D[5], D[6]+A[6, 5]) = min(11, 9+1) = 10

D[7]= min(D[7], D[6]+A[6, 7]) = min(∞, 9+8) = 17

所以D陣列變為

1	2	3	4	5	6	7
0	4	5	6	10	9	17

將6加入S集合後，V-S = {5, 7}

5. 從V-S = {5, 7}集合中，得知D[5] = 10最小，而頂點5的相鄰頂點7。將5加入S，V-S = {7}

D[7] = min(D[7], D[5]+A[5, 7]) = min(17, 10+6) = 16

由於頂點7為最終頂點，將其加入S集合後，V-S = { ϕ }，最後D陣列為

1	2	3	4	5	6	7
0	4	5	6	10	9	16

此陣列表示從頂點1到任何頂點的距離，如D[7]表示從頂點1到頂點7的距離為16。餘此類推。

假若我們也想知道從頂點1到頂點7所經過的頂點也很簡單，首先假設有一列Y其情形如下：

1	2	3	4	5	6	7
1	1	1	1	1	1	1

由於1為起始頂點，故將Y陣列初始值皆設為1。然後檢查上述1-4步驟，凡是D[I] > D[t]+A[t, I]的話，則將t放入Y[I]中，在步驟1 中，D[3] > D[2]+A[2,3]，且D[5] > D[2]+A[2, 5]，所以將2分別放在Y[3]和Y[5]中。

1	2	3	4	5	6	7
1	1	2	1	2	1	1

步驟2中，D[6] > D[3]+A[3, 6]，所以將3放入Y[6]中。

1	2	3	4	5	6	7
1	1	2	1	2	3	1

在步驟3中，D[5] > D[6]+A[6, 5]，D[7] > D[6]+A[6, 7]，故分別將6放在Y[5]和Y[7]中。

1	2	3	4	5	6	7
1	1	2	1	6	3	6

在步驟4中，D[7] > D[5]+A[5, 7]，故將5放入Y[7]中。

1	2	3	4	5	6	7
1	1	2	1	6	3	5

此為最後的Y陣列，表示到達頂點7必須先經過頂點5，經過頂點5必先經過頂點6，經過頂點6必先經過頂點3，而經過頂點3必須先經過頂點2，因此經過的頂點為頂點1-->頂點2-->頂點3-->頂點6-->頂點5-->頂點7。筆者需提醒讀者的是，最短路徑可能不是唯一，也許有二條是相同，這道理應很容易了解才對。

另一種表達方式

上述的解決方式似乎繁瑣了一點，筆者現利用另一種表達方式，讀者比較一下是否簡單了一些，但是其基本原理是一樣的，即是直接從A走到B不見得是最短的，也許從A經由C再到B才是最短的。

假設U_j是從頂點1到頂點j最短的距離，$U_1 = 0$，而U_j的值 (j =2, 3, ..., n) 計算如下：

$U_j = \min\{U_i + d_{ij}\}$，其中，$U_i$ 為頂點1到頂點i的最短距離。

$$d_{ij}為從i到j的距離。$$

此處的i表示到j頂點的前一個頂點，因此有可能不止一個。

上述是計算從頂點1到各頂點的最短距離，其經過的頂點，我們也可以將其記錄起來。頂點j記錄標籤 = [U_j, n]，n為使得U_j為最短距離的前一頂點；因此

$U_j = \min\{U_i + d_{ij}\}$
    $= U_n + d_{nj}$。

首先頂點1定義為[0,-]，表示頂點1為起始頂點，則圖12-10經由上述方法計算結果如圖12-11所示。

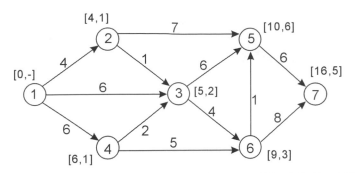

▶圖12-11　從節點1至各節點間之最短距離及其經過的前一節點

其計算如下：

頂點j	U_j	記錄標籤
1	$U_1 = 0$	[0, -]
2	$U_2 = U_1 + d_{12} = 0+4=4$, from 1	[4, 1]
4	$U_4 = U_1 + d_{14} = 0+6=6$, from 1	[6, 1]
3	$U_3 = \min \{U_1+d_{13}, U_2+d_{23}, U_4+d_{43}\}$ $= \min\{0+6, 4+1, 6+2\}$ $= 5$, from 2	[5, 2]
6	$U_6 = \min \{U_3+d_{36}, U_4+d_{46}\}$ $= \min \{5+4, 6+5\}$ $= 9$, from 3	[9, 3]
5	$U_5 = \min \{U_2+d_{25}, U_3+d_{35}, U_6+d_{65}\}$ $= \min \{4+7, 5+6, 9+1\}$ $= 10$, from 6	[10, 6]
7	$U_7 = \{U_5 + d_{57}, U_6+d_{67}\}$ $= \min \{10+6, 9+8\}$ $= 16$, from 5	[16, 5]

表12-1　計算各節點間的最短距離

練習題

1. 有一網路如下：

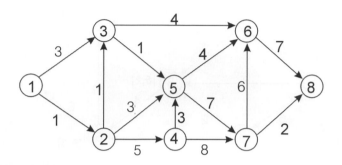

試求出其節點①到各節點的最短路徑。

類似題

1. 有一網路如下：

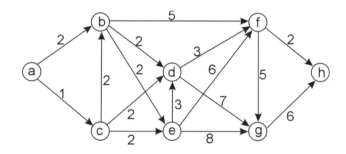

試求a到各節點的最短路徑。

程式實作

```cpp
// Name : Sh_path.cpp
// 最短路徑 : Dijkstra法

#include <iostream>
#include <fstream>
#include <stdio.h>
#include <stdlib.h>

#define  MAX_V  100    /*最大節點數*/
#define  VISITED  1
#define  NOTVISITED  0
```

```
#define   Infinite   1073741823

using namespace std;

// A[1..N][1..N] 爲圖形的相鄰矩陣
// D[i] i=1..N 用來儲存某起始頂點到i節點的最短距離
// S[1..N] 用來記錄頂點是否已經拜訪過
// P[1..N] 用來記錄最近經過的中間節點

class G_shpath {
  private:
    long int  A[MAX_V+1][MAX_V+1];
    long int  D[MAX_V+1];
    long int  S[MAX_V+1],P[MAX_V+1];
    int source , sink , N;
    int step;
    int top;  // 堆疊指標
    int Stack[MAX_V+1];    // 堆疊空間
  public:
    G_shpath();
    void init();
    void access();
    int  minD();
    void output_step();
    void output_path();
    void Push(int);
    int  Pop();
};

G_shpath::G_shpath()
{
  step = 1;
  top = -1;
}
void G_shpath::init()
{
  ifstream fin;
  int i,j;
  long int weight;

  fin.open("sh_path.dat", ios::in);
  if ( !fin.good() ) {
    perror("sh_path.dat");
    exit(1);
  }
  fin >> N;    // 讀取圖形節點數
```

```
   for ( i=1; i<=N; i++ )
     for ( j=1; j<=N; j++ )
       A[i][j] = Infinite;   // 起始A[1..N][1..N]相鄰矩陣
   while ( !fin.eof() ) {
     fin >> i >> j >> weight;
     A[i][j] = weight;      // 讀取i節點到j節點的權weight
   }
   fin.close();
   cout << "Enter source node : ";
   cin >> source;
   cout << "Enter sink node : ";
   cin >> sink;
   // 起始各陣列初值
   for ( i = 1; i <= N; i++ ) {
     S[i] = NOTVISITED; // 各頂點設為尚未拜訪
     D[i] = A[source][i]; // 記錄起始頂點至各頂點最短距離
     P[i] = source;
   }
   S[source] = VISITED;   // 始起節點設為已經走訪
   D[source] = 0;
}

void G_shpath::access()
{
   int I, t;

   for ( step =2;step <=N; step++ ) {
     // minD 傳回一值t使得D[t] 為最小
     t = minD();
     S[t] = VISITED;
     // 找出經過t點會使路徑縮短的節點
     for ( I=1; I <= N; I++ )
       if ( (S[I] == NOTVISITED) && (D[t]+A[t][I] <= D[I]) ) {
         D[I] = D[t] + A[t][I];
         P[I] = t;
       }
     output_step();
   }
}

int G_shpath::minD()
{
   int i,t;
   long int minimum = Infinite;

   for ( i=1;i<=N;i++ )
     if ( (S[i] == NOTVISITED) && D[i] < minimum ) {
```

```
            minimum = D[i];
            t = i;
        }
    return t;
}


// 顯示目前的D陣列與P陣列狀況
void G_shpath::output_step()
{
    int i;

    cout << "\n Step #" << step;
    cout << "\n================================================\n";
    for ( i=1; i<=N; i++ )
        cout << "   D[" << i << "]";
    cout << "\n";
    for ( i=1; i<=N; i++ )
        if ( D[i] == Infinite )
            cout << "   ----";
        else {
            cout.width(6);
            cout << D[i];
        }
    cout << "\n================================================\n";
    for (i=1 ; i<=N ; i++)
        cout << "   P[" << i << "]";
    cout << "\n";
    for (i=1 ; i<=N ; i++) {
        cout.width(6);
        cout << P[i];
    }
}


// 顯示最短路徑
void G_shpath::output_path()
{
    int node = sink;

    // 判斷是否起始頂點等於終點或無路徑至終點
    if ( (sink == source) || (D[sink] == Infinite) ) {
        cout << "\nNode " << source
             << " has no Path to Node " << sink;
        return;
    }
    cout << "\n";
    cout << " The shortest Path from V" << source << " to V" << sink << " :";
```

```
    cout << "\n------------------------------------------\n";
    // 由終點開始將上一次經過的中間節點推入堆疊至到起始節點
    cout << "  V" << source;
    while ( node != source ) {
       Push(node);
       node  = P[node];
    }
    while( node != sink) {
       node = Pop();
       cout << " --" << A[ P[node] ][node] << "-->";
       cout << "V" << node;
    }
    cout << "\n Total length : " << D[sink] << "\n";
}

void G_shpath::Push(int value)
{
    if ( top >= MAX_V ) {
       cout << "Stack overflow!\n";
       exit(1);
    }
    else
       Stack[++top] = value;
}

int G_shpath::Pop()
{
    if ( top < 0 ) {
       cout << "Stack empty!\n";
       exit(1);
    }
    return Stack[top--];
}

int main()
{
    G_shpath obj;

    obj.init();
    obj.output_step();
    obj.access();
    obj.output_path();

    system("PAUSE");
    return 0;
}
```

▌輸入檔 sh_path.dat：

```
7
1   2   4
1   3   6
1   4   6
2   3   1
2   5   7
3   5   6
3   6   4
4   3   2
4   6   5
5   7   6
6   5   1
6   7   8
```

▌輸出結果

```
Enter source node : 1
Enter sink node : 7

 Step #1
=================================================
  D[1]  D[2]  D[3]  D[4]  D[5]  D[6]  D[7]
    0     4     6     6    ----  ----  ----
=================================================
  P[1]  P[2]  P[3]  P[4]  P[5]  P[6]  P[7]
    1     1     1     1     1     1     1
 Step #2
=================================================
  D[1]  D[2]  D[3]  D[4]  D[5]  D[6]  D[7]
    0     4     5     6    11    ----  ----
=================================================
  P[1]  P[2]  P[3]  P[4]  P[5]  P[6]  P[7]
    1     1     2     1     2     1     1
 Step #3
=================================================
  D[1]  D[2]  D[3]  D[4]  D[5]  D[6]  D[7]
    0     4     5     6    11     9    ----
=================================================
  P[1]  P[2]  P[3]  P[4]  P[5]  P[6]  P[7]
    1     1     2     1     3     3     1
 Step #4
=================================================
  D[1]  D[2]  D[3]  D[4]  D[5]  D[6]  D[7]
    0     4     5     6    11     9    ----
=================================================
  P[1]  P[2]  P[3]  P[4]  P[5]  P[6]  P[7]
```

```
        1      1      2      1      3      3      1
   Step #5
   ================================================
    D[1]   D[2]   D[3]   D[4]   D[5]   D[6]   D[7]
     0      4      5      6      10     9      17
   ================================================
    P[1]   P[2]   P[3]   P[4]   P[5]   P[6]   P[7]
     1      1      2      1      6      3      6
   Step #6
   ================================================
    D[1]   D[2]   D[3]   D[4]   D[5]   D[6]   D[7]
     0      4      5      6      10     9      16
   ================================================
    P[1]   P[2]   P[3]   P[4]   P[5]   P[6]   P[7]
     1      1      2      1      6      3      5
   Step #7
   ================================================
    D[1]   D[2]   D[3]   D[4]   D[5]   D[6]   D[7]
     0      4      5      6      10     9      16
   ================================================
    P[1]   P[2]   P[3]   P[4]   P[5]   P[6]   P[7]
     1      1      2      1      6      3      5
   The shortest Path from V1 to V7 :
   --------------------------------------------
    V1 --4-->V2 --1-->V3 --4-->V6 --1-->V5 --6-->V7
   Total length : 16
```

12.6　拓樸排序

在沒有談到拓樸排序前，先來討論幾個名詞。

1. AOV-network：在一個有方向圖形中，每一頂點代表工作（task）或活動（activity）；而邊表示工作之間的優先順序（precedence relations）。即邊（V_i, V_j）表示 V_i 的工作必先處理完後才能去處理 V_j 的工作，此種有方向圖形稱之為 activity on vertex network 或 AOV-network。

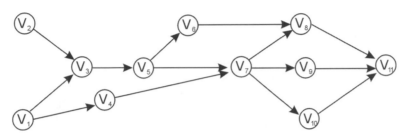

▶圖 12-12　AOV-network

2. 立即前行者（immediate predecessor）與立即後繼者（immediate successor）：若在有方向圖形 G 中有一邊 <V_i, V_j>，則稱 V_i 是 V_j 的立即前行者；而 V_j 是 V_i 的立即後繼者。在圖 12-12 中 V_7 是 V_8、V_9、V_{10} 的立即前行者；而 V_8、V_9、V_{10} 是 V_7 的立即後繼者。

3. 前行者（predecessor）與後繼者（successor）：在 AOV-network 中，假若從頂點 V_i 到頂點 V_j 存在一條路徑，則稱 V_i 是 V_j 的前行者，而 V_j 是 V_i 的後繼者。如圖 12-12 V_3 是 V_6 的前行者；而 V_6 是 V_3 的後繼者。

若在 AOV-network 中，V_i 是 V_j 的前行者，則在線性排列中，V_i 一定在 V_j 的前面，此種特性稱之為拓樸排序（topological sort）。如何找尋 AOV-network 的拓樸排序呢？其過程如下：

步驟 1　在 AOV-network 中任意挑選沒有前行者的頂點。

步驟 2　輸出此頂點，並將此頂點所連接的邊刪除。重複步驟 1 及步驟 2，一直到全部的頂點皆輸出為止。

我們以圖 12-13 來說明拓樸排序的過程：

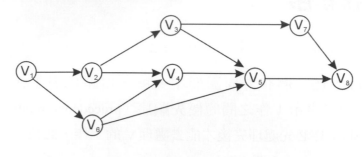

▶圖 12-13

1.　輸出 V_1，並刪除 <V_1, V_2> 與 <V_1, V_6> 兩個邊。

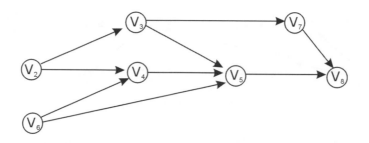

2.　此時 V_2 和 V_6 皆沒有前行者，若輸出 V_2，則刪除 <V_2, V_3> 與 <V_2, V_4> 兩個邊。

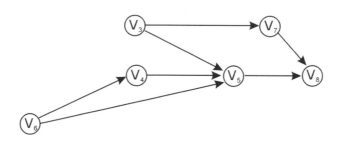

3.　運用相同的原理，選擇輸出 V_6，並刪除 <V_6, V_4> 與 <V_6, V_5> 兩個邊。

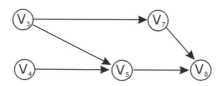

4.　輸出 V_3，並刪除 <V_3, V_5> 與 <V_3, V_7> 兩個邊。

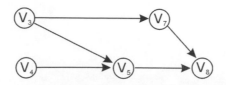

5. 輸出 V_4，並刪除 $<V_4, V_5>$。

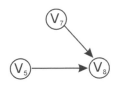

6. 輸出 V_5，並刪除 $<V_5, V_8>$。

7. 輸出 V_7，並刪除 $<V_7, V_8>$。

8. 輸出 V_8。

　　圖 12-13 的拓樸排序並非只有一種，因為在過程 2 時，假若選的頂點不是 V_2，其拓樸排序所排出來的順序就會不一樣。因此，AOV-network 的拓樸排序並不是唯一。若依上述的方式，其資料的排序順序是 $V_1, V_2, V_6, V_3, V_4, V_5, V_7$ 及 V_8。

　　假若將圖 12-13 以相鄰串列來表示，則如圖 12-14 所示，其中 count(i) 為頂點 i 的內分支度。

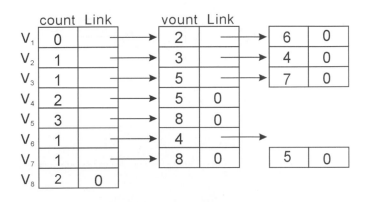

▶圖 12-14　相鄰串列表示法

　　首先得知 V_1 的 count 為 0，表示其沒有前行者，故輸出 V_1，當輸出 V_1 時，將 V_2 和 V_6 的 count 減 1，此時 V_2 和 V_6 皆為 0，這時您有二種選擇，若選 V_2，則將 V_3 和 V_4 的 count 減 1，以此類推，就可得到拓樸排序了，從此也得知，拓樸排序不是唯一的。

練習題

1. 有一 AOV-network 如下：

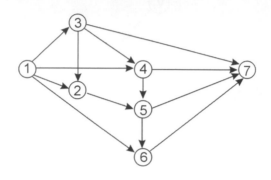

　　試問其拓樸排序為何？

類似題

1. 有一 AOV-network 如下：

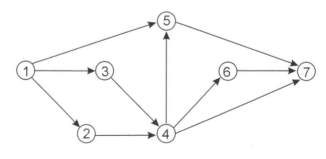

　　試問其拓樸排序為何？

程式實作

```cpp
/* file name : top_sort.cpp */
/* 拓樸排序 */

#include <stdlib.h>
#include <iostream>
using namespace std;

#define MAX_V 100    /*最大節點數*/
#define TRUE 1
#define FALSE 0

/*定義資料結構*/
typedef struct node_tag {
    int vertex;
    struct node_tag *link;
} Node;

class TopSort {
public:
    Node *adjlist[MAX_V+1];    /*宣告相鄰串列*/
    int visited[MAX_V+1];    /*記錄頂點是否已拜訪*/
    int Top_order[MAX_V+1];
    int N;
    int place;
    void build_adjlist();
    void show_adjlist();
    void topological();
    void top_sort(int);
    Node *searchlast(Node *);
};

int main()
{
    int i;
    TopSort obj;
    obj.build_adjlist(); /*以相鄰串列表示圖形*/
    obj.show_adjlist();  /*顯示串列之資料*/
    obj.topological();      /*圖形之蹤向優先搜尋，以頂點1為起始頂點*/
    puts("\n------Toplogical order sort------");
    for ( i = 0; i < obj.N; i++ )
        cout << «V « << obj.Top_order[i];
    system(«PAUSE»);
    return 0;
}
```

```
void TopSort::build_adjlist()
{
    FILE *fptr;
    Node *node,*lastnode;
    int vi,vj;
    fptr = fopen(«top_sort.dat»,»r»);
    if ( fptr == NULL )
    {
        perror(«top_sort.dat»);
        exit(0);
    }

    /*讀取節點總數*/
    fscanf(fptr,»%d»,&N);
    for ( vi = 1; vi <= N; vi++)
    {
        /*設定陣列及各串列起始值*/
        adjlist[vi] = (Node *)malloc(sizeof(Node));
        adjlist[vi]->vertex = vi;
        adjlist[vi]->link = NULL;
    }

    /*讀取節點資料*/
    while( fscanf(fptr,"%d %d",&vi,&vj) != EOF)
    {
        node = (Node *)malloc(sizeof(Node));
        node->vertex = vj;
        node->link = NULL;
        if ( adjlist[vi]->link == NULL)
            adjlist[vi]->link = node;
        else
        {
            lastnode = searchlast(adjlist[vi]);
            lastnode->link = node;
        }
    }
    fclose(fptr);
}

/*顯示各相鄰串列之資料*/
void TopSort::show_adjlist()
{
    int v;
    Node *ptr;

    puts("Head    adjacency nodes");
```

```cpp
    puts(«---------------------------»);
    for (v = 1; v <= N; v++)
    {
        cout << «V « << adjlist[v]->vertex;
        ptr = adjlist[v]->link;
        while ( ptr != NULL )
        {
            cout << «--> V « << ptr->vertex;
            ptr = ptr->link;
        }
        cout << «\n»;
    }
}

/*圖形之蹤向優先搜尋*/
void TopSort::topological()
{
    int v;

    for ( v = 1;v <= N; v++)
        visited[v] = FALSE;
    place = N;
    for ( v = 1; v <= N; v++ )
        if ( !visited[v] )
            top_sort(v);
}

void TopSort::top_sort(int k)
{
    Node *ptr;
    int w;

    visited[k] = TRUE;              /*設定v頂點為已拜訪過*/
    ptr = adjlist[k]->link;         /*拜訪v相鄰頂點*/
    while ( ptr != NULL )
    {
        w = ptr->vertex; /* w 為v的立即後繼者 */
        if ( !visited[w] )
            top_sort(w);
        ptr = ptr->link;
    }
    Top_order[--place] = k;
}

/*搜尋串列最後節點函數*/
Node *TopSort::searchlast( Node *linklist )
```

```
{
    Node *ptr;
    ptr = linklist;
    while ( ptr->link != NULL ) ptr = ptr->link;
    return ptr;
}
```

▌輸入檔 top_sort.dat；

```
8
1 2
1 6
2 3
2 4
3 5
3 7
4 5
5 8
6 4
6 5
7 8
```

▌輸出結果

```
Head      adjacency nodes
-----------------------------
V1  --> V2  --> V6
V2  --> V3  --> V4
V3  --> V5  --> V7
V4  --> V5
V5  --> V8
V6  --> V4  --> V5
V7  --> V8
V8

------Toplogical order sort------
sh: PAUSE: command not found
V1 V6 V2 V4 V3 V7 V5 V8
```

12.7　臨界路徑法

第12.6節已談過AOV-network，假若利用AOV-network的邊來代表某種活動（activity），而頂點表示事件（events），則稱此網路為AOE-network。圖12-15是一個AOE-network，其中有7個事件分別是$V_1, V_2, V_3, ..., V_7$，有11個活動分別為a_{12}, a_{13}, a_{15}, a_{24}, a_{34}, a_{35}, a_{45}, a_{46}, a_{47}, a_{57}, a_{67}。而且從圖12-15可知V_1是這個專案（project）的起始點，V_7是結束點，其他如V_5表示必須完成活動。$a_{13} = 3$ 表示V_1到V_3所需的時間為3天，$a_{35} = 2$ 為V_3到V_5所需的時間為2天，餘此類推。而a_{45}為虛擬活動路徑（dummy activity path），其值為0，因為我們假設V_5需要V_1, V_3及V_4事件完成之後才可進行事件V_5。

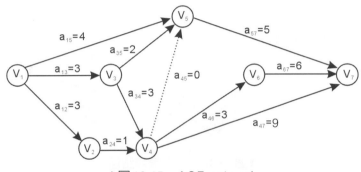

▶圖12-15　AOE-network

AOE-network已被用在某些類型的計畫績效評估（performance evaluation）。評估的範圍包括：(1)完成計畫所需要最短的時間，(2)為縮短整個計畫而應加速這些活動。目前有不少的技術已開發完成，用來評估各個計畫的績效，如專案評估與技術查核（Project Evaluation and Review Technique, PERT）及臨界路徑法（Critical Path Method, CPM）。CPM和PERT分別在1956至1958年間被發展出來，CPM第一次被E.I.doDont de Nemours & Company發展出來，之後被Mauchly Associates加以改良，而PERT則由美國海軍發展出來，用於飛彈計畫（Polaris Missile Program）。CPM最早應用於建築或建造專案方面。

AOE-network上的活動是可以並行處理的，而一個計畫所需完成的最短時間，是從起始點到結束點間最短的路徑來算。長度為最長的路徑稱為臨界路徑（Critical Path）。在圖12-15 AOE-network可以看出，其臨界路徑是V_1, V_3, V_4, V_6, V_7，其長度為15。注意：AOE-network上的臨界路徑可能不只一條，如V_1, V_3, V_4, V_7也是臨界路徑。

在AOE-network上，所有的活動皆有兩種時間：一是最早時間（Early time），表示一活動最早開始的時間，以earliest (i) 表示活動ai最早開始時間；一為最晚時間（Latest time），指一活動在不影響整個計畫完成之下，最晚能夠開始進行的時間，以latest(i)表示活動ai最晚的時間。latest(i)減去 earliest(i)為一活動臨界之數量，它表示在不耽誤或增加整個計畫完成之時間下，i活動所能夠延遲時間之數量。例如：latest(i) - earliest(i) =3，表示i活動可以延遲三天也不會影響整個計畫的完成。當 latest(i) = earliest(i)時，表示i活動是臨界的活動（Critical Activity）。

臨界路徑分析的目的，在於辨別哪些路徑是臨界活動，以便能夠集中資源在這些臨界活動上，進而縮短計畫完成的時間。然而，並不是加速臨界活動就可以縮短計畫完成的時間，除非此臨界活動是在全部的臨界路徑上。圖12-15的臨界路徑如圖12-16所示：

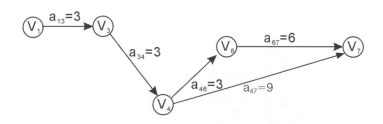

▶圖12-16　一條臨界路徑

若將圖 12-15 a_{46}的活動增加速度，由原來的3天縮短為2天完成，並不會使整個計畫提前1天，它仍需15天才可完成。因為還有一條臨界路徑 V_1, V_3, V_4, V_6, V_7，其不包括a_{47}，故不會縮短計畫完成的時間。但若將a_{13}由原來的3天加快速度，使其1天就可完成，此時整個計畫就可提前2天完成，故只需13天就可完成。

░12.7.1　計算事件最早發生的時間

如何求得AOE-network的臨界路徑呢？首先要計算事件最早發生的時間earliest及事件最晚發生的時間latest(j)，其中：

earliest(j) = max { earliest(j), earliest(i) + <i,j>時間 }
　　　　　i∈p(j)

p(j) 是所有與 j 相鄰頂點所成的集合。

接下來將圖12-15以相鄰串列表示之，如圖12-17所示：

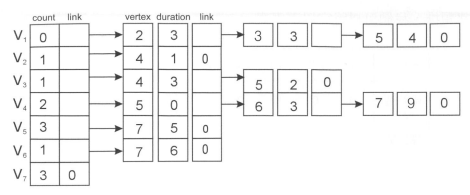

▶圖12-17 相鄰串列表示法

其中count表示某事件前行者的數目，duration表示時間。首先，假設 earliest(i)=0, $1 \leq i \leq 7$，如下圖所示：

earliest	(1)	(2)	(3)	(4)	(5)	(6)	(7)
開始	0	0	0	0	0	0	0

1. 由於1沒有前行者，故輸出V_1，此時V_2、V_3皆沒有前行者，將V_2、V_3放入堆疊：

    earliest(2) = max {earliest(2), earliest(1) + <1, 2> } = 3

    earliest(3) = max {earliest(3), earliest(1) + <1, 3> } = 3

    earliest(5) = max {earliest(5), earliest(1) + <1, 5> } = 4

∴ earliest	(1)	(2)	(3)	(4)	(5)	(6)	(7)
	0	3	3	0	4	0	0

2. 從堆疊彈出V_2，但並沒有使哪一頂點為無前行者，故只計算其相鄰的頂點V_4：

    earliest(4)=max{earliest(4), earliest(2) + <2, 4>}=4

∴ earliest	(1)	(2)	(3)	(4)	(5)	(6)	(7)
	0	3	3	4	4	0	0

3. 從堆疊彈出V_3，使V_4為無前行者，故將其加入堆疊並計算與其相鄰的頂點 V_4、V_5：

    earliest(4) = max {earliest(4), earliest(3) + <3, 4> } = 6

    earliest(5) = max {earliest(5), earliest(3) + <3, 5> } = 5

∴ earliest	(1)	(2)	(3)	(4)	(5)	(6)	(7)
	0	3	3	6	5	0	0

餘此類推，我們可以將它以下表表示之。

earliest	(1)	(2)	(3)	(4)	(5)	(6)	(7)	堆疊的狀態
初始值	0	0	0	0	0	0	0	1
彈出V_1	0	3	3	0	4	0	0	2 / 3
彈出V_2	0	3	3	4	4	0	0	3
彈出V_3	0	3	3	6	5	0	0	4
彈出V_4	0	3	3	6	6	9	15	5 / 6
彈出V_5	0	3	3	6	6	9	15	6
彈出V_6	0	3	3	6	6	9	15	7
彈出V_7	0	3	3	6	6	9	15	

表 12-2   earliest(j)的計算

12.7.2 計算事件最晚發生的時間

計算完事件最早發生的時間後，接下來計算事件最晚發生的時間latest(j)，計算如下：

latest(j)=min{latest(j), latest(i)-<j,i>時間 }

      i∈s(j)

此處 s(j) 是所有頂點 j 的相鄰頂點。

首先將圖 12-14 以反相鄰串列表示之，如圖 12-18

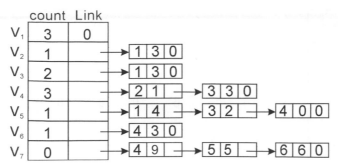

▶圖12-18　反相鄰串列表示法

開始時 latest(j)=15，1≤j≤7

latest	(1)	(2)	(3)	(4)	(5)	(6)	(7)
開始	15	15	15	15	15	15	15

1. 彈出 V_7，因為在反相鄰串列中，由於 V_7 沒有前行者，故刪除 $<V_7, V_4>$、$<V_7, V_5>$ 及 $<V_7, V_6>$，此時 V_5, V_6 沒有前行者，將它們放入堆疊，並計算如下：

   latest(4)=min{latest(4), latest(7)-<7, 4>}=min{15, 15-9}=6

   latest(5)=min{latest(5), latest(7)-<7, 5>}=min{15, 15-5}=10

   latest(6)=min{latest(6), latest(7)-<7, 6>}=min{15, 15-6}=9

   所以

latest	(1)	(2)	(3)	(4)	(5)	(6)	(7)
	15	15	15	6	10	9	15

2. 彈出 V_5，並刪除 $<V_5, V_4>$，$<V_5, V_3>$，$<V_5, V_1>$，並計算

   latest(1)=min{latest(1), latest(5)-<5, 1>}=min{15, 10-4}=6

   latest(3)=min{latest(3), latest(5)-<5, 3>}=min{15, 10-2}=8

   latest(4)=min{latest(4), latest(5)-<5, 4>}=min{6, 10-0}=6

   所以

latest	(1)	(2)	(3)	(4)	(5)	(6)	(7)
	6	15	8	6	10	9	15

其餘的，依此類推，我們可以以表12-3表示之。

latest	(1)	(2)	(3)	(4)	(5)	(6)	(7)	堆疊的狀態
初始值	15	15	15	15	15	15	15	7
彈 V_7	15	15	15	6	10	9	15	5 6 4
彈 V_5	6	15	8	6	10	9	15	6 4
彈 V_6	6	15	8	6	10	9	15	4
彈 V_4	6	5	3	6	10	9	15	2 3
彈 V_2	2	5	3	6	10	9	15	3
彈 V_3	0	5	3	6	10	9	15	1
彈 V_1								

表 12-3　latest(j)的計算

之後我們將earliest(j)以□方式，而latest(j)以△方式標示出

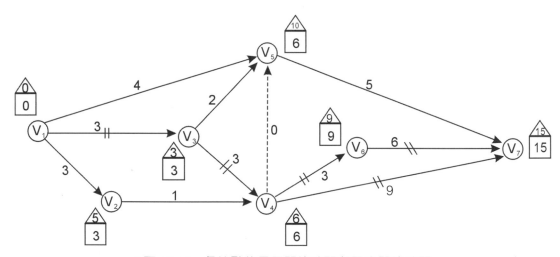

▶圖12-19　各節點的最早開始時間與最晚開始時間

若 earliest(j) - earliest(i) = latest(j) - latest(i) = aij，則aij為一要徑（Critical path）

如V_1到V_3為一要徑，因為

$3 - 0 = 3 - 0 = a_{13} = 3$

而 V_1 到 V_2 不是一要徑，因為

$3 - 0 \neq 5 - 0 \neq a_{12} = 3$

餘此類推...，因此可得要徑為 $V_1 V_3 V_4 V_6 V_7$ 或 $V_1 V_3 V_4 V_7$。

1. 有一專案網路如下：

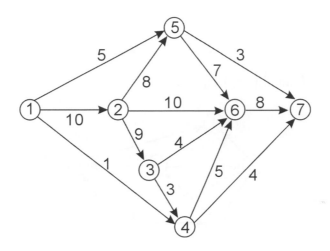

　　試求出其臨界路徑。

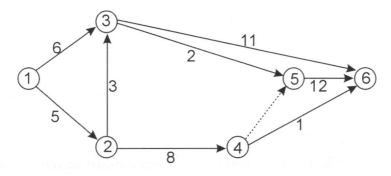

1. 有一專案網路如下：

　　試求其臨界路徑（CPM）。

12.8 動動腦時間

1. [12.0]請問下圖是否可以形成尤拉循環（Eulerian cycle）。

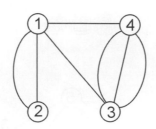

2. [12.1, 12.2]有一有向圖形如下所示：

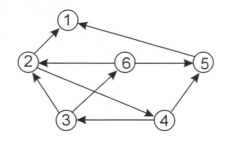

(a) 請寫出每一節點的內分支度（in-degree）及外分支度（out-degree）各為多少。

(b) 將上圖利用相鄰矩陣及相鄰串列表示之。

3. [12.2, 12.3]有一圖形如下所示：

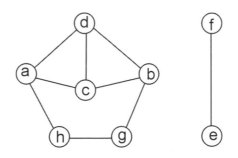

(a) 請以相鄰矩陣與相鄰串列方式表示之。

(b) 根據 (a) 由節點a做 depth-first search 及 breadth-first search，結果分別如何？

(c) 試說明上述搜尋之用途。

4. [12.3]有二個圖形如下：

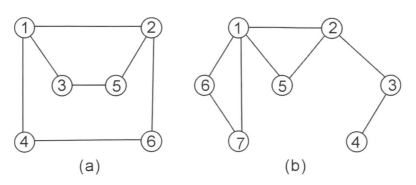

(a)   (b)

分別由節點1利用 depth-first search 與 breadth-first search，其結果為何？

5. [12.3]試撰寫一程式找出圖 12-7 的橫向優先搜尋。

6. [12.4]請畫出下列兩個圖形之 depth-first search spanning tree 與 breadth-first search spanning tree。

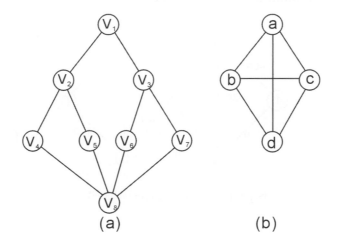

(a)   (b)

7. [12.5]試求出下圖節點 1 到各節點之最短路徑。

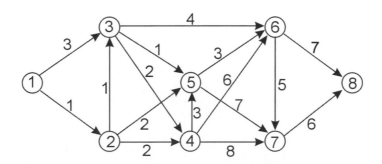

8. [12.7]利用下面的 AOE 網路試求：

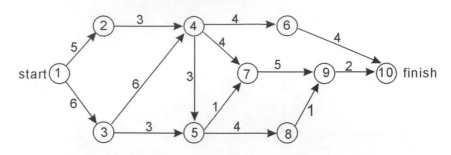

(a) 每一事件最早開始的時間及最晚開始的時間。

(b) 該計畫最早完成的時間為何？

(c) 哪些事件具有臨界性（critical）。

(d) 是否有任何事件經加速之後，會縮短該計畫的長度。

9. [12.4]請利用(一)Prim's algorithm，及(二)Kruskal's algorithm 求上圖之最小成本的擴展樹（minimum cost spanning tree）。

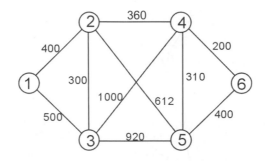

10.[12.5]試撰寫一程式以表 12-1 的方法計算最短路徑。

排序

排序（**sorting**）和搜尋（**searching**）是日常生活
中常用到的事項，資料結構中也順其自然地將它們
納入其中，**Knuth** 大師更是在他的巨著 **The art of
programming** 將排序和搜尋以一大部分的書談論
之，由此可見其重要性，筆者也將常用的一些排序
與搜尋方法在本章及下一章一一的加以闡述之。

　　排序的方式可以分成兩種：(1) 如果記錄是在主記憶體（main memory）中進行分類，則稱之為內部排序（internal sort）；(2) 假若記錄太多，以致無法全部存於主記憶體，需借助輔助記憶體，如磁碟或磁帶來進行分類，此種稱之為外部排序（external sort）。

　　除了上述內部排序和外部排序之區別外，也可以分成下列兩類：(1) 如果排序方式是比較整個鍵值（key value）的話，稱之為比較排序（comparative sort）；(2) 假使是一次只比較鍵值的某一位數，此類稱之為分配排序（distributive sort）。

　　存於檔案（file）中的記錄（record），可能含有相同的鍵值。對於兩個鍵值 k(i) = k(j) 的記錄 r(i) 和 r(j)，如果在原始檔案中，r(i) 排在 r(j) 之前；而在排序後，檔案中的 r(i) 仍在 r(j) 之前，則稱此排序具有穩定性（stable）。反之，如果 r(j) 在 r(i) 之前，則稱此排序為不穩定（unstable）。亦即表示當兩個鍵值一樣時並不需要互換，此稱為穩定排序；反之，即使鍵值相同仍需互換者，則稱為不穩定排序。

　　排序可能就記錄本身或在一個輔助的指標中進行。譬如圖 13-1 之(a)的檔案有 5 個記錄，排序後如圖 13-1 之(b)，這種方式是真正對記錄本身做排序。

	鍵值	資料
記錄1	4	DD
記錄2	2	BB
記錄3	1	AA
記錄4	5	EE
記錄5	3	CC

1	AA
2	BB
3	CC
4	DD
5	EE

(a)原來檔案　　　　　　(b)排序後檔案

▶圖 13-1

　　如果 13-1 之(a)檔案中的每一記錄含有大量資料的話，則搬移這些資料必會耗費相當多的時間。在這種情況下，最好能使用輔助的指標，利用指標的改變取代原來資料的搬移，如圖 13-2。

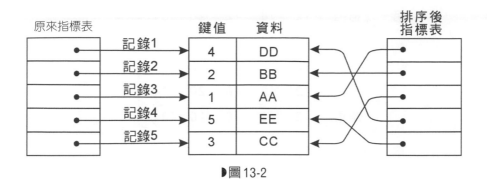

▶圖 13-2

13.1 氣泡排序

氣泡排序（bubble sort）又稱為交換排序（interchange sort）。相鄰兩個相比，假使前一個比後一個大時，則互相對調。通常有n個資料時需要做n-1次掃描，一次掃描完後，資料量減少1，當沒有對調時，就表示已排序好了。

例如有5個資料，分別是18, 2, 20, 34, 12以氣泡排序的步驟如下：

```
第一次掃描    18    2    20    34    12
             2    18    20    34    12  ┐
             2    18    20    34    12  │
             2    18    20    34    12  ├ 4次比較
      結果    2    18    20    12   ⑶④ ┘

第二次掃描    2    18    20    12
             2    18    20    12  ┐
             2    18    12    20  ├ 3次比較
      結果    2    18    12   ⑳   ┘

第三次掃描    2    18    12
             2    18    12  ┐
                           ├ 2次比較
      結果    2    12   ⑱   ┘

第四次掃描    2    12
      結果    2   ⑫        1次比較
```

假設鍵值是12, 18, 2, 20, 34，則需要幾次掃描呢？

```
第一次掃描    12    18    2    20    34
              12    18    2    20    34 ┐
              12    2    18    20    34 │
              12    2    18    20    34 │ 4次比較
        結果  12    2    18    20    (34)┘

第二次掃描    12    2    18    20
              2    12    18    20 ┐
              2    12    18    20 │ 3次比較
        結果  2    12    18    (20)┘

第三次掃描    2    12    18
              2    12    18 ┐ 2次比較
        結果  2    12    (18)┘
```

　　由於在第三次掃描，沒有做互換的動作，因此可知資料已排序好，不用再比較了。我們可利用一變數加以判斷是否要繼續下一次的掃描與比較，請看程式實作 (sort_bb.c)，其中的 flag 變數。氣泡排序是 stable，最壞時間與平均時間為 $O(n^2)$，所需要額外空間也很少。

程式實作

```cpp
// Name : Sort_bb.cpp
// 泡沫排序

#include <iostream>
#include <stdlib.h>
using namespace std;

template <class Type>
class Bubble {
  private:
    Type temp;
  public:
    void bubble_sort(Type data[]);
    void access(Type data[], int size);
};

template <class Type>
void Bubble<Type>::bubble_sort(Type data[])
{
```

```cpp
  int size = 0, i;

  cout << "\nPlease enter number to sort ( enter 0 when end ):\n";
  cout << "Number : ";
  do {    // 要求輸入數字直到輸入數字為零
    cin >> data[size];
  } while(data[size++] != 0);
  for(i = 0; i < 60; i++) cout << "-";
  cout << "\n";
  access(data, --size);   // --size用於將資料為零者排除
  for(i = 0; i < 60; i++) cout << "-";
  cout << "\nSorted : ";
  for(i = 0; i < size; i++)
    cout << data[i] << "   ";
}

template <class Type>
void Bubble<Type>::access(Type data[], int size)
{
  int i, j, k, temp, flag;

  for(i = 0; i < size-1; i++) {
    flag = 0;
    /*印出第幾次的 Pass */
    cout << "#" << i+1 << " pass : " << endl;

    for(j = 0; j < size-i-1; j++) {
      // 當某一筆資料大於其下一筆資料時，將兩資料對調
      if(data[j] > data[j+1]) {
        flag = 1;
        temp = data[j];
        data[j] = data[j+1];
        data[j+1] = temp;
      }
      /* 印出每一次的 compare */
      cout << "   #" << j+1 << " compare : ";
      /* 每一次的 compare 資料量會減 1，故以在迴圈中以size-i為結束點 */
      for (k=0; k < size-i; k++)
        cout << data[k] << " ";
          cout << endl;
    }
    /*印出每一次的 Pass 的最後的資料 */
    cout << "#" << i+1 << " pass finished : ";
    for(k = 0; k < size; k++)
      cout << data[k] << "   ";
    cout << endl << endl;
```

```
      if(flag != 1)
        break;
    }
}

int main()
{
  Bubble<int> obj;
  int data[20];

  obj.bubble_sort(data);
  printf("\n");
  system("PAUSE");
  return 0;

}
```

輸出結果

```
Please enter number to sort ( enter 0 when end ):
Number : 32 87 43 99 10 46 27 0
-------------------------------------------------------------
#1 pass :
    #1 compare : 32 87 43 99 10 46 27
    #2 compare : 32 43 87 99 10 46 27
    #3 compare : 32 43 87 99 10 46 27
    #4 compare : 32 43 87 10 99 46 27
    #5 compare : 32 43 87 10 46 99 27
    #6 compare : 32 43 87 10 46 27 99
#1 pass finished : 32   43   87   10   46   27   99

#2 pass :
    #1 compare : 32 43 87 10 46 27
    #2 compare : 32 43 87 10 46 27
    #3 compare : 32 43 10 87 46 27
    #4 compare : 32 43 10 46 87 27
    #5 compare : 32 43 10 46 27 87
#2 pass finished : 32   43   10   46   27   87   99

#3 pass :
    #1 compare : 32 43 10 46 27
    #2 compare : 32 10 43 46 27
    #3 compare : 32 10 43 46 27
    #4 compare : 32 10 43 27 46
#3 pass finished : 32   10   43   27   46   87   99

#4 pass :
```

```
   #1 compare : 10 32 43 27
   #2 compare : 10 32 43 27
   #3 compare : 10 32 27 43
#4 pass finished : 10  32  27  43  46  87  99

#5 pass :
   #1 compare : 10 32 27
   #2 compare : 10 27 32
#5 pass finished : 10  27  32  43  46  87  99

#6 pass :
   #1 compare : 10 27
#6 pass finished : 10  27  32  43  46  87  99

-------------------------------------------------------
Sorted : 10  27  32  43  46  87  99
```

1. 利用 bubble sort 將下列資料由大至小排序之。

   72, 35, 98, 44, 57, 12, 29

1. 利用 bubble sort 將下列資料由小至大排序之。

   74, 26, 53, 22, 49, 59, 36

13.2　選擇排序

選擇排序（selection sort）首先在所有的資料中挑選一個最小的放置在第一個位置（因為由小到大排序），再從第二個開始挑選一個最小的放置於第二個位置，......，一直下去。假設有 n 個記錄，則最多需要 n-1 次對調，以及 n(n-1)/2 次比較。

例如有 5 個記錄，其鍵值為 18, 2, 20, 34, 12。利用選擇排序，其做法如下：

```
                                              18    2   20   34   12
Step 1:                        最小為2 →  ②   18   20   34   12
Step 2:從第2位置開始挑最小為12 →  ②  ⑫   20   34   18
Step 3:從第3位置開始挑最小為18 →  ②  ⑫  ⑱   34   20
Step 4:從第4位置開始挑最小為20 →  ②  ⑫  ⑱  ⑳   34
```

選擇排序跟氣泡排序一樣是 stable，最壞時間與平均時間都是 $O(n^2)$，所需要額外空間亦很少。

程式實作

```cpp
// Name : Sort_sl.cpp
// 選擇排序

#include <iostream>
#include <stdlib.h>
using namespace std;

template <class Type>
class Selection {
  private:
    Type temp;
  public:
    void select_sort(Type data[]);
    void access(Type data[], int size);
};

template <class Type>
void Selection<Type>::select_sort(Type data[])
{
  int size = 0, i;

  // 要求輸入資料直到輸入為零
```

```
   cout << "\nPlease enter number to sort ( enter 0 when end ):\n";
   cout << "Number : ";
   do {
     cin >> data[size];
   }  while(data[size++] != 0);
   for(i = 0; i < 60; i++) cout << "-";
   cout << "\n";
   access(data, --size);
   for(i = 0; i < 60; i++) cout << "-";
   cout << "\nSorted: ";
   for(i = 0; i < size; i++)
     cout << data[i] << "  ";
}

template <class Type>
void Selection<Type>::access(Type data[], int size)
{
   int base, compare, min, i;

   for(base = 0; base < size-1; base++) {
     // 將目前資料與後面資料中最小的對調
     min = base;
     for(compare = base+1; compare < size; compare++)
       if(data[compare] < data[min])
         min = compare;
        cout << "#" << base+1 << " selected data is : " << data[min] << endl;
     temp = data[min];
     data[min] = data[base];
     data[base] = temp;

     for(i = 0; i < size; i++)
       cout << data[i] << "  ";
     cout << endl << endl;
   }
}

int main()
{
   Selection<int> obj;
   int data[20];

   obj.select_sort(data);
   cout << endl;
   system("PAUSE");
   return 0;
}
```

輸出結果

```
Please enter number to sort ( enter 0 when end ):
Number : 87 22 76 34 11 92 33 0
------------------------------------------------------------
#1 selected data is : 11
11   22   76   34   87   92   33

#2 selected data is : 22
11   22   76   34   87   92   33

#3 selected data is : 33
11   22   33   34   87   92   76

#4 selected data is : 34
11   22   33   34   87   92   76

#5 selected data is : 76
11   22   33   34   76   92   87

#6 selected data is : 87
11   22   33   34   76   87   92


------------------------------------------------------------
Sorted: 11   22   33   34   76   87   92
sh: PAUSE: command not found
Program ended with exit code: 0
```

練習題

1. 利用 selection sort 將下列資料由小至大排序之。

   72, 35, 98, 44, 57, 12, 29

類似題

1. 利用 selection srot 將下列資料由小至大排序之。

   74, 26, 53, 22, 49, 59, 36

13.3 插入排序

插入排序（insertion sort）乃將加入的資料置於適當的位置，如下圖所示：

```
  j │ x₀     x₁      x₂      x₃      x₄      x₅

  0 │ -∞

  1 │ -∞     45
              ↙
  2 │ -∞     45      39
                      ↙
  3 │ -∞     39      45      12
                              ↙
  4 │ -∞     12      39      45      25
                                      ↙
  5 │ -∞     12      25      39      45      30

    │ -∞     12      25      30      39      45
```

在 j 的每個步驟將加入的資料，找出其適當的位置如 j=4 時，加入 25，則需將 39 和 45 往後移，再將 25 放在 12 的後面。餘此類推。

插入排序是 stable 的性質，最壞時間和平均時間均為 $O(n^2)$，所需額外空間很少。

程式實作

```cpp
// Name : Sort_is.cpp
// 插入排序

#include <iostream>
#include <stdlib.h>
using namespace std;

template <class Type>
class Insertion {
  private:
    Type temp;
  public:
    void insertion_sort(Type data[]);
    void access(Type data[], int size);
};
```

```cpp
template <class Type>
void Insertion<Type>::insertion_sort(Type data[])
{
    int size = 0, i;

    cout << "\nPlease enter number to sort ( enter 0 when end ):\n";
    cout << "Unsorted data is : ";
    do {    // 要求輸入資料直到輸入為零
        cin >> data[size];
    } while(data[size++] != 0);
    for(i = 0; i < 60; i++) cout << "-";
    cout << endl;
    access(data, --size);
    for(i = 0; i < 60; i++) cout << "-";
    cout << "\nSorted : ";
    for(i = 0; i < size; i++)
        cout << data[i] << "  ";
}


template <class Type>
void Insertion<Type>::access(Type data[], int size)
{
    int base, compare, i;
    cout << "First data is " << data[0] << endl << endl;
    for(base = 1; base < size; base++){
    // 當資料小於第一筆，則插於前方，否則與後面資料比對找出插入位置
        temp = data[base];
        compare = base;
        cout << "Insert data is " << data[base] << endl;
        while(compare > 0 && data[compare-1] > temp) {
            data[compare]=data[compare-1];
            data[compare-1]=temp;
            compare--;
        }
        cout << "Ater #" << base << " insertion : ";
        for(i = 0; i <= base; i++)
            cout << data[i] << "  ";
        cout << endl << endl;
    }
}


int main()
{
    Insertion<int> obj;
    int data[20];
```

```
   obj.insertion_sort(data);
   cout << endl;
   system("PAUSE");
   return 0;
}
```

輸出結果

```
Please enter number to sort ( enter 0 when end ):
Unsorted data is : 67 54 77 88 33 45 93 0
------------------------------------------------------------
First data is 67

Insert data is 54
Ater #1 insertion : 54   67

Insert data is 77
Ater #2 insertion : 54   67   77

Insert data is 88
Ater #3 insertion : 54   67   77   88

Insert data is 33
Ater #4 insertion : 33   54   67   77   88

Insert data is 45
Ater #5 insertion : 33   45   54   67   77   88

Insert data is 93
Ater #6 insertion : 33   45   54   67   77   88   93

------------------------------------------------------------
Sorted : 33   45   54   67   77   88   93
```

練習題

1. 利用 insertion sort 將下列資料由大至小排序之。

   72, 35, 98, 44, 57, 12, 29

類似題

1. 利用 insertion sort 將下列資料由小至大排序之。

   74, 26, 53, 22, 49, 59, 36

13.4 合併排序

　　合併排序(merge sort)乃是將兩個或兩個以上已排序好的檔案,合併成一個大的已排序好的檔案。此排序法於1945年由John Von Neumann所發明。例如:有兩個已排序好的檔案分別爲甲 = {2, 10, 12, 18, 25},乙 = {6, 16, 20, 32, 34}。合併排序過程如下:甲檔案的第一個資料是2,而乙第一個資料是6,由於2小於6,故將2寫入丙檔案的第一個資料;甲檔案的第二個資料是10,10比6大,故6寫入丙檔案;乙檔案的第二個資料爲16,16比10大,故10寫入丙檔案;以此類推,最後丙檔案爲 {2, 6, 10, 12, 16, 18, 20, 25, 32, 34}。

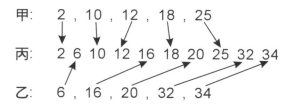

　　上述合併排序的前提是:將兩個已經排序好的資料合併在一個檔案中。假使在一堆無排序的資料,我們可以先將它們一對一合併,再來二對二合併,三對三合併,如下圖所示,假設有下列8個鍵值18, 2, 20,34, 12, 32, 6, 16。

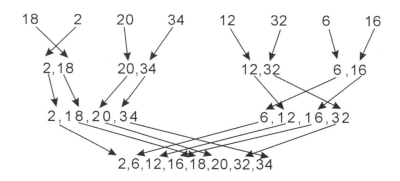

　　從上圖大致可以發現最後合併的動作,乃是和上述將兩個已排序好的資料加以合併而成。

　　合併分類是stable,最壞時間與平均時間均爲O(nlog₂n)。所需的額外空間與檔案大小成正比。

程式實作

```cpp
// Name : Sort_mg.cpp
// 合併排序

#include <iostream>
#include <stdlib.h>
using namespace std;

template <class Type>
class Merge {
  private:
    Type data1[10];
    Type data2[10];
    Type data3[20];
  public:
    void merge_sort();
    void select_sort(Type data[], int size);
    void access(int size1, int size2);
};

template <class Type>
void Merge<Type>::merge_sort()
{
  int size1 = 0, size2 = 0, i;

  // 要求輸入兩個數列做合併
  cout << "\nPlease enter data 1 to sort ( enter 0 when end ):\n";
  cout << "Number : ";
  do {
    cin >> data1[size1];
  } while(data1[size1++] != 0);
  cout << "Please enter data 2 to sort ( enter 0 when end ):\n";
  cout << "Number : ";
  do {
    cin >> data2[size2];
  } while(data2[size2++] != 0);
  // 先使用選擇排序將兩數列排序，再做合併
  select_sort(data1, --size1);
  select_sort(data2, --size2);
  for(i = 0; i < 60; i++) cout << "-";
  cout << "\nData 1 : ";
  for(i = 0; i < size1; i++)
    cout << data1[i] << "   ";
  cout << "\n";
  cout << "Data 2 : ";
  for(i = 0; i < size2; i++)
```

```
      cout << data2[i] << "   ";
   cout << "\n";
   for(i = 0; i < 60; i++) cout << "-";
   cout << "\n";
   access(size1, size2);
   for(i = 0; i < 60; i++) cout << "-";
   cout << "\nSorted data: ";
   for(i = 0; i < size1+size2; i++)
      cout << data3[i] << "   ";
}


template <class Type>
void Merge<Type>::select_sort(Type data[], int size)
{
   int base, compare, min;
   Type temp;

   for(base = 0; base < size-1; base++) {
      min = base;
      for(compare = base+1; compare < size; compare++)
         if(data[compare] < data[min])
            min = compare;
      temp = data[min];
      data[min] = data[base];
      data[base] = temp;
   }
}


template <class Type>
void Merge<Type>::access(int size1, int size2)
{
   int arg1, arg2, arg3, i;

   data1[size1] = 32767;
   data2[size2] = 32767;
   arg1 = 0;
   arg2 = 0;
   for(arg3 = 0; arg3 < size1+size2; arg3++) {
      // 比較兩數列，資料小的先存於合併後的數列
      if(data1[arg1] < data2[arg2]) {
         data3[arg3] = data1[arg1];
         arg1++;
         cout << "This step is extract " <<  data3[arg3] << " from data1"
              << endl;
      }
      else {
```

```
            data3[arg3] = data2[arg2];
            arg2++;
            cout << "This step is extract " <<  data3[arg3] << " from data2"
                << endl;
        }
        cout << "sorting data : ";
        for(i = 0; i < arg3+1; i++)
            cout << data3[i] << "   ";
        cout << endl << endl;
    }
}

int main()
{
    Merge<int> obj;

    obj.merge_sort();
    cout << endl;
    system( "PAUSE" );
    return 0;
}
```

輸出結果

```
Please enter data 1 to sort ( enter 0 when end ):
Number : 23 81 10 9 32 47 0
Please enter data 2 to sort ( enter 0 when end ):
Number : 98 21 65 78 34 0
----------------------------------------------------------
Data 1 : 9   10   23   32   47   81
Data 2 : 21   34   65   78   98
----------------------------------------------------------
This step is extract 9 from data1
sorting data : 9

This step is extract 10 from data1
sorting data : 9   10

This step is extract 21 from data2
sorting data : 9   10   21

This step is extract 23 from data1
sorting data : 9   10   21   23

This step is extract 32 from data1
sorting data : 9   10   21   23   32
```

```
This step is extract 34 from data2
sorting data : 9   10   21   23   32   34

This step is extract 47 from data1
sorting data : 9   10   21   23   32   34   47

This step is extract 65 from data2
sorting data : 9   10   21   23   32   34   47   65

This step is extract 78 from data2
sorting data : 9   10   21   23   32   34   47   65   78

This step is extract 81 from data1
sorting data : 9   10   21   23   32   34   47   65   78   81

This step is extract 98 from data2
sorting data : 9   10   21   23   32   34   47   65   78   81   98

-------------------------------------------------------------
Sorted data: 9   10   21   23   32   34   47   65   78   81   98
```

練 習 題

1. 利用 merge sort 將下列資料由大至小排序之。

   72, 35, 98, 44, 57, 12, 29, 64

類 似 題

1. 利用 merge sort 將下列資料由小至大排序之。

   74, 26, 53, 22, 49, 59, 36, 28

13.5 快速排序

快速排序（quick sort）又稱為劃分交換排序（partition exchange sorting）。在1959年Tony Hoare所發現，於1961年公佈。就平均時間而言，快速排序是所有排序中最佳的。假設有n個R_1, R_2, R_3, ..., R_n，其鍵值為K_1, K_2, K_3, ..., K_n。快速排序法其步驟如下：

1. 以第一個記錄的鍵值k_1做基準K。

2. 由左至右 i = 2,3,...,n，一直找到$k_i > K$。

3. 由右至左 j = n, n-1, n-2, ..., 2，一直找到$k_j < K$

4. 當i<j 時R_i與R_j互換，否則R_1與R_j互換。

例如有十個記錄，其鍵值分別為39, 11, 48, 5, 77, 18, 70, 25, 55, 33，利用快速排序過程如下：

R_1	R_2	R_3	R_4	R_5	R_6	R_7	R_8	R_9	R_{10}	
⑨39	11	48	5	77	18	70	25	55	33	∵ i < j ∴ R_3與R_{10}對調
		i							j	
⑨39	11	33	5	77	18	70	25	55	48	∵ i < j ∴ R_5與R_8對調
				i			j			
⑨39	11	33	5	25	18	70	77	55	48	∵ i > j ∴ R_1與R_6對調
					j	i				
[18	11	33	5	25]	39	[70	77	55	48]	

此時在39的左半部之鍵值皆比39小，而右半部皆比39大。再利用上述方法將左半部與右半部排序，形成遞迴（recursive）。全部排序過程如下所示：

R_1	R_2	R_3	R_4	R_5	R_6	R_7	R_8	R_9	R_{10}
39	11	48	5	77	18	70	25	55	33
[18	11	33	5	25]	39	[70	77	55	48]
[5	11]	18	[33	25]	39	[70	77	55	48]
5	11	18	[33	25]	39	[70	77	55	48]
5	11	18	25	33	39	[70	77	55	48]

5	11	18	25	33	39	[55	48]	70	[77]
5	11	18	25	33	39	48	55	70	[77]
5	11	18	25	33	39	48	55	70	77

快速排序是 unstable，最壞時間是 $O(n^2)$，平均時間是 $O(n \log_2 n)$。

程式實作

```cpp
// Name : Sort_qk.cpp
// 快速排序

#include <iostream>
#include <stdlib.h>
using namespace std;

template <class Type>
class Quick {
  private:
    Type temp;
  public:
    void quick_sort(Type data[]);
    void access(Type data[], int left, int right, int size);
};

template <class Type>
void Quick<Type>::quick_sort(Type data[])
{
  int size = 0, i;

  // 要求輸入資料直到輸入資料為零
  cout << "\nPlease enter number to sort ( enter 0 when end ):\n";
  cout << "Number : ";
  do {
    cin >> data[size];
  }  while(data[size++] != 0);
  for(i = 0; i < 60; i++) cout << "-";
  cout << "\n";
  access(data, 0, --size-1, size-1);
  for(i = 0; i < 60; i++) cout << "-";
  cout << "\nSorted data: ";
  for(i = 0; i < size; i++)
    cout << data[i] << "  ";
}


template <class Type>
```

```cpp
void Quick<Type>::access(Type data[], int left, int right, int size)
{
   // left與right分別表欲排序資料兩端
   int lbase, rbase, i;

   if(left < right) {
      lbase = left+1;
      while(data[lbase] < data[left]) lbase++;
      rbase = right;
      while(data[rbase] > data[left]) rbase--;
      while(lbase < rbase) { // 若lbase小於rbase，則兩資料對調
         temp = data[lbase];
         data[lbase] = data[rbase];
         data[rbase] = temp;
         lbase++;
         while(data[lbase] < data[left]) lbase++;
         rbase--;
         while(data[rbase] > data[left]) rbase--;
      }
      temp = data[left];   // 此時lbase大於rbase，則rbase的資料與第一筆對調
      data[left] = data[rbase];
      data[rbase] = temp;
      cout << "Access : ";
      for(i = 0; i < size; i++)
         cout << data[i] << "  ";
      cout << "\n";
      access(data, left, rbase-1, size);
      access(data, rbase+1, right, size);
   }
}

int main()
{
   Quick<int> obj;
   int data[20];

   obj.quick_sort(data);
   cout << endl;
   system("PAUSE");
   return 0;
}
```

■ 輸出結果

```
Please enter number to sort ( enter 0 when end ):
Number : 32 99 81 66 44 10 23 97 74 55 28 65 0
--------------------------------------------------------
Access : 10  28  23  32  44  66  81  97  74  55  99
Access : 10  28  23  32  44  66  81  97  74  55  99
Access : 10  23  28  32  44  66  81  97  74  55  99
Access : 10  23  28  32  44  66  81  97  74  55  99
Access : 10  23  28  32  44  55  65  66  74  97  99
Access : 10  23  28  32  44  55  65  66  74  97  99
Access : 10  23  28  32  44  55  65  66  74  97  99
Access : 10  23  28  32  44  55  65  66  74  81  97
--------------------------------------------------------
Sorted data: 10  23  28  32  44  55  65  66  74  81  97  99
```

練習題

1. 利用 quick sort 將下列資料由小至大排序之。

   75, 23, 98, 44, 57, 12, 29, 64, 38, 82

類似題

1. 利用 quick sort 將下列資料由小至大排序之。

   74, 26, 53, 22, 49, 59, 36, 28

13.6　堆積排序

　　堆積（heap）是一棵二元樹，其特性是每一父節點的資料都比它的兩個子節點來得大或等於。而利用 heap 來排序的方法稱為堆積排序(heap sort)，於 1964 年由 J.Williams 所發明的。排序 n 個項目其最佳和最壞的狀況約為 O(n log n)。圖 13-1 之 (a) 符合 heap 的定義，而 (b) 則否。

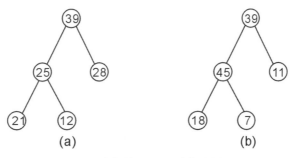

▶圖 13-3　　(a) 是 heap　　(b) 不是 heap

　　假設將 13-3 之 (a) 以陣列來表示的話，則 A[1] 存的資料是 39，A[2] = 25，A[3] = 28，A[4] = 21，A[5] = 12。可以看出 39 的子節點是 25、28，分別存於 A[2]、A[3] 中，25 的子節點是 21、12，分別存於 A[4]、A[5]。從上述可知，對於陣列的任一位置 i，它的父節點是 $\lfloor i/2 \rfloor$。或者對於任一節點 j，其兩個子節點分別是 2j，2j+1。假使 2j 大於總節點數 n，則左子節點不存在，若 2j+1 大於 n，則右子節點不存在。圖 13-3 的 (a)，若將 25 和 28 互換，它還是一棵 heap，故同組的資料所決定的 heap 不是唯一的。

　　例如有十個資料 27, 7, 80, 5, 67, 18, 62, 58, 24, 25，若以陣列表示，則 A[1] = 27, A[2] = 7, A[3] = 80, A[4] = 5,..., A[10] = 25。以二元樹表示的話，如圖 13-4 所示：

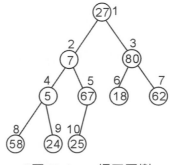

▶圖 13-4　　一棵二元樹

如何將圖 13-4 變成 heap 的型態呢？

此處方法乃是先求出 $\lfloor n/2 \rfloor$（小於或等於 n/2 的最大整數），然後從 $\lfloor n/2 \rfloor$ 至 1 的節點與其對應的子節點中最大相比，若大於則對調，小於則不必對調，此種方法最多只有一次會與其子節點對調。讀者可從第 2 個節點依序下來與其父節點相比時，可能發生的對調次數，便可了解哪種方法較快。茲以圖 13-4 之二元樹說明之。

從 $\lfloor 10/2 \rfloor = 5$ 開始，A[10] = 25 < A[5] = 67 故不必換。

A[4] = 5，其最大子節點 A[8] = 58，因 58 > 5，故將 A[4] 與 A[8] 對調。

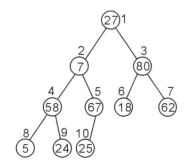

A[3] = 80，與最大子節點 A[7] = 62 相比，因 80 > 62，故不必調換。

A[2] = 7，由於其小於 A[5] = 67，故 A[2] 與 A[5] 對調，然後 A[5] 又比 A[10] 小再調換。

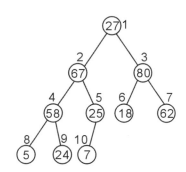

A[1] = 27，小於 A[3] = 80，故 A[1] 與 A[3] 對調，然後 A[3] 又比 A[7] 小再做調換，故二元樹變為

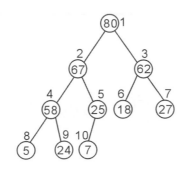

　　不難看出已經變成 heap 了，第 1 個資料 80 最大，此時 80 與第 10 個 7 對調，對調之後，最後一個資料就固定不動了，下面調整時資料量已減少 1 個。完成了將二元樹變為一棵樹 heap 之後，也可以利用上述的方法繼續調整之。可是這種方去會浪費很多不必要的比較，因為除了第 1 個資料外，其餘的資料皆相同，因此可以先令第一個節點為父節點，然後比較左、右子節點，視哪一個大，若右子節點大，則只要調整右半部即可；反之，調整左半部（因為不須調整的那半部已符合 heap 的規則了）。

　　此時 a[1] = 80, A[2] = 67, a[3] = 62, A[4] = 58, A[5] = 25, A[6] = 18, A[7] = 27, A[8] = 5, A[9] = 24, a[10] = 7，當 i =1 時，樹根節點 A[1] 與 A[10] 對調，然後輸出 A[10]；i = 2，樹根節點與 A[9] 對調，然後輸出 A[9]，餘此類推。因此 [i = 1] 時，輸出 80，原先堆積變成

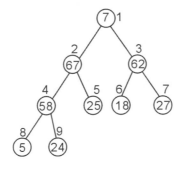

　　此時左、右節點各為 67 和 62，因此將 67 與父節點 7 對調，以同樣的方法調整左半部即可（因為 67 在父節點的左邊），而右半部不必做調整（因右半段沒更動）。調整後為

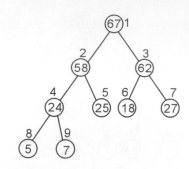

[i = 2]，承 i = 1，先將樹根節點與 A[9] 對調，並輸出 67，其情形如下：

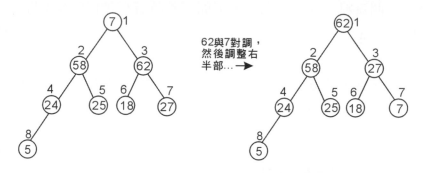

[i = 3]：承 i = 2，先將樹根節點與 A[8] 對調，然後輸出 62 其情形如下：

[i = 4]：承 i = 3，先將樹根節點與 A[7] 對調，然後輸出 58，其情形如下：

[i = 5]：承 i = 4，先將樹根節點與 A[6] 對調，然後輸出 27，其情形如下：

[i = 6]：承 i = 5，先將樹根節點與 A[5]對調，然後輸出 25，其情形如下：

[i = 7]：承 i = 6，先將樹根節點與 A[4]對調，然後輸出 24，其情形如下：

[i = 8]：承 i = 7，先將樹根節點與 A[3]對調，然後輸出 18，其情形如下：

[i = 9]：承 i = 8，先將樹根節點與 A[2]對調，然後輸出 7，此時其情形如下：

只剩下節點 5，再將其輸出。

此時已全部排序完成，順序為輸出 80, 67, 62, 58, 27, 25, 24, 18, 7, 5

假若您利用 heap sort 處理由小至大的排序時，則可利用 min heap 處理。反之，若是處理由大至小的排序時，則利用 max heap 加以處理之。

程式實作

```cpp
// Name : Sort_hp.cpp
// 堆積排序

#include <iostream>
#include <stdlib.h>
using namespace std;

template <class Type>
class Heap {
  private:
    Type temp;
  public:
    void heap_sort(Type data[]);
    void adjust(Type data[], int i, int n);
};

template <class Type>
void Heap<Type>::heap_sort(Type data[])
{
  int i, k;

  cout << "\n<< Heap sort >>\n";
  cout << "\nNumber : ";
  for(k = 1; k <= 10; k++)
    cout << data[k] << "   ";
  cout << "\n";
  for(k = 0; k < 60; k++) cout << "-";
  for(i = 10/2; i > 0; i--)
    adjust(data, i, 10);
  cout << "\nHeap    : ";
  for(k = 1; k <= 10; k++)
    cout << data[k] << "   ";
  for(i = 9; i > 0; i--) {
    temp = data[i+1];
    data[i+1] = data[1];
    data[1] = temp;      // 將樹根和最後的節點交換
    adjust(data, 1, i);  // 再重新調整爲堆積樹
    cout << "\nAccess : ";
    for(k = 1; k <= 10; k++)
      cout << data[k] << "   ";
  }
  cout << "\n";
  for(k = 0; k < 60; k++) cout << "-";
  cout << "\nSorted: ";
  for(k = 1; k <= 10; k++)
```

```
         cout << data[k] << "   ";
}

template <class Type>
void Heap<Type>::adjust(Type data[], int i, int n)   // 將資料調整為堆積樹
{
   int j, k, done = 0;

   k = data[i];
   j = 2*i;
   while((j <= n) && (done == 0)) {
      if((j < n) && (data[j] < data[j+1])) j++;
      if(k >= data[j])
         done = 1;
      else {
         data[j/2] = data[j];
         j *= 2;
      }
   }
   data[j/2] = k;
}

int main()
{
   Heap<int> obj;
   int data[11] = {0, 75, 23, 98, 44, 57, 12, 29, 64, 38, 82};

   obj.heap_sort(data);
   cout << endl;
   system("PAUSE");
   return 0;
}
```

▌輸出結果

```
<< Heap sort >>

Number : 75   23   98   44   57   12   29   64   38   82
------------------------------------------------------------
Heap   : 98   82   75   64   57   12   29   44   38   23
Access : 82   64   75   44   57   12   29   23   38   98
Access : 75   64   38   44   57   12   29   23   82   98
Access : 64   57   38   44   23   12   29   75   82   98
Access : 57   44   38   29   23   12   64   75   82   98
Access : 44   29   38   12   23   57   64   75   82   98
Access : 38   29   23   12   44   57   64   75   82   98
```

```
Access : 29  12  23  38  44  57  64  75  82  98
Access : 23  12  29  38  44  57  64  75  82  98
Access : 12  23  29  38  44  57  64  75  82  98
--------------------------------------------------------
Sorted: 12  23  29  38  44  57  64  75  82  98
```

練習題

1. 利用 heap sort 將下列資料由小至大排序之。

   75, 23, 98, 44, 57, 12, 29

類似題

1. 利用 heap sort 將下列資料由小至大排序之。

   74, 26, 53, 22, 49, 59, 36, 28

13.7　二元樹排序

　　二元樹排序(binary tree sort)乃是先將所有的資料建立成二元搜尋樹，再利用中序法來追蹤，排序n個項目平均狀況為O(n log n)。二元樹排序的步驟如下：

1. 將第一個資料放在樹根。
2. 進來的資料皆與樹根相比較，若比樹根大，則置於右子樹;反之，置於左子樹。
3. 二元搜尋樹建立完後，利用中序法追蹤，即可得到由小至大的排序資料。

　　假設有十個資料分別是18, 2, 20, 34, 12, 32, 6, 16, 25, 10。建立二元樹過程如下：

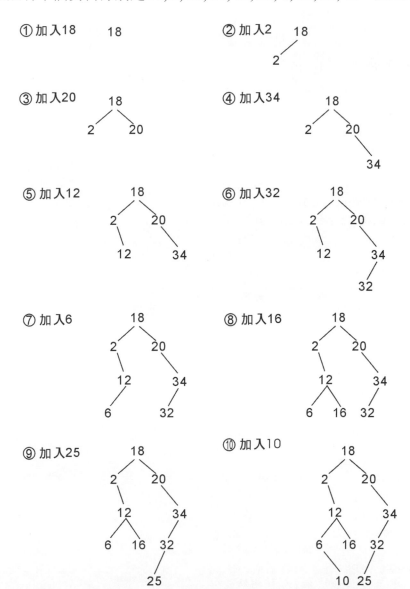

最後利用中序法來追蹤就可排序（由小至大）完成。

程式實作

```cpp
// Name : Sort_bi.cpp
// 二元樹排序

#include <iostream>
#include <stdlib.h>
using namespace std;

typedef struct data {
    int num;
    struct data *lbaby, *rbaby;
} Node_type;

template <class Type>
class Binarytree {
    private:
        Node_type *root;
        Node_type *tree;
        Node_type *leaf;
    public:
        void binarytree_sort(Type data[]);
        void find(int input, Node_type *papa);
        void output(Node_type *node);
};

template <class Type>
void Binarytree<Type>::binarytree_sort(Type data[])
{
    int i;

    cout << "\n<< Binary tree sort >>\n";
    cout << "\nNumber : ";
    for(i = 0; i < 10; i++)
        cout << data[i] << "   ";
    cout << "\n";
    for(i = 0; i < 60; i++) cout << "-";
    root = new Node_type;
    root->num = data[0];        // 建樹根
    root->lbaby = NULL;
    root->rbaby = NULL;
    cout << "\nAccess : ";
    output(root);
    leaf = new Node_type;
    for(i = 1; i < 10; i++) { // 建樹枝
```

```
        leaf->num = data[i];
        leaf->lbaby = NULL;
        leaf->rbaby = NULL;
        find(leaf->num, root);
        if(leaf->num > tree->num)   // 若比父節點大，則放右子樹
            tree->rbaby = leaf;
        else                        // 否則放在左子樹
            tree->lbaby = leaf;
        cout << "\nAccess : ";
        output(root);
        leaf = new Node_type;
    }
    cout << "\n";
    for(i = 0; i < 60; i++) cout << "-";
    cout << "\nSorting: ";
    output(root);
}


// 尋找新節點存放的位置
template <class Type>
void Binarytree<Type>::find(int input, Node_type *papa)
{
    if((input > papa->num) && (papa->rbaby != NULL))
        find(input, papa->rbaby);
    else if((input < papa->num) && (papa->lbaby != NULL))
        find(input, papa->lbaby);
    else
        tree = papa;
}


// 印出資料
template <class Type>
void Binarytree<Type>::output(Node_type *node)   // 用中序追蹤將資料印出
{
    if(node != NULL) {
        output(node->lbaby);
        cout << node->num << "  ";
        output(node->rbaby);
    }
}


int main()
{
    Binarytree<int> obj;
    int data[10] = {75, 23, 98, 44, 57, 12, 29, 64, 38, 82};
```

```
obj.binarytree_sort(data);
cout << endl;
system("PAUSE");
return 0;
}
```

輸出結果

```
<< Binary tree sort >>

Number : 75   23   98   44   57   12   29   64   38   82
-----------------------------------------------------------
Access : 75
Access : 23   75
Access : 23   75   98
Access : 23   44   75   98
Access : 23   44   57   75   98
Access : 12   23   44   57   75   98
Access : 12   23   29   44   57   75   98
Access : 12   23   29   44   57   64   75   98
Access : 12   23   29   38   44   57   64   75   98
Access : 12   23   29   38   44   57   64   75   82   98
-----------------------------------------------------------
Sorting: 12   23   29   38   44   57   64   75   82   98
```

練習題

1. 利用 binary tree sort 將下列資料由小至大排序之。

   75, 23, 98, 44, 57, 12, 29, 64, 38, 82

類似題

1. 利用 binary tree sort 將下列資料由小至大排序之。

   74, 26, 53, 22, 49, 59, 36, 28

13.8 謝耳排序

　　謝耳排序可視為氣泡排序或插入排序的變種。在1959年由Donald Shell公佈第一版的謝耳排序。排序n個項目最壞情況為$O(n^2)$，最好情況為$O(n\log_2 n)$。假設有9個資料，分別是18, 3, 20, 34, 12, 32, 6, 16, 2。謝耳排序（shell sort）方法如下：

1. 先將所有的資料分成Y = (9/2)部分，則Y = 4，Y為劃分數，其中1, 5, 9是第一部分；2, 6屬於第二部分；3, 7是第三部分；4, 8是第四部分。

2. 每一循環的劃分數Y，皆是上一循環劃二分數除2，即$Y_{i+1} = Y_i/2$，最後一個循環的劃分數為1。

　　今以範例來說明其過程：以上述的9個資料為例。
　　第一次劃分數為9/2=4（取整數）。

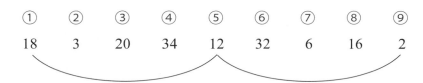

(1) 將第1個、第5個及第9個以插入排序法排序結果：

2　　3　　20　　34　　12　　32　　6　　16　　18

將第2個與第6個，第3個與第7個，第4個與第8個分別做插入排序：

結果為

2　　3　　6　　16　　12　　32　　20　　34　　18

(2) 接下來，劃分數為4/2=2。

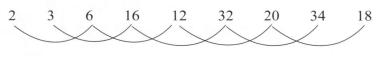

結果為

2　　3　　6　　16　　12　　32　　18　　34　　20

(3) 最後劃分數為 1(2/2)。此時相當於全部執行插入排序

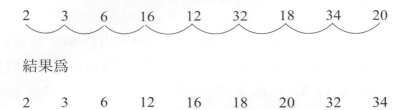

結果為

2   3   6   12   16   18   20   32   34

程式實作

```cpp
/* file name: sort_sh.c*/
/* 謝耳排序 */

#include <iostream>
#include <stdlib.h>
using namespace std;

class ShellSort {
private:
    int data[11] = {0, 75, 23, 98, 44, 57, 12, 29, 64, 38, 82};
public:
    void shell_sort();
};

void ShellSort::shell_sort()
{
    int i, j, k, incr, temp;
    cout << «\n<< Shell sort >>\n»;
    cout << «\nUnsorted data : «;
    for(i = 1; i <= 10; i++)
        cout << data[i] << « «;
    puts(«»);
    for(i = 0; i < 60; i++) cout << «-»;
    incr = 10/2;
    while(incr > 0)
    {
        for(i = incr+1; i <= 10; i++)
        {
            j = i - incr;
            while(j > 0)
                if(data[j] > data[j+incr])   /* 比較每部分的資料 */
                {/* 大小順序不對則交換 */
                    temp = data[j];
                    data[j] = data[j+incr];
                    data[j+incr] = temp;
```

```
                        j = j - incr;
                }
                else
                    j = 0;
        }
    cout << "\nProcessing : ";
    for(k = 1; k <= 10; k++)
        cout << data[k] << " ";
    incr = incr/2;
    }
    puts("");
    for(i = 0; i < 60; i++) cout << "-";
    cout << "\nIncreasing data : ";
    for(i = 1; i <= 10; i++)
        cout << data[i] << " ";
    cout << "\n";
}

int main()
{
    ShellSort obj;
    obj.shell_sort();
    system("PAUSE");
    return 0;
}
```

輸出結果

```
<< Shell sort >>

Unsorted data : 75 23 98 44 57 12 29 64 38 82
------------------------------------------------------------
Processing : 12 23 64 38 57 75 29 98 44 82
Processing : 12 23 29 38 44 75 57 82 64 98
Processing : 12 23 29 38 44 57 64 75 82 98
------------------------------------------------------------
Increasing data : 12 23 29 38 44 57 64 75 82 98
```

練 習 題

1. 利用 shell sort 將下列資料由小至大排序之。

   75, 23, 98, 44, 57, 12, 29, 64, 38, 82

類 似 題

1. 利用 shell sort 將下列資料由小至大排序之。

   74, 26, 53, 22, 49, 59, 36, 28

13.9 基數排序

基數排序（radix sort）又稱爲 bucket sort 或 bin sort。它是屬於 distribution sort。基數排序的發明可追溯到 1887 年 Herman Hollerith 在打孔卡片機器上的貢獻。基數排序是依據每個記錄的鍵值劃分爲若干單元，把相同的單元放置在同一箱子。排序的過程可採用 LSD（Least Significant Digital）或 MSD（Most Significant Digit）。假設有 n 位數使用 LSD 則需要 n 次分配，若使用 MSD（即由左邊第一位開始），則第一次分配後，資料已分爲 m 堆，$1 < m < n$。這時在每一堆可以利用插入排序來完成排序的工作。

基數排序是 stable，所需的平均時間是 $O(n \log_r m)$ 其中 r 爲所採用數字系統的基底，m 爲堆數。在某些情況下所需時間是 $O(n)$，但所需空間很大，需要（n * n），n 爲記錄數。

假設有一檔案記錄 $R_1, R_2, ..., R_n$，每個記錄的鍵值爲一個 d 個數字所組成（$x_1, x_2, ..., x_d$），其中 $0 < x_i < r$，因此需要有 r 個箱子。並且又假設每一記錄均有一鏈結欄，每個箱子的記錄都連接在一起形成一鏈結串列。對於任何一箱子 i，$0 \leq i \leq r$，E(i) 與 F(i) 分別表示指到第 i 箱子的最後一筆記錄與第一筆記錄的指標。今有 10 個記錄，每個記錄的鍵值開始形成的鏈結串列如下：

R1 [199] → R2 [288] → R3 [326] → R4 [118] → R5 [879] → R6 [882] → R7 [76] → R8 [32] → R9 [291] → R10 [56]

然後利用 LSD 的基數排序，此處所採取的基數爲 10，第 1 次依每個鍵值最右邊的數字，放在對應的箱子，其情形如下所示：

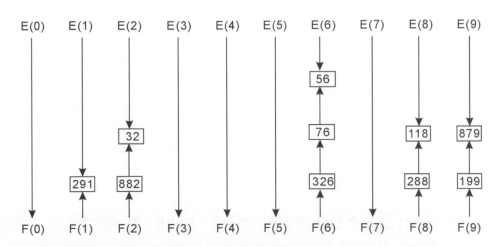

然後將每一箱的記錄，由F(i)開始，0 < i < r，連接成一鏈結串列，如下所示：

291 → 882 → 32 → 326 → 76 → 56 → 288 → 118 → 199 → 879

同樣的作法，再以每一鍵值由最右邊起的第二位數字為準，將之放置於對應的箱子。

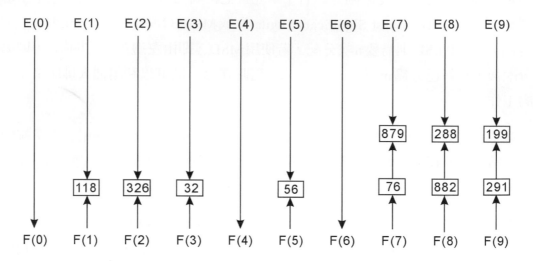

上圖所形成的鏈結串列如下：

118 → 326 → 32 → 56 → 76 → 879 → 882 → 288 → 291 → 199

最後再以每一鍵值由最右邊起第三位數字為準，將之放入其所對應的箱子。

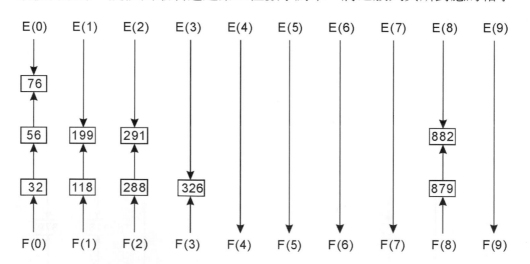

最後所形成的鏈結串列為

32 → 56 → 76 → 118 → 199 → 288 → 291 → 326 → 879 → 882

此時排序已告完成。

1. 利用 radix sort 將下列資料由小至大排序之。

179, 208, 306, 93, 859, 985, 55, 9, 271, 33

1. 利用 radix sort 將下列資料由小至大排序之。

74, 26, 53, 22, 49, 59, 36, 28

13.10　動動腦時間

1. [6.2, 8.1, 13.6]有10個未排序的資料陣列45, 83, 7, 61, 12, 99, 44, 77, 14, 29
   (a) 求出對應的二元樹（binary tree）？
   (b) 求出這棵二元樹的堆積（heap）？
   (c) 如何表示一堆積？以上列之資料說明之。
   (d) 求堆積排序的第二個步驟與第三步驟之後，上述的陣列變為如何。

2. [13.1, 13.3, 13.5, 13.6]寫出下列各種排序所需的平均時間及最壞時間（假設有 n 個資料）。
   (a) bubble sort
   (b) insertion sort
   (c) quick sort
   (d) heap sort

3. [13.9]何謂 radix sorting？請以一例說明之。一般而言 radix sorting 有兩種方法，一為 MSD（Most Significant Digit）排序，二為 LSD（Least Significant Digit）排序，簡述兩法之間之不同，並說明何者為優。

4. [13.x]有一組未排序的資料12, 2, 16, 30, 8, 26, 4, 10, 20, 6, 18，請利用
   (a) insertion sort
   (b) merge sort
   (c) quick sort
   (d) heap sort
   (e) shell sort
   (f) binary tree sort
   (g) bubble sort
   (h) radix sort（使用 LSD 方法）
   (i) selection sort

   等排序法完成之，並寫出每一過程。

5. [13.9]有一組未排序的資料如下179, 208, 306, 93, 859, 984, 55, 9, 271, 33，請利用基數排序的 MSD 方法排序之。

搜尋

搜尋（search）在日常生活中是常常碰到的，為了取得某一資料，必須檢視某一範圍的資料，如在電話簿取得某人的電話號碼。如果資料少可直接存放在記憶體找尋，此種稱為內部搜尋（internal search），若資料量大，無法一次置放在記憶體，必須藉助輔助記憶體才能找尋，此種方式稱為外部搜尋（external search）。

搜尋的方法也很多，下面討論一些較容易設計的程式，並且不需額外的空間及變動不大的檔案之搜尋技巧。如循序搜序（sequential search）、二元搜尋（binary search）及雜湊函數（Hashing function）。

14.1　循序搜尋

　　循序搜尋(sequential search)又稱為線性搜尋（linear search），適用在小檔案。這是一種最簡單的搜尋方法，從頭開始找，一直到找到為止。假設已存在數列 21, 35, 25, 9, 18, 36，若欲搜尋 25，需比較 3 次；搜尋 21 僅需比較 1 次；搜尋 36 需比較 6 次。

　　由此可知，當 n 很大時，利用循序搜尋不太合適，不過可以先估計一下每筆記錄或項目所找尋的機率，將機率高的放在檔案的前端，如此可以減少找尋的時間。

程式實作

```cpp
// Name : Search_s.cpp
// 循序搜尋

#include <iostream>
#include <cstdlib>
using namespace std;

template <class Type>
class Sequential {
  private:
    Type input;
  public:
    void sequential_search(Type data[]);
};

template <class Type>
void Sequential<Type>::sequential_search(Type data[])
{
  int i;

  cout << "\n<< Squential search >>\n";
  cout << "\nData: ";
  for(i = 0; i < 10; i++)
    cout << data[i] << "  ";
  cout << "\n";
  cout << "\nPlease enter a number from data: ";
  cin >> input;
  cout << "\nSearch.....\n";
  for(i = 0; i < 10; i++) { // 依序搜尋資料
    cout << "\nData when searching ";
    cout.width(2);
    cout << "#" << i+1 << " time(s) is " << data[i];
    if(input == data[i]) break;
  }
  if(i == 10)
```

```
      cout << "\n\nSorry, " << input << " not found !";
  else
      cout << "\n\nFound, " << input << " is the " << i+1
          << "th record in data !";
}

int main()
{
  Sequential<int> obj;
  int data[10] = {75, 23, 98, 44, 57, 12, 29, 64, 38, 82};

  obj.sequential_search(data);
  system("PAUSE");
  return 0;
}
```

輸出結果

```
<< Squential search >>

Data: 75  23  98  44  57  12  29  64  38  82

Please enter a number from data: 29

Search.....

Data when searching  #1 time(s) is 75
Data when searching  #2 time(s) is 23
Data when searching  #3 time(s) is 98
Data when searching  #4 time(s) is 44
Data when searching  #5 time(s) is 57
Data when searching  #6 time(s) is 12
Data when searching  #7 time(s) is 29

Found, 29 is the 7th record in data !
```

練習題

1. 試問在一個 n 筆資料中，以循序搜尋法找尋某一筆資料（假設這筆資料是存在的）的平均時間為何？

類似題

1. 試問上述練習題的 Big-O 為何？

14.2　二元搜尋

　　二元搜尋(binary search)是找尋一個已排序的檔案最好的方法。二元搜尋的觀念與二元樹十分類似，其比較是從所有記錄的中間點 M 開始，若欲搜尋的鍵值小於 M，則從 M 之前的記錄繼續搜尋；否則搜尋 M 以後的記錄，如此反覆進行，直到鍵值被找到為止。

　　舉例來說，假設在已排序數列 12, 23, 29, 38, 44, 57, 64, 75, 82, 98，若欲以二元搜尋法找尋 82，則先從數列的中間點 M = [(left+right)/2] = [(1+10)/2] = 5（第 5 筆記錄）開始比對，如下所示：

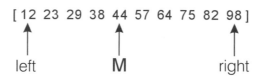

　　第 5 筆記錄為 44 < 82，故繼續從 M 以後的數列 57, 64, 75, 82, 98 來搜尋，此時 M = [(6+10)/2] = 8（第 8 筆記錄）。

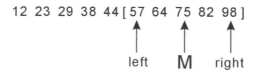

　　比較第 8 筆記錄 75 仍小於 82，必須再搜尋 M 以後的數列 82, 98，此時 M = [(9+10)/2] = 9（第 9 筆記錄）。

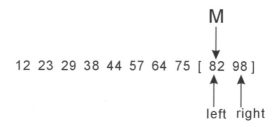

　　第 9 筆記錄為 82，正是我們所要找尋的資料。

　　二元搜尋每一次比較，檔案皆縮小一半，從 1/2，1/4，1/8，1/16，... 在第 k 次比較時，最多只剩下 $[n/2^k]$。最壞的情況是搜尋到最後只剩下一個記錄 $n/2^k = 1$，所以 $K = \log_2 n$，即最多的比較次數是 $\log_2 n$。

程式實作

```cpp
// Name : Search_b.cpp
// 二元搜尋

#include <iostream>
#include <cstdlib>
using namespace std;

template <class Type>
class Binary {
  private:
    Type input;
  public:
    void binary_search(Type data[]);
};

template <class Type>
void Binary<Type>::binary_search(Type data[])
{
   int i, l = 1, n = 10, m, cnt = 0, ok = 0;

   cout << "\n<< Binary search >>\n";
   cout << "\nSorted data: ";
   for(i = 1;  i < 11;  i++)
     cout << data[i] << "   ";
   cout << "\n";
   cout << "\nPlease enter a number from data: ";
   cin >> input;
   cout << "\nSearch.....\n";
   m = (l + n) / 2;       // 鍵值在第M筆
   while(l <= n && ok == 0) {
     cout << "\nData when searching ";
     cout.width(2);
     cout << "#" << ++cnt << " time(s) is " << data[m] << " !";
     if(data[m] > input) { // 欲搜尋的資料小於鍵值，則資料在鍵值的前面
        n = m - 1;
        cout << " ---> Choice number is smaller than " << data[m];
     }
     else if(data[m] < input) {   // 否則資料在鍵值的後面
         l = m + 1;
         cout << " ---> Choice number is bigger than " << data[m];
     }
     else {
       cout << "\n\nFound, " << input << " is the " << m <<
                          "th record in data !";
       ok = 1;
```

```
    }
    m = (l + n)/2;
  }
  if(ok == 0)
    cout << "\n\nSorry, " << input << " not found !";
}

int main()
{
  Binary<int> obj;
  int data[11] = {0, 12, 23, 29, 38, 44, 57, 64, 75, 82, 98};

  obj.binary_search(data);
  system("PAUSE");
  return 0;
}
```

▌輸出結果

```
<< Binary search >>

Sorted data: 12  23  29  38  44  57  64  75  82  98

Please enter a number from data: 57

Search.....

Data when searching  #1 time(s) is 44 ! ---> Choice number is bigger
than 44
Data when searching  #2 time(s) is 75 ! ---> Choice number is smaller
than 75
Data when searching  #3 time(s) is 57 !

Found, 57 is the 6th record in data !


<< Binary search >>

Sorted data: 12  23  29  38  44  57  64  75  82  98

Please enter a number from data: 70

Search.....

Data when searching  #1 time(s) is 44 ! ---> Choice number is bigger
than 44
```

```
Data when searching  #2 time(s) is 75 ! ---> Choice number is smaller
than 75
Data when searching  #3 time(s) is 57 ! ---> Choice number is bigger
than 57
Data when searching  #4 time(s) is 64 ! ---> Choice number is bigger
than 64

Sorry, 70 not found !
```

練習題

1. 試問在一個 n 筆資料中，以二元搜尋法找尋某一筆資料的最壞時間為何（假設此筆資料是不存在的）？

類似題

1. 試問上述練習題的 Big-O 為何？

14.3　雜湊

　　雜湊（Hashing）的搜尋與一般的搜尋（searching）是不一樣。在雜湊法中，鍵值（key value）或識別字（identifier）在記憶體的位址是經由函數（function）轉換而得的，如圖14-1。此種函數，一般稱之為雜湊函數（hashing funciton）或鍵值對應位址轉換（key to address transformation）。對於有限的儲存空間，能夠有效使用且在加入或刪除時也能快速的完成，利用雜湊法是最適當不過了。因為雜湊表搜尋在沒有碰撞（collision）及溢位（overflow）的情況下，只要一次就可擷取到。

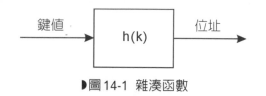

▶圖14-1　雜湊函數

14.3.1　雜湊函數

　　一般常用的雜湊函數有下列四種方法：

1. 平方後取中間值法（mid-square）

　　此種方法乃是將鍵值平方，然後視儲存空間的大小來決定取幾位數。例如，有一鍵值是510324，而其儲存空間為1000；將510324平方後，其值為260430584976，假設由左往右算起取其第六位至第八位，此時058就是510324所儲存的位址。

2. 除法（division）

　　此種方法將鍵值利用模數運算（mod）後，其餘數即為此鍵值所對稱的位址，亦即 $F_d(x) = x \bmod m$，由此式得到位址的範圍是0至(m-1)之間。而m值的最佳選擇是：只要m值為不小於20的質數就可以。

3. 數位分析法（digit analysis）

　　此種方法適合大的靜態資料，亦即所有的鍵值均事先知道，然後檢查鍵值的所有數位，分析每一數位是否分佈均勻，將不均勻的數位刪除，然後根據儲存空間的大小來決定數位的數目。如有7個學生的學號分別為：

484-52-2352

484-91-3789

484-32-8282

484-48-9782

484-64-1688

484-98-5487

484-29-3663

　　很容易可觀察在7個鍵值中1、2、3位（由左邊算起）的數值顯得太不均勻，故刪除第1、2、3位數，再觀察第8位也太多8，故刪除。假設有1000個儲存空間，而且挑選每一鍵值的4、6、7位作為再儲存的位址，分別為523, 937, 382, 497, 616, 954, 236。

　　上述提及利用四種方法將鍵值（或識別字）轉換其對應的儲存位址，這些儲存位址，一般稱之為雜湊表（Hash table）。在雜湊表內將儲存空間劃分為b個桶（bucket），分別為HT(0)、HT(1)、...、HT(b-1)。每個桶具S個記錄，亦即由S個槽（slot）所組合而成。因此雜湊函數是把鍵值轉換；對應到雜湊表的0至b-1桶中。

　　在C語言中，所有合乎規定變數名稱共有T=$\sum_{0 \leq i \leq 5} 27 \times 37^i > 1.9 \times 10^9$，此處假設變數名稱只有六位數是合法的。當然，設定變數名稱的原則第一位是英文字母或底線（_），所以有27個，其餘二至六位可以是英文字母或阿拉伯數字（0~9）或底線（_），故有37個。而變數名稱不一定要設六位，只要低於或等於六位即可，因此總共有 $27 + 27 \times 37 + 27 \times 37^2 + 27 \times 37^3 + 27 \times 37^4 + 27 \times 37^5$ 即 $\sum_{0 \leq i \leq 5} 27 \times 37^i$。事實上，在程式中所用到的變數一定小於此數，假設有n個，則稱n/T為識別字密度（identifier density），而稱 α = n/(sb)為裝載密度（loading density）或裝載因子（loading factor）。假使有識別字k1和k2，經過雜湊函數轉換，若此二個識別字對應到相同的桶中，此時稱之為碰撞（collision）或同義字（synonyms）。若桶中的S槽還未用完，則凡是該桶的同義字均可對應至該桶中。如果識別字對應至一個已滿的桶中時，此稱之為溢位（overflow）。如果桶的大小S只有一個槽，則碰撞與溢位必然會同時發生。

　　假設雜湊表HT中b = 27桶，每桶有2個槽，即S = 2，而且某程式中所用的變數n = 10個識別字。裝載因子 α = 10/27×2 ≒ 0.19。雜湊函數必須能夠將所有的識別字對應到1-27的整數中，假設以1-27整數來代替英文字母A-Z及底線（_），則將雜湊函數定義為 f(x) = 識別字 X 的第一個字母。例如 HD、E、K、H、J、B2、B1、B3、B5 與 M 分別對應到 8、5、11、8、10、2、2、2、2 及 13 號桶中，其中 B1、B2、B3、B5 分別對應到 2 號桶中，是同義字，亦即產生碰撞。HD 與 H 亦是同義字，其對應到 8 號桶中。圖 14-2 是 HD、E、K、H、J、B2 與 B1 對應到雜湊表的情形。

	槽1	槽2
1		
2	B2	B1
3		
4		
5	E	
6		
7		
8	HD	H
⋮	⋮	⋮
10	J	
11	K	
⋮	⋮	⋮
27		

▶圖 14-2　每個桶子有二個槽

在圖 14-2 當 B3 再進入雜湊表時，就發生溢位。假使每個桶中只有一個槽，則產生溢位的機率就增加了。

14.3.2 解決溢位的方法（overflow handling）

當溢位發生時應如何處理？下面將介紹四種方法：

1. 線性探測（linear probing）：是把雜湊位址視為環狀的空間，當溢位發生時，以線性方式從下一號桶開始探測，找尋一個空的儲存位址將資料存入。若找完一個循環還沒有找到空間，則表示位置已滿。如將 HD、E、H、B2、B1、B3、B5、K、A、Z 與 ZB，放入具有每一桶只有一個槽的雜湊表中，其結果如圖 14-3 所示：

1	A
2	B2
3	B1
4	B3
5	E
6	B5
7	ZB
8	HD
9	H
10	0
11	K
M	0
26	Z
27	I

▶圖14-3　利用線性探測解決溢位問題

由於f(x) = X的第一字母，所以f(HD) = 8，f(E) = 5，亦即HD、E分別放在雜湊表中第8號與第5號桶中，f(H) = 8，此時8號桶已有HD，故發生碰撞及溢位，利用線性探測即往8號桶下找一空白的桶號，發現9號是空的，所以9號桶為H。f(B2) = 2放入2號桶，f(B1)與f(B3) = 2，由於2號桶已存B2，故往下找各別存於3與4號桶，當B5再轉進來時就存於6號桶。f(K) = 11放入11號桶，f(A) = 1放入1號桶，f(Z) = 26放入26號桶，f(ZB)亦是26只好從1號桶往下找一空間放入7號。由上例應該明瞭線性探測如何處理溢位的情形。線性探測又稱為線性開放位址（linear open addressing）。

利用線性探測以解決溢位問題，極易造成鍵值聚集在一塊，增加搜尋的時間，如欲尋找ZB，則必須尋找HT(26)、HT(1)、...、HT(7)，共須八次比較。就圖14-3所有的鍵值予以搜尋，則各個鍵值比較如下：A為1次，B2為1次，B1為2次，B3為3次，E為1次，B5為5次，ZB為8次，HD為1次，H為2次，K為1次，Z為1次，共計26次，平均搜尋次數為2.36 (26/11)。

2. 重複雜湊（rehashing）：乃是先設計好一套的雜湊函數f_1，f_2，f_3，...，f_m，當溢位發生時先使用f_1，若再發生溢位則使用f_2，.....一直到沒有溢位發生。

3. 平方探測（quadratic probing）：此法是用來改善線性探測之缺失，避免相近的鍵值聚集在一塊。當f(x)的位址發生溢位時，下一次是探測$(f(x)+i^2)$ % b與$(f(x)-i^2)$ % b，其中$1 < i < (b-1)/2$，b是具有4j+3型式的質數。

4. 鏈結串列（chaining）：是將雜湊空間建立成 b 個串列，起初只有 b 個串列首，故放起始位址，並不存放資料，相同位址的鍵值，將形成一個鍵值結串列如圖 14-4 所示。B5，B3，B1，B2 放在第 2 個串列，H 與 HD 收在第 8 個串列，以及 ZB 與 Z 放在第 26 個串列上。其搜尋的片段程式如下：

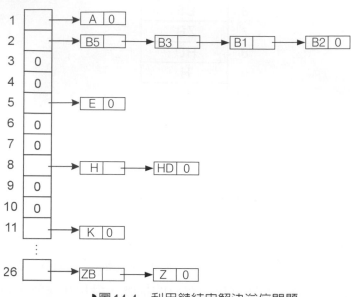

▶圖 14-4　利用鏈結串解決溢位問題

　　當雜湊函數是均勻的話，則雜湊表的執行效率只與處理溢位的方法有關，而與雜湊函數無關。從一些文獻探討得知，利用鏈結串列方法來解決問題，比線性探測法來得佳。經過不同的雜湊函數比較後發現，除法比其他方法好，而除數的選擇以不小於 20 的質數為最佳。

程式實作

```
// Name : Chanhash.cpp
// 雜湊法 : 使用鏈結串列處理碰撞

#include <iostream>
#include <stdlib.h>
#include <ctype.h>

#define  MAX_NUM  100   // 最大資料筆數
#define  PRIME  97      // MAX_NUM之質數
#define  NOTEXISTED  NULL

using namespace std;
```

```cpp
// 定義資料結構
typedef struct Person {
    long id ;
    char name[21];
    struct Person *link ;
}  Student ;

class Chan_hash {
    private:
        Student  *Hashtab[MAX_NUM] ;    // 建立雜湊表串列
    public:
        Chan_hash();
        long hashfun(long) ;
        void insert() ;
        void del() ;
        Student *search(Student *,Student *) ;
        void query() ;
        void show();
};

Chan_hash::Chan_hash()
{
    int i;

    for ( i = 0; i< MAX_NUM ; i++)// 起始雜湊串列，將各串列指向NULL
        Hashtab[i] = NULL ;
}

// 雜湊函數: 以除法運算傳求出記錄應儲存的位址
long Chan_hash::hashfun(long key)
{
    return ( key % PRIME ) ;
}

void Chan_hash::insert()
{
    Student  *newnode ;
    long index ;

    // 輸入記錄
    newnode = new Student ;
    newnode->link = NULL ;
    cout << "Enter id : " ;
    cin >> newnode->id ;
    cout << "Enter Name : " ;
    cin >> newnode->name ;
```

```cpp
   // 利用雜湊函數求得記錄位址
   index = hashfun(newnode->id) ;
   // 判斷該串列是否爲空，若爲空則建立此鏈結串列
   if ( Hashtab[index] == NULL ) {
     Hashtab[index] = newnode ;
     cout << "Node insert ok!\n";
   }
   else {
      // 搜尋節點是否已存在串列中，如未存在則將此節點加入串列前端
      if ((search(Hashtab[index],newnode)) == NOTEXISTED) {
        newnode->link = Hashtab[index] ;
        Hashtab[index] = newnode ;
        cout << "Node insert ok!\n";
      }
      else
        cout << "Record existed...\n";
   }
}


// 刪除節點函數
void Chan_hash::del()
{
   Student *node ,*node_parent;
   long index ;

   node = new Student ;
   cout << "Enter ID : " ;
   cin >> node->id ;
   // 利用雜湊函數轉換記錄位址
   index  =  hashfun(node->id) ;
   // 搜尋節點是否存在並傳回指向該節點指標
   node  = search(Hashtab[index],node) ;
   if ( node == NOTEXISTED )
     cout << "Record not existed ...\n" ;
   else {
      // 如節點爲串列首，則將串列指向NULL，否則找到其父節點，並將父節點link向節點後端
      cout << "ID : " << node->id << "   Name : " << node->name << "\n" ;
      cout << "Deleting record....\n" ;
      if ( node == Hashtab[index] )
         Hashtab[index] = NULL ;
      else {
        node_parent = Hashtab[index] ;
        while ( node_parent->link->id != node->id )
           node_parent = node_parent->link ;
        node_parent->link = node->link ;
      }
```

```
      delete node;
  }
}

// 搜尋節點函數，如找到節點則傳回指向該節點之指標，否則傳回NULL
Student *Chan_hash::search(Student *linklist,Student *Node)
{
  Student *ptr = linklist ;

  if ( ptr == NULL )
    return NOTEXISTED ;
  while (ptr->link != NULL && ptr->id != Node->id)
    ptr = ptr->link ;
  return ptr ;
}

// 查詢節點函數
void Chan_hash::query()
{
  Student *query_node ;
  long index;

  query_node = new Student ;
  cout << "Enter ID : " ;
  cin >> query_node->id ;
  index = hashfun(query_node->id) ;
  // 搜尋節點
  query_node = search(Hashtab[index],query_node) ;
  if ( query_node == NOTEXISTED )
    cout << "Record not existed...\n" ;
  else {
    cout << "ID : "<< query_node->id<< "  Name : " << query_node->name << "\n" ;
  }
}

// 顯示節點函數，從雜湊串列一一尋找是否有節點存在
void Chan_hash::show()
{
  int i ;
  Student *ptr ;

  cout << "ID                      NAME\n" ;
  cout << "------------------------\n" ;
  for ( i = 0 ; i < MAX_NUM ;i++ ) {
    // 串列不為空，則將整串列顯示出
    if ( Hashtab[i] != NULL ) {
```

```cpp
         ptr = Hashtab[i] ;
         while (ptr) {
            cout.setf(ios::left, ios::adjustfield) ;
            cout.width(5);
            cout << ptr->id << "      " ;
            cout.setf(ios::right, ios::adjustfield) ;
            cout.width(15);
            cout << ptr->name << "\n" ;
            ptr = ptr->link ;
         }
      }
   }
}


int main()
{
   Chan_hash obj ;
   string menu_prompt =
      "=== Hashing Table Program ===\n"
      "  1. Insert\n"
      "  2. Delete\n"
      "  3. Show\n"
      "  4. Search\n"
      "  5. Quit\n"
      "Please input a number : " ;
   char menusele ;

   do {
      cout << endl << menu_prompt ;
      while(cin.get(menusele) && menusele == '\n');
      cin.get();
      menusele = toupper(menusele);
      cout << "\n";
      switch (menusele) {
         case '1' :
            obj.insert() ;
            break ;
         case '2' :
            obj.del() ;
            break ;
         case '3' :
            obj.show() ;
            break ;
         case '4' :
            obj.query() ;
            break ;
```

```
      case '5' :
          cout << "Bye Bye ^_^\n" ;
          system("PAUSE");
          return 0;
      default  :
          cout << "Invalid choice !!\n" ;
   }
  }  while (menusele != '5' ) ;
}
```

輸出結果

```
=== Hashing Table Program ===
  1. Insert
  2. Delete
  3. Show
  4. Search
  5. Quit
Please input a number : 1

Enter id : 399
Enter Name : Tony
Node insert ok!

=== Hashing Table Program ===
  1. Insert
  2. Delete
  3. Show
  4. Search
  5. Quit
Please input a number : 1

Enter id : 499
Enter Name : Masour
Node insert ok!

=== Hashing Table Program ===
  1. Insert
  2. Delete
  3. Show
  4. Search
  5. Quit
Please input a number : 1

Enter id : 599
Enter Name : Andy
```

```
Node insert ok!

=== Hashing Table Program ===
  1. Insert
  2. Delete
  3. Show
  4. Search
  5. Quit
Please input a number : 3

ID                  NAME
------------------------
399                 Tony
499                 Masour
599                 Andy

=== Hashing Table Program ===
  1. Insert
  2. Delete
  3. Show
  4. Search
  5. Quit
Please input a number : 4

Enter ID : 599
ID : 599  Name : Andy

=== Hashing Table Program ===
  1. Insert
  2. Delete
  3. Show
  4. Search
  5. Quit
Please input a number : 1

Enter id : 699
Enter Name : Jerry
Node insert ok!

=== Hashing Table Program ===
  1. Insert
  2. Delete
  3. Show
  4. Search
  5. Quit
Please input a number : 4
```

```
Enter ID : 799
Record not existed...

=== Hashing Table Program ===
  1. Insert
  2. Delete
  3. Show
  4. Search
  5. Quit
Please input a number : 4

Enter ID : 399
ID : 399  Name : Tony

=== Hashing Table Program ===
  1. Insert
  2. Delete
  3. Show
  4. Search
  5. Quit
Please input a number : 2

Enter ID : 599
ID : 599   Name : Andy
Deleting record....

=== Hashing Table Program ===
  1. Insert
  2. Delete
  3. Show
  4. Search
  5. Quit
Please input a number : 3

ID                 NAME
------------------------
399                Tony
499                Masour
699                Jerry

=== Hashing Table Program ===
  1. Insert
  2. Delete
  3. Show
  4. Search
  5. Quit
Please input a number : 5

Bye Bye ^_^
```

練習題

1. 假設雜湊函數 h(x) = 第一個英文字母順序減 1，所以 A-Z 相當於 0-25。今有下列幾個識別字，依序為 GA，DA，B，G，L，A2，A3，A4 及 E，請利用上述的雜湊函數將它們置於雜湊表格（hashing table），溢位時（overflow）請分別利用線性探測和鏈結串列處理之。

   （假設此處的雜湊表格的槽（slot）只有 1 個）

類似題

1. 同練習題的題目，但雜湊函數為 h(x)=第一個英文字母順序除以 2，並將它四捨五入，其餘同練習題的敘述。

14.4　動動腦時間

1. [14.3]何謂雜湊（hashing）？並敘述與一般搜尋（searching）技巧之差異。

2. [14.3]略述雜湊函數有幾種？及其解決溢位的方法。

3. [14.3]假設有一雜湊表（hash table）有26個桶（bucket），每桶有2個槽（slot）。今有10個資料 {HD，E，K，H，J，B2，B1，B3，B5，M } 在雜湊表，若使用的雜湊函數為 $f(x) = ORD$（X的一個字母）$- ORD('A') + 1$，試求

   (a) 裝載因子（loading factor）為多少？
   (b) 發生多少次的碰撞（collision）？及幾次的溢位（overflow）。
   (c) 假若發生溢位的處理方式為直線探測法（linear open probing），請畫出列後雜湊表的內容。
   (d) 同(c)，但處理溢位的方式為鏈結串列。

4. [14.3]參考 listhash.c，試撰寫一程式，利用線性探測法解決溢位問題。

Memo

資料結構：使用C++語言

練習題解答

✎ 第一章　演算法分析

1.1

1. (a) 50次(i=1, 3, 5, ... 99)

   (b) 99次(2, 3, 4, ... 100)

   (c) 101次(1, 2, 3. ... 100, 101)

1.2

1. (a) $100n+9$ => Big-O 為 $O(n)$

   $c=101$, $n_0=10$

   (b) $1000n^2+100n+8$ => Big-O 為 $O(n^2)$

   $c=2000$, $n_0=1$

   (c) $5*2^n+9n^2+2$ => Big-O 為 $O(2^n)$

   $c=10$, $n_0=5$

✎ 第二章　陣列

2.1

1. $A(i, j)= \alpha +(j-s_2)*md+(i-s_1)d$

   $m=u_1-s_1+1=5-(-3)+1=9$

   $\therefore A[1, 1]=100+(1-(-4))*9+(1-(-3))$

   $=100+45+4=149$

2. $A[i, j, k]= \alpha +k*u_1u_2d+j*u_1d+i*d$

2.2

1. ```
for(i=1; i<=n; i++)
   for(j=i; j<=n; j++){
      k=n(i-1)-i(i-1)/2+j;
      B[k]=A[i][j];
   }
```

2. ```
if(i>j)
      p=0;
   else{
      k=n(i-1)-i(i-1)/2+j;
      P=B[k];
   }
```

2.3

1. (a) 使用n+2的長度來儲存

p(x)=(7, 8, 0, 6, 3, 0, 2, 0, 9)

(b) 只考慮非零項

p(x)=(5, 7, 8, 5, 6, 4, 3, 2, 2, 0, 9)

2.

$$\begin{array}{c} & y^0 & y^1 & y^2 & y^3 \\ x^0 \\ x^1 \\ x^2 \\ x^3 \\ x^4 \\ x^5 \end{array} \begin{bmatrix} 5 & 0 & 0 & 0 \\ 9 & 0 & 0 & 0 \\ 0 & -8 & 0 & 0 \\ 0 & 0 & 3 & 0 \\ 0 & 0 & 0 & 5 \\ 6 & 0 & 0 & 0 \end{bmatrix}$$

2.4

1.

45	34	23	12	1	80	69	58	47
46	44	33	22	11	9	79	68	57
56	54	43	32	21	10	8	78	67
66	55	53	42	31	20	18	7	77
76	65	63	52	41	30	19	17	6
5	75	64	62	51	40	29	27	16
15	4	74	72	61	50	39	28	26
25	14	3	73	71	60	49	38	36
35	24	13	2	81	70	59	48	37

第三章　堆疊與佇列

3.1

1. 堆疊與佇列皆屬於有序串列，所以可使用陣列的資料型態，並以註標（subscript）和索引（index）來追蹤是否溢位（overflow）或不足（underflow）。當然，也可以利用第四章的鏈結串列來表示之。

2. (略)請讀者發揮您的想像力。

3.2

1.
```
/* top=0 */
void push(void)
{
    if (top > MAX-1)
        printf( "\n\nStack is full !/n" );
    else{
        printf( "\nplease enter an item to stack:" );
        gets(item[top]);
        top++;
    }
}
```

上述片段程式top為一索引，MAX為堆疊的最大容量。top=-1與top=0之差異，在於top++與gets的順序，讀者可自行體會之。

3.3

1.
```
/* 使用佇列處理資料--新增、刪除、輸出 */
#include <stdio.h>
#include <stdlib.h>
#include <conio.h>
#define MAX 5
void enqueue_f(void);       /* 新增函數 */
void dequeue_f(void);       /* 刪除函數 */
void list_f(void);          /* 輸出函數 */

char item[MAX][20];
int front = 0, rear = -1;

void main(void)
{
  char option;
  while(1)
  {
    printf("\n *****************************\n");
    printf("        <1> insert (enqueue)\n");
    printf("        <2> delete (dequeue)\n");
    printf("        <3> list\n");
    printf("        <4> quit\n");
    printf(" *****************************\n");
    printf(" Please enter your choice...");
    option = getche();
```

```
      switch(option)
      {
        case '1':
          enqueue_f();
          break;
        case '2':
          dequeue_f();
          break;
        case '3':
          list_f();
          break;
        case '4':
          exit(0);
      }
    }
}

void enqueue_f(void)
{
   if(rear >= MAX-1)    /* 當佇列已滿，則顯示錯誤 */
     printf("\n\nQueue is full !\n");
   else
   {
     rear++;
     printf("\n\n Please enter item to insert: ");
     gets(item[rear]);
   }
}

void dequeue_f(void)
{
   if(front > rear)    /* 當資料沒有資料存在，則顯示錯誤 */
     printf("\n\n No item, queue is empty !\n");
   else
   {
     printf("\n\n Item %s deleted\n", item[front]);
     front++;
   }
}

void list_f(void)
{
   int count = 0, i;
   if(front > rear)
     printf("\n\n No item, queue is empty\n");
   else
   {
     printf("\n\n  ITEM\n");
```

```
        printf("  ------------------\n");
        for(i = front; i <= rear; i++)
        {
            printf("  %-20s\n", item[i]);
            count++;
            if(count % 20 == 0) getch();
        }
        printf("  ------------------\n");
        printf("  Total item: %d\n", count);
        getch();
    }
}
```

3.4

1. (a) 環狀佇列若不加tag，則會浪費一個空間，此乃能夠判斷環狀佇列
       是空的還是滿的。

   (b) 加入 tag 後當然能夠將空間充分的使用，但在時間上則需多花費一些，因為
       判斷式有兩個條件式。

3.5

1. (a) a>b && c>d && e>f
       => ab>cd> && ef> &&

   (b) (a+b)*c/d+e-8
       =>ab+c*d/e+8-

3.6

1. 5/3*(1-4)+3-8
   =>5 3 / 1 4 - * 3 + 8 -
   結果為 -8(過程省略)

第四章　鏈結串列

4.1

1. (a) current 指向串列的最後節點

   (b) current 指向空串列。

2. ```
   tail->next=ptr;
       tail=ptr;
       ptr->next=NULL;
   ```
   ```

4.2

1.
```
prev=head;
current=head->next;
while(current != head && current->data>ptr->data){
      prev=current;
      current=current->next;
}
ptr->next=current;
prev->next=ptr;
```

2. (a) 先追蹤 A, B 兩個環狀串列的尾端

    ```
    ATail=A;
    while(ATail->next != A)
          ATail=ATail->next;
    BTail=B;
    while(BTail->next != B)
          BTail=BTail->next;
    ```

   (b) 接下來將兩字串相連起來，最後的串列以 A 為首。

    ```
    ATail->next=B;
    BTail->next=A;
    ```

4.3

1.
```
y=x->rlink; /* y也是一指標 */
ptr->llink=x;
ptr->rlink=y;
x->rlink=ptr;
y->llink=ptr;
```

2.
```
y=x->rlink;
x->llink->rlink=y;
y->llink=x->llink;
free(x);
```

4.4

1. 堆疊的加入和刪除皆在同一端，如同環狀串列，將加入和刪除在前端（或尾端），請參閱4.2節環狀串列加入和刪除的說明。

第五章　遞迴

5.1

1. (a) 以遞迴的方法求 gcd

```
int gcd(int m, int n)
{
    int temp;
    temp=m%n;
    if(temp==0)
        return n;
    else{
        m=n;
        n=temp;
        gcd(m, n);
    }
}
```

(b) 非遞迴的方式求 gcd

```
int gcd(int m, int n)
{
    int temp;
    temp=m%n;
    while(temp !=0){
        m=n;
        n=temp;
        temp=m%n;
    }
    return n;
}
```

5.2

1.

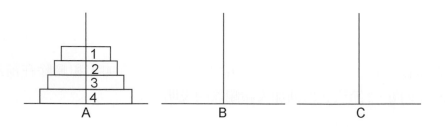

過程如下:

```
move 1 from A to B
move 2 from A to C
move 1 from B to C
move 3 from A to B
move 1 from C to A
move 2 from C to B
move 1 from A to B
move 4 from A to C

move 1 from B to C
move 2 from B to A
move 1 from C to A
move 3 from B to C

move 1 from A to B
move 2 from A to C
move 1 from B to C
```

5.3

1. 若第一個皇后放在第一列的第二行,則其他皇后所在的位置如下:

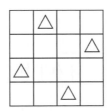

   由上圖知第2個皇后在(2, 4),第3個皇后在(3, 1),而第4個皇后在(4, 3)。

📋 第六章　樹狀結構

6.1

1. 每個節點分支度為6,共有50個節點,
   則需 $6 \times 50 = 300$(LINKS)
   實際上只用49(LINKS)
   所以浪費了 300-49=251(LINKS)

6.2

1.

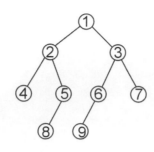

上圖是一棵樹，也是一棵二元樹，但不是滿枝二元樹，也不是完整二元樹。

2. 樹根的階度為1，此棵樹共有10個階度，則

(a) 此棵二元樹共有 $1023(2^{10}-1)$ 個節點。

(b) 第8個階度最多有 2^{8-1} 個節點

(c) 128-1=127 個分支度為2的節點

6.3

1. (a) 以一維陣列表示之

(1)	(2)	(3)	(4)	(5)	(6)	(7)	(8)	(9)	(10)	(11)	(12)	(13)	(14)	(15)
+	*	E	−	D			A	B		C				

(b) 以鏈結方式表示之

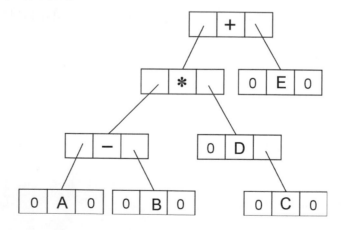

6.4

```
void preorder(struct node *T)
{
    int i=0;
    for(; ;) {
        while(T != NULL) {
            printf("%d", T->data);
            if(T->rlink != NULL) {
                i=i+1;
                if(i>n)
                    printf("The Stack is Full\n");
                STACK[i] = T->rlink;
            }
                T=T->llink;
        }
        if(i != 0) {
            T = STACK[i];
            i = i - 1;
        }
        else
            return;
    }
}
```

2. 有一棵二元樹如下：

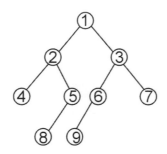

前序追蹤為 1, 2, 4, 5, 8, 3, 6, 9, 7

中序追蹤為 4, 2, 8, 5, 1, 9, 6, 3, 7

後序追蹤為 4, 8, 5, 2, 9, 6, 7, 3, 1

6.5

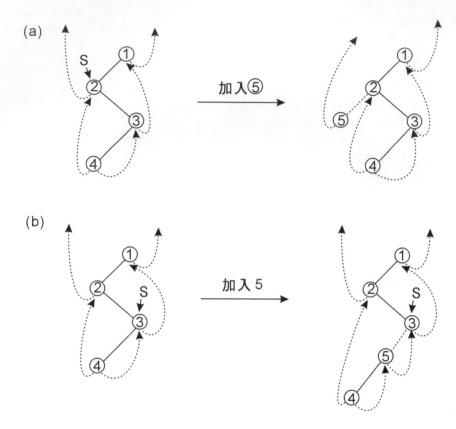

(a)

加入⑤

(b)

加入 5

加入左方的片段程式：

```
void insert_left(struct node *S, struct node *T)
{
    struct node *w;
    T->lchild=S->lchild;
    T->1bit=S->1bit;
    T->rchild=S;
    T->rbit=0;
    S->lchild=T;
    S->1bit=1;
    if(T->1bit==1){/* T底下還有tree */
        W=inpred(T); /* 追蹤前行者的函數 */
        W->rchild=T;
    }
}
```

6.6

1.

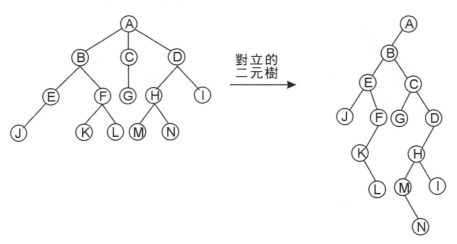

2. 中序追蹤為 DBACE

前序追蹤為 ABDCE

對應的二元樹為

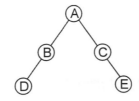

第七章　二元搜尋樹

7.1

1. (b)是一棵二元搜尋樹，而(a)不是。

7.2

1.

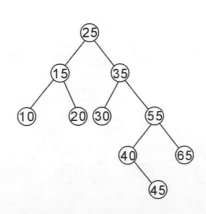

7.3

1. (a) 加入 78　　　　　　　　　(b) 刪除 48(找右子樹中最小的鍵值取代之)

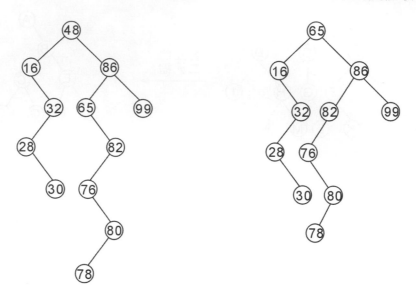

🖉 第八章　堆積

8.1

1. 利用由下而上(bottom up)的方法調整之。

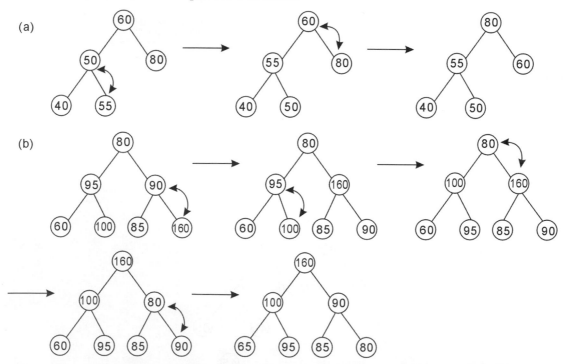

2.

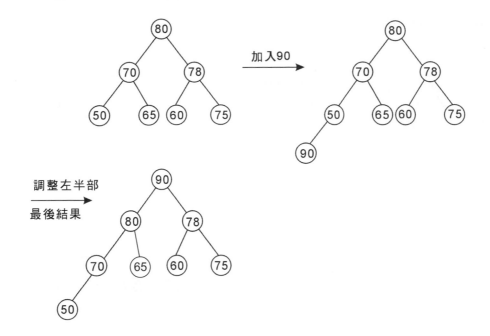

3.

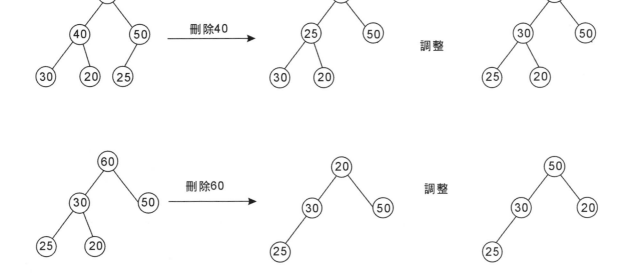

8.2

使用由下至上的方法

1.

(a)

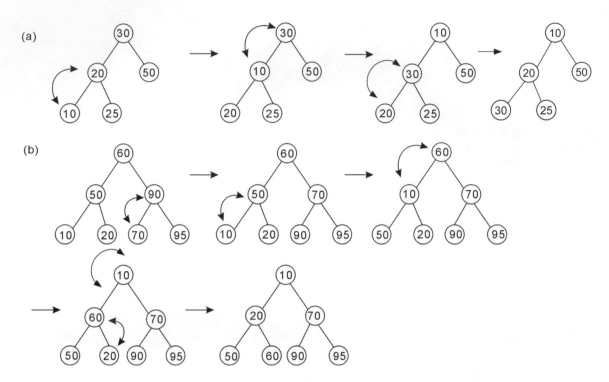

(b)

2.

(a)

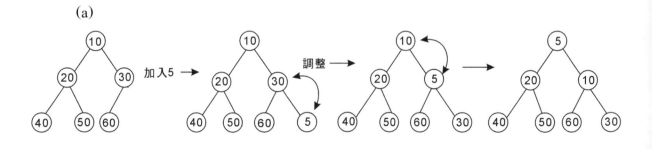

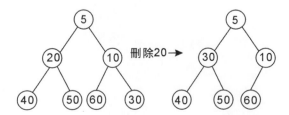

8.3

(a)

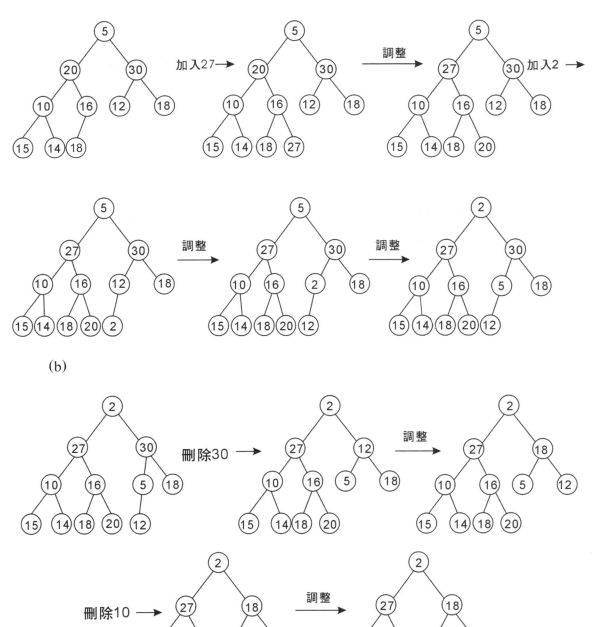

(b)

8.4

(a)

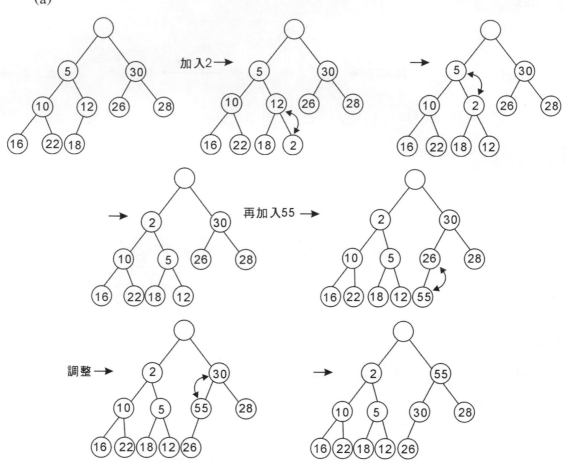

(b)

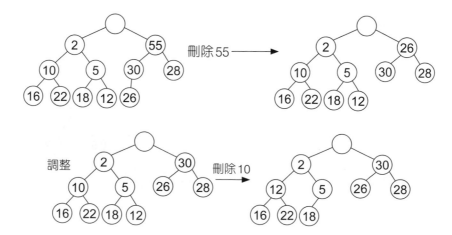

📝 第九章　高度平衡二元搜尋樹

9.1

1. (a) 不是，因為它不是一棵二元搜尋樹，故不為 AVL-tree

   (b) 不是，因為鍵值10的BF=2，故不為 AVL-tree

   (c) 是

9.2

1. 加入 50, 30, 10後

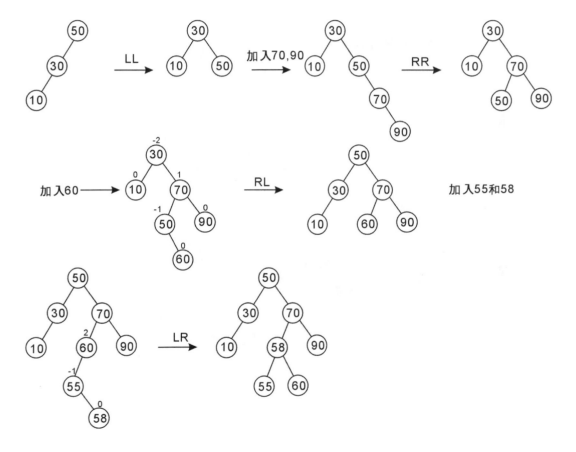

2.

9.3

1.

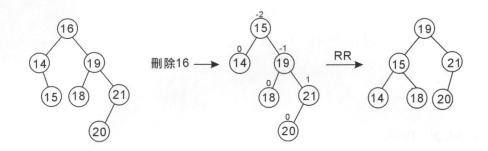

📝 第十章　2-3 tree 與 2-3-4 tree

10.1

1.

(a)

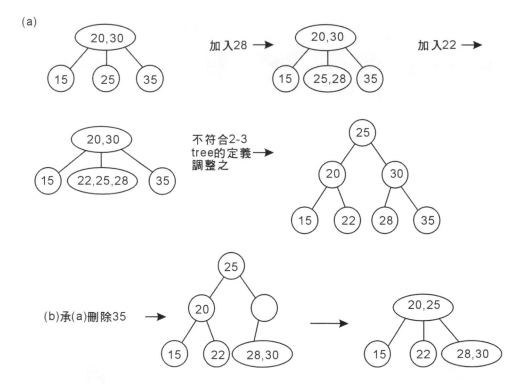

2.

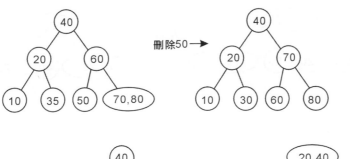

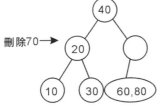

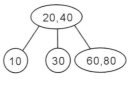

10.2

1.

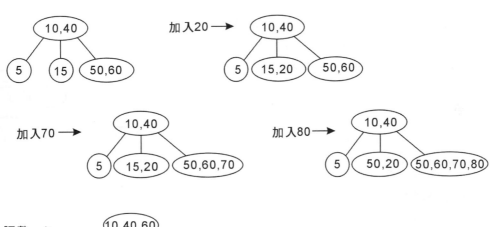

2. 承上

第十一章　B-tree

11.1

1.

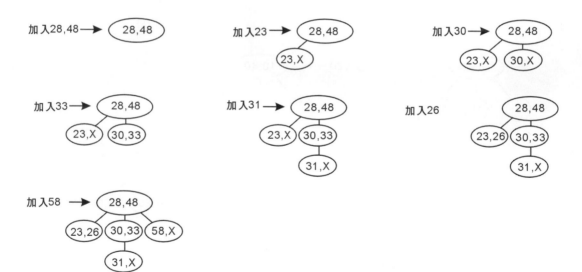

2. 承上

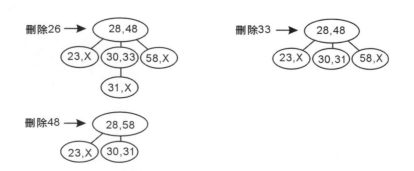

11.2

1. 加入 45 和 48 後，B-tree of order 5 為

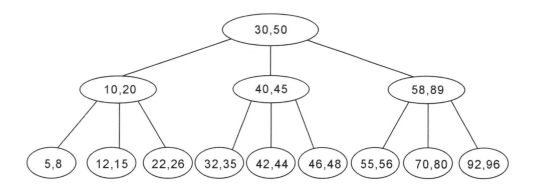

2. 刪除 46，則直接刪除之，不需再做調整。

   刪除 50，從右子樹找一最小的節點 55 來取代之，並加以調整之。

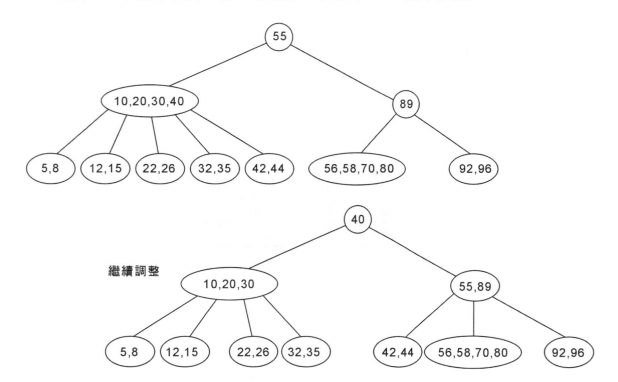

✎ 第十二章 圖形結構

12.1

1.

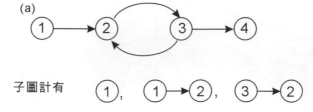

(a)

子圖計有

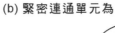

,... 等等

(b) 緊密連通單元為

2.

節點	內分支度	外分支度
1	0	3
2	1	1
3	1	1
4	3	2
5	1	1
6	1	1
7	2	0

12.2

1. (a) 相鄰矩陣

```
    A B C D E F G
A ⎡ 0 1 1 1 0 0 0 ⎤
B ⎢ 1 0 0 0 0 0 0 ⎥
C ⎢ 1 0 0 0 0 0 1 ⎥
D ⎢ 1 0 0 0 1 1 0 ⎥
E ⎢ 0 0 0 1 0 1 0 ⎥
F ⎢ 0 0 0 1 1 0 0 ⎥
G ⎣ 0 0 1 0 0 0 0 ⎦
```

(以上省略選擇路徑過程)

(b) 相鄰串列

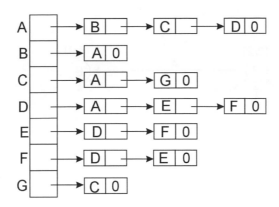

12.3

1.

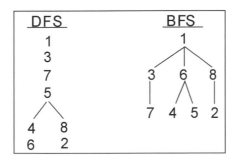

DFS 的追蹤為 1->3->7->5->4->6 再折回 5->8->2

BFS 的追蹤為 1->3->6->8->7->4->5->2

12.4

1. 以 Prim's 和 Kruskal's algorithm 求出的結果皆為

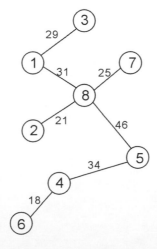

12.5

1.

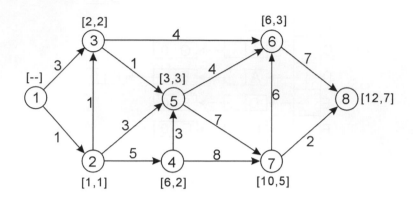

12.6

1. 拓樸排序為

注意！此拓樸排序不是唯一的，它只是其中的一種而已。

12.7

1. CPM為

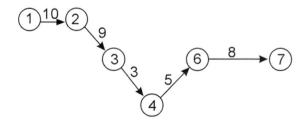

第十三章　排序

13.1

1. 由大至小排序

$$
\begin{array}{ccccccc}
72 & 35 & 98 & 44 & 57 & 12 & 29 \\
72 & 35 & 98 & 44 & 57 & 12 & 29 \\
72 & 98 & ^{換}35 & 44 & 57 & 12 & 29 \\
72 & 98 & 44 & ^{換}35 & 57 & 12 & 29 \\
72 & 98 & 44 & 57 & ^{換}35 & 12 & 29 \\
72 & 98 & 44 & 57 & 35 & 12 & 29 \\
72 & 98 & 44 & 57 & 35 & 29 & ^{換}⑫ \\
\end{array}
$$

第 1 次 pass 結束時 12 已浮現出來。

$$
\begin{array}{cccccc}
72 & 98 & 44 & 57 & 35 & 29 \\
98 & ^{換}72 & 44 & 57 & 35 & 29 \\
98 & 72 & 44 & 57 & 35 & 29 \\
98 & 72 & 57 & ^{換}44 & 35 & 29 \\
98 & 72 & 57 & 44 & 35 & 29 \\
98 & 72 & 57 & 44 & 35 & ㉙ \\
\end{array}
$$

第 2 次 pass 結束時 29 已浮現出來。

第 3 次的 pass 無對調動作，故最後結果為

98　72　57　44　35　29　12

13.2

1. selection sort

每一次從剩下來的資料挑一個最小的。

72, 35, 98, 44, 57, 12, 29

⑫ 35, 98, 44, 57, 72, 29

12, ㉙ 98, 44, 57, 72, 35

12, 29, ㉟ 44, 57, 72, 98

12, 29, 35, ㊹ 57, 72, 98

12, 29, 35, 44, ㊗ 72, 98

⋮

依此類推

13.3

1. insertion sort

72

72, 35

98, 72, 35

98, 72, 44, 35

98, 72, 57, 44, 35

98, 72, 57, 44, 35, 12

98, 72, 57, 44, 35, 29, 12

13.4

1. merge sort

72, 35, 98, 44, 57, 12, 29, 64

72 35 98 44 57, 12 64, 29

98 72 44 35 64, 57, 29, 12

98, 72, 64, 57, 44, 35, 29, 12

13.5

1. Quick sort

```
75,   23,   98,   44,   57,   12,   29,   64,   38,   82
↑           ↑                                 ↑
pivot       i                                 j

75,   23,   38,   44,   57,   12,   29,   64,   98,   82
                                       j     i

[64,  23,   38,   44,   57,   12,   29,]  75,  [98,   82]
↑                                  ↑     ↑
pivot                              j     i

[29,  23,   38,   44,   57,   12,]  64,   75,  [82,   98]
↑           ↑                ↑
pivot       i                J

[29,  23,   12,   44,   57,   38,]  64,   75,  [82,   98]
            j     i

[12,  23,]  29,  [44,   57,   38,]  64,   75,  [82,   98]
              ⋮

12,   23,   29,   38,   44,   57,   64,   75,   82,   98
```

13.6

1. Heap sort (先將每一個輸出存在陣列中)。

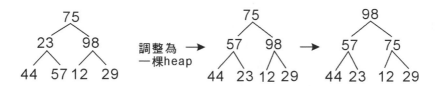

輸出98，並以29取代。

輸出75，並以12取代。

輸出57，並以23取代。

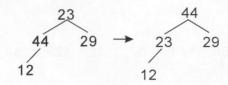

輸出44，並以12取代。

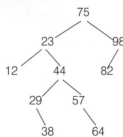

輸出49，並以12取代。

輸出23與12，最後從陣列的最後一元素開始印出，結果即為由小至大排列了。

13.7

1. binary tree sort
   ① 先建立一棵 binary search tree

```
                    75
              23          98
          12     44     82
              29   57
                38   64
```

   ② 中序追蹤：12, 23, 29, 38, 44, 57, 64, 75, 82, 98

13.8

1.

	1	2	3	4	5	6	7	8	9	10
10/2=5	75,	23,	98,	44,	57,	12,	29,	64,	38,	82
5/2=2	12,	23,	64,	38,	57,	75,	29,	98,	44,	82
2/2=1	12,	23,	29,	38,	44,	75,	57,	82,	64,	98
	12,	23,	29,	38,	44,	57,	64,	75,	82,	98

1.

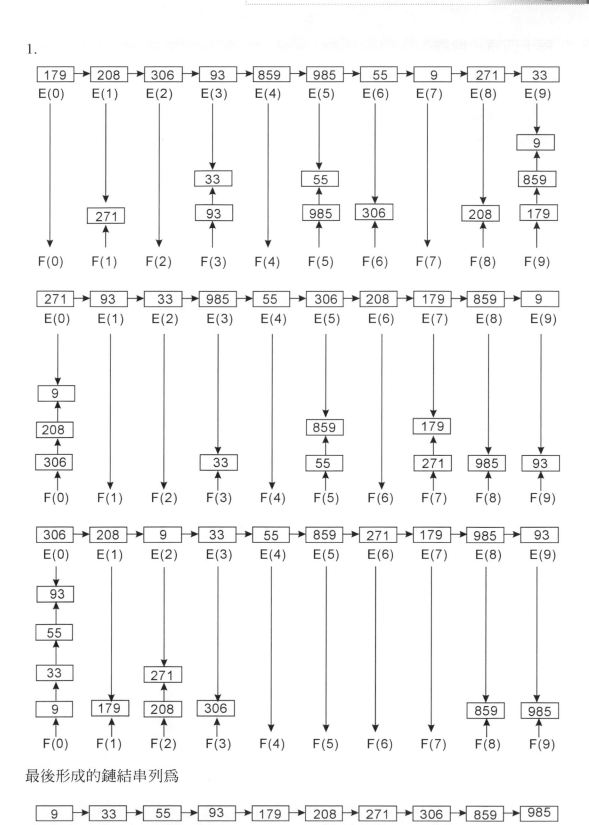

最後形成的鏈結串列為

第十四章　搜尋

14.1

1. 平均時間為

   $(1+2+3+4+...+n)/n = (n+1)/2$

14.2

1. $\log_2(n+1)$

14.3

1. 依序為 GA, DA, B, G, L, A2, A3, A4 及 E

   (a) 溢位時，使用線性探測法　　　　(b) 溢位時，使用鏈結串列

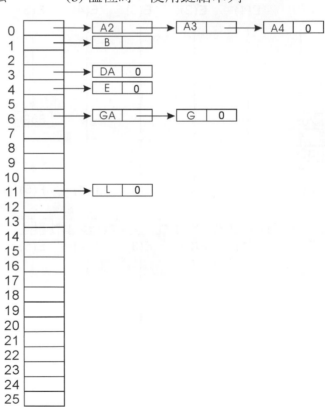

Memo

Memo

Memo

Memo

國家圖書館出版品預行編目資料

資料結構：使用 C++ / 蔡明志編著. -- 初版. --
　新北市：全華圖書, 2017.06
　　面；　公分
　ISBN 978-986-463-572-6(精裝附光碟片)

　1.資料結構　2.C++(電腦程式語言)
312.73　　　　　　　　　　　　　106009101

資料結構：使用 C++(精裝本)(附範例光碟)

作者 / 蔡明志

執行編輯 / 王詩蕙

發行人 / 陳本源

出版者 / 全華圖書股份有限公司

郵政帳號 / 0100836-1 號

印刷者 / 宏懋打字印刷股份有限公司

圖書編號 / 06342707

初版一刷 / 2017 年 06 月

定價 / 新台幣 500 元

ISBN / 978-986-463-572-6(精裝附光碟片)

全華圖書 / www.chwa.com.tw

全華網路書店 Open Tech / www.opentech.com.tw

若您對書籍內容、排版印刷有任何問題，歡迎來信指導 book@chwa.com.tw

臺北總公司(北區營業處)
地址：23671 新北市土城區忠義路 21 號
電話：(02) 2262-5666
傳真：(02) 6637-3695、6637-3696

中區營業處
地址：40256 臺中市南區樹義一巷 26 號
電話：(04) 2261-8485
傳真：(04) 3600-9806

南區營業處
地址：80769 高雄市三民區應安街 12 號
電話：(07) 381-1377
傳真：(07) 862-5562